"十二五"职业教育国家规划教材

经全国职业教育教材审定委员会审定

供药剂、制药技术、中医、中药、中药制药、医学生物技术及相关专业使用

微生物基础

主　　编　潘运珍

副 主 编　路转娥　陈应国　张仙芝　潘晓军

编　　委　（按姓氏汉语拼音排序）

陈应国　（毕节医学高等专科学校）

梁惠冰　（广东省连州卫生学校）

刘　瑜　（重庆市医药卫生学校）

路转娥　（阳泉市卫生学校）

潘晓军　（石河子卫生学校）

潘运珍　（广东省连州卫生学校）

裴　明　（太原市卫生学校）

田叶青　（辽宁省朝阳市卫生学校）

徐立丽　（鞍山师范学院附属卫生学校）

张仙芝　（太原市卫生学校）

科 学 出 版 社

北 京

·版权所有　侵权必究·

举报电话:010-64030229;010-64034315;13501151303(打假办)

内 容 简 介

本书是"十二五"职业教育国家规划教材。

本教材内容的设置分为基础模块和实验模块。基础模块共有九章,包括医学微生物学、免疫学、人体寄生虫学三大部分。医学微生物学内容包括微生物概述、细菌概述、常见病原菌、病毒概述、常见的病毒、其他微生物、微生物与药物变质。免疫学内容包括免疫学基础和免疫学应用。人体寄生虫学内容包括人体寄生虫概述和常见人体寄生虫。

本书除供药剂专业使用外,还可供制药技术、中医、中药、中药制药、医学生物技术等相关专业使用。

图书在版编目(CIP)数据

微生物基础 / 潘运珍主编. —北京:科学出版社,2015.12

"十二五"职业教育国家规划教材

ISBN 978-7-03-046593-1

Ⅰ.微… Ⅱ.潘… Ⅲ.微生物学–中等专业学校–教材 Ⅳ.Q93

中国版本图书馆 CIP 数据核字(2015)第 289571 号

责任编辑:丁海燕 / 责任校对:胡小洁
责任印制:赵 博 / 封面设计:金舵手世纪

科 学 出 版 社 出版

北京东黄城根北街 16 号
邮政编码:100717
http://www.sciencep.com

北京利丰雅高长城印刷有限公司 印刷
科学出版社发行 各地新华书店经销

*

2015 年 12 月第 一 版 开本:787×1092 1/16
2015 年 12 月第一次印刷 印张:12 1/2
字数:296 000

定价:53.00 元

(如有印装质量问题,我社负责调换)

前　言

　　《微生物基础》是"十二五"职业教育国家规划教材。以《中等职业学校药剂专业教学标准》(试行)为蓝本,强调适应中职药剂专业教育、教学的发展趋势,强化技能培养,真正体现以学生为中心的教材编写理念。注重教材的科学性、思想性、先进性和实用性,突出"案例版"教材的鲜明特色。充分考虑本教材读者的年龄、知识水平和心理特征,在内容上尽量把握外延与内涵,理论知识强调"必需、够用",技能培养突出实用性。采用了正文与非正文系统的编写方案,精选教学内容,表述上力争深入浅出,变难为易,化繁为简。"链接"等非正文系统对课程内容做了必要的引申和扩展,体现了该教材的创新性。

　　本教材内容的设置分为基础模块和实验模块。基础模块共有九章,包括医学微生物学、免疫学、人体寄生虫学三大部分。医学微生物学内容包括微生物概述、细菌概述、常见病原菌、病毒概述、常见的病毒、其他微生物、微生物与药物变质。免疫学内容包括免疫学基础和免疫学应用。人体寄生虫学内容包括人体寄生虫概述和常见人体寄生虫。本书除供药剂专业使用外,还可供制药技术、中医、中药、中药制药、医学生物技术等相关专业使用。

　　本教材具有以下特点:①体现科学发展观,与时俱进,如将埃博拉病毒列入病毒概论;②将医学微生物学、免疫学和人体寄生虫学有机地融为一体,既保证了知识的完整性和连贯性,又体现了内容精炼、重点明确的特色;③内容选择以满足学生的岗位要求为准,将微生物与药物变质单独成章,充分体现中等卫生职业教育的特色,突出适用性;④本书的案例形象逼真,便于学生及早接触临床医学知识,弥补传统教学的缺憾,具有创新性和启发性;⑤适度引入一些日常生活中的病原生物和免疫学现象,便于学生更好地理解和掌握病原生物、免疫和自身实际的关系,具有生活性。

　　本教材的编写参考了国内多种教材和专著的相关内容(参考文献列于书后),并采用了其中的一些插图,在此,谨向各位原著者表示衷心的感谢。

　　本教材的编写得到了各参编学校的大力支持,在此表示深深的谢意!更要感谢各位编者在时间紧、任务重的情况下,克服困难,为保证本书的质量和如期面世所付出的辛勤努力!

　　由于编者水平有限,书中难免存在疏漏之处,衷心欢迎使用本教材的老师和学生提出批评和改进意见,为今后再版修订工作提供依据和参考。

潘运珍

2015 年 3 月

目　　录

第 一 章　微生物概述

生活中的微生物

当你品尝各种美味的时候,你可曾知道面包、馒头、醋、酒等都是微生物赋予我们的吗？食品变质、衣物潮湿发霉、龋齿发生……这些都是微生物在发挥作用。当你吃了不干净的食物后容易拉肚子,你可知道这也是微生物在捣鬼吗？流感、获得性免疫缺陷综合征(艾滋病)、结核等这些危害人类健康的感染性疾病,其罪魁祸首也是微生物。微生物几乎无处不在,与我们的生活息息相关,它们虽然体积微小,却在整个自然界中有着举足轻重的作用,影响着几乎所有的生命。

自然界中不仅有看得见的动物和植物,还有许多我们肉眼不能直接看到的微生物。这些微生物和人类关系密切,有些甚至与人终生相伴,让我们一起去探索有关微生物的奥秘吧！

第一节　微生物的概念及种类

一、微生物的概念

微生物(microorganism)是存在于自然界中肉眼不能直接看到,必须借助显微镜放大后才能观察到的微小生物。用光学显微镜可观察到细菌等微生物,但要观察病毒须用电子显微镜。

微生物的主要特点可以归纳为:体积小、分布广、种类多、繁殖快、易变异。

考点:微生物的概念

二、微生物的种类

微生物种类繁多,按其结构、组成等不同,可分为三型八大类。

（一）非细胞型微生物

非细胞型微生物是最小的微生物,结构简单,没有典型细胞结构,仅由核心和衣壳构成,缺乏产生能量的酶系统,只能在活的易感细胞内增殖,如病毒。

（二）原核细胞型微生物

原核细胞型微生物无典型细胞核,没有核膜和核仁,细胞质内仅有的细胞器是核糖体。包括细菌、放线菌、支原体、衣原体、立克次体、螺旋体六类。

（三）真核细胞型微生物

真核细胞型微生物具有真正的细胞核,有核膜和核仁,细胞质内有完善的细胞器,如真菌。

考点:微生物的种类

第二节　微生物与人类的关系

微生物在自然界中分布广泛,土壤、空气、水、人和动物的体表及与外界相通的腔道中都存在着不同种类和数量的微生物。

一、微生物对人类的作用

绝大多数微生物对人、动物和植物是有益的,有些是必需的。微生物参与自然界中的物质循环,例如,土壤中的微生物能将死亡动物和植物的蛋白质转化为含氮的无机化合物,供植物生长需要。微生物在维持自然界生态平衡方面发挥着重要作用。

微生物在各行各业都被广泛应用。农业方面应用微生物制造菌肥、植物生长激素等。工业方面微生物广泛应用于食品、冶金、皮革、化工、石油等行业;在医药卫生方面,利用微生物生产抗生素、维生素等;环保方面用微生物降解污水中的有机磷、氰化物等有害物质。近年来,微生物在基因工程技术中作用突出,提供了多种工具酶和基因载体制备生物制品,如胰岛素、干扰素等。

二、微生物对人类的危害

少数微生物能引起人、动物、植物的疾病,这些具有致病作用的微生物称为病原微生物或致病微生物,如结核分枝杆菌、流感病毒等。

考点:病原微生物的概念

第三节　微生物学与医学微生物学

一、微生物学

微生物学是生物学的一个分支,是主要研究微生物的形态、结构、生命活动规律,以及微生物与自然界、人类、动植物间相互关系的科学。

微生物学又有许多分支,如普通微生物学、工业微生物学、农业微生物学、药用微生物学、医学微生物学等。

📚 链　接

第一个看见微生物的人

安东尼·列文虎克(图1-1)是荷兰人,他出生于荷兰的德耳夫特市,童年时期就热爱大自然。他的业余爱好是研磨透镜和自制显微镜。1676年,他用自己制造的能放大266倍的原始显微镜(图1-2)检查了污水、牙垢、粪便等,看到了数不清的微生物,并正确地描述了它们的形态,为微生物世界的存在提供了科学依据。他将观察结果报告给英国皇家学会,他的发现轰动了整个世界。1680年,他当选为在世界科技界颇具权威的英国皇家学会会员,这肯定了他第一个打开微生物世界大门的伟大贡献。

图 1-1　安东尼·列文虎克

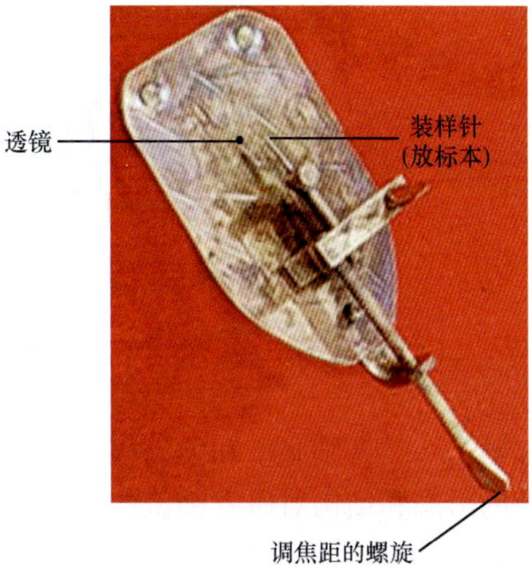

透镜　　　　　　　　　装样针(放标本)

调焦距的螺旋

图 1-2　安东尼·列文虎克自制的原始显微镜

二、医学微生物学

医学微生物学是研究与医学有关的病原微生物的生物学特性、致病性与免疫性、病原学诊断和防治措施等的科学。学习目的是控制和消灭感染性疾病及与之有关的免疫性疾病,并为学习其他医学课程奠定基础。

小结

微生物是存在于自然界中肉眼不能直接看到,必须借助显微镜放大后才能观察到的微小生物。微生物可分为三型八大类(表 1-1)。绝大多数微生物对人类是有益的,甚至是必需的,但也有少数微生物可引起人类和动植物的疾病,称为病原微生物。

表 1-1　微生物的类型

类型	特点	种类
非细胞型微生物	无细胞结构,只在活细胞内增殖	病毒
原核细胞型微生物	仅有原始核,缺乏完整的细胞器	细菌、放线菌、立克次体、衣原体、支原体、螺旋体
真核细胞型微生物	有典型的细胞核,有完整的细胞器	真菌

目标检测

一、名词解释

1. 微生物　2. 病原微生物

二、填空题

1. 病毒属_____型微生物,真菌属_____型微生物。

2. 微生物的八大类是 _____、_____、_____、_____、_____、_____、_____和_____。

三、选择题

1. 不属于原核细胞型微生物的是
   A. 细菌　　　B. 放线菌　　　C. 真菌
   D. 衣原体　　E. 支原体

2. 有关原核细胞型微生物错误的描述是
   A. 有核膜和核仁　　B. 缺乏完整的细胞器
   C. 有核糖体　　　　D. 仅有原始核
   E. 包括放线菌

第二章 细菌概述

第一节 细菌的形态和结构

细菌是一类有细胞壁和原始核,除核糖体外无其他细胞器的原核细胞型微生物。了解细菌的形态和结构对研究细菌的致病性、免疫性及细菌性感染的诊断和防治等均有重要意义。

一、细菌的大小和形态

(一)细菌的大小

细菌体积微小,需在普通光学显微镜下放大 800 ~ 1000 倍方能看到。通常以微米(μm)为测量单位。不同种类的细菌大小不一,同一种细菌也因菌龄和环境因素的影响而有差异。一般来说,球菌的直径为 1μm 左右,不同杆菌的大小、长短、粗细很不一致。大杆菌如炭疽芽胞杆菌长 6~10μm,小杆菌如布鲁菌长仅 0.6~1.5μm。

考点:细菌的大小及测量单位

(二)细菌的形态

细菌形态多样,大致可归纳为杆形、球形和螺旋形三种基本形态(图 2-1),由此可把细菌分为球菌、杆菌和螺形菌。

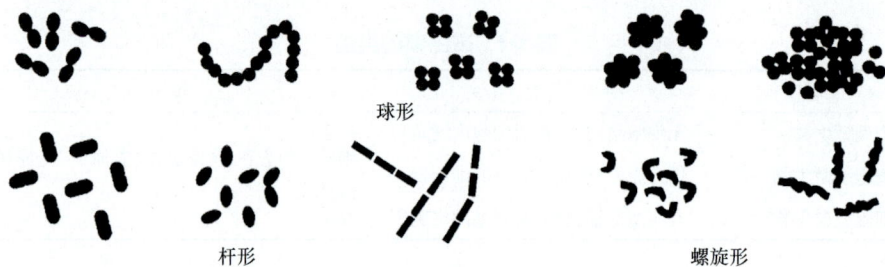

球形

杆形   螺旋形

图 2-1 细菌的基本形态示意图

1. **球菌** 菌体呈球形或近似球形,根据分裂平面和分裂后排列方式的不同,可把球菌分为双球菌、链球菌和葡萄球菌等。①双球菌:细菌在一个平面上分裂,分裂后菌体成对排列,如脑膜炎奈瑟菌。②链球菌:细菌在一个平面上分裂,分裂后多个菌体呈链状排列,如乙型溶血性链球菌。③葡萄球菌:细菌在多个不规则的平面上分裂,分裂后菌体无规则地堆积在一起似葡萄串状,如金黄色葡萄球菌。

2. **杆菌** 菌体呈杆状或近似杆状。杆菌形态多呈直杆状,也有菌体稍弯;菌体两端多呈钝圆形,少数两端平齐或两端尖细;有的杆菌末端膨大呈棒状,称棒状杆菌;有的菌体短小,近似椭圆形,称球杆菌;多数杆菌呈分散排列,也有的杆菌呈链状排列,称链杆菌;有的杆菌呈分枝生长趋势,故称分枝杆菌。

3. 螺形菌 菌体呈弯曲状。只有一个弯曲,形似弧形的称为弧菌,如霍乱弧菌;有多个弯曲的称为螺菌,如鼠咬热螺菌;有的菌体细长弯曲,呈弧形或螺旋形,称为螺杆菌,如幽门螺杆菌。

二、 细菌的结构

考点:细菌的基本形态及分类

细菌的结构(图2-2)可分为基本结构和特殊结构。各种细菌都具有的结构称为基本结构,包括细胞壁、细胞膜、细胞质和核质;仅某些细菌具有的或在一定条件下才形成的结构称为特殊结构,包括鞭毛、菌毛、荚膜和芽胞。

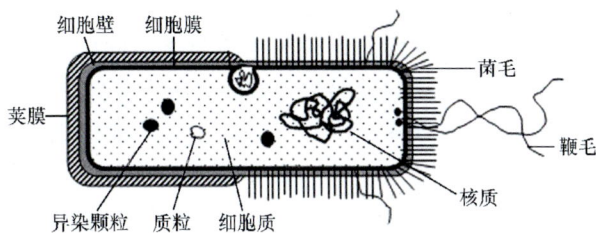

图2-2 细菌细胞结构模式图

(一) 细菌的基本结构

1. 细胞壁 位于细菌基本结构的最外层,包绕在细胞膜的周围,是一种坚韧而有弹性的膜状结构。其组成较复杂,随不同细菌而异。

(1) 细胞壁的功能:维持菌体的固有形态;保护细菌抵抗低渗环境;与细胞膜共同参与菌体内外的物质交换;菌体表面有多种抗原,决定菌体的抗原性。

(2) 细胞壁的结构和组成:用革兰染色法可将细菌分为两大类,革兰阳性菌(G^+菌)和革兰阴性菌(G^-菌)。两类细菌细胞壁的结构和组成差异较大(图2-3)。

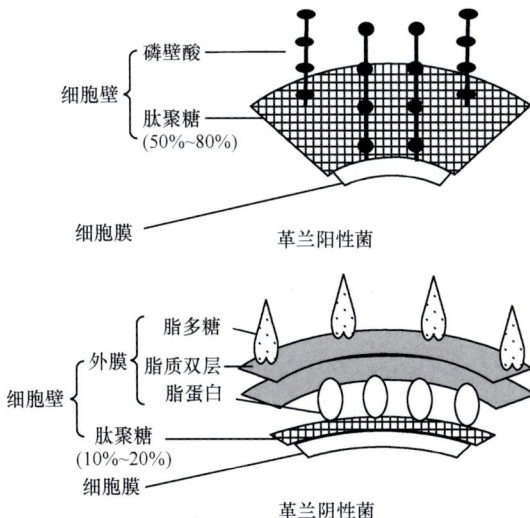

图2-3 细菌细胞壁结构模式图

肽聚糖:又称为黏肽,是细菌细胞壁的特有成分。革兰阳性菌和革兰阴性菌所含肽聚糖结构有异同:革兰阳性菌的肽聚糖由聚糖骨架、四肽侧链和五肽桥三部分组成,革兰阴性菌的肽聚糖只有聚糖骨架和四肽侧链两部分。

考点:细菌细胞壁的特有成分

革兰阳性菌细胞壁的组成:由肽聚糖和磷壁酸组成,厚度为 20~80nm。其中含肽聚糖 15~50 层,占细胞壁干重的 50%~80%;磷壁酸穿插于肽聚糖层中,是 G^+ 菌的特有成分,其抗原性很强,是 G^+ 菌的重要表面抗原。某些细菌(如 A 族链球菌)的磷壁酸具有黏附宿主细胞的功能,与细菌的致病性有关。

革兰阴性菌细胞壁的组成:由肽聚糖和外膜组成,厚度为 10~15nm。其中含肽聚糖 1 或 2 层,占细胞壁干重的 10%~20%;外膜由脂蛋白、脂质双层和脂多糖三部分组成。脂质双层的结构类似细胞膜,脂质双层内镶嵌有脂蛋白。由脂质双层向细胞外伸出的是脂多糖(LPS)。脂多糖是革兰阴性菌的内毒素。

革兰阳性菌和革兰阴性菌细胞壁的结构与组成显著不同(表 2-1),导致这两类细菌在染色性、抗原性、致病性和对药物的敏感性等方面有很大差异。

表 2-1　革兰阳性菌与革兰阴性菌细胞壁结构与组成比较

细胞壁	革兰阳性菌	革兰阴性菌
强度	较坚韧	较疏松
肽聚糖层数	15~50 层	1 或 2 层
肽聚糖含量	占细胞壁干重的 50%~80%	占细胞壁干重的 10%~20%
磷壁酸	有	无
外膜	无	有

考点:革兰阳性菌与革兰阴性菌细胞壁的区别及临床意义

(3)了解细菌细胞壁结构与组成的意义:肽聚糖是保证细菌细胞壁机械强度十分坚韧的化学成分,凡能破坏肽聚糖结构或抑制其合成的物质,均能损伤细胞壁而使细菌变形或裂解。例如,青霉素和溶菌酶能破坏革兰阳性菌的肽聚糖,导致细菌溶解死亡。人体与其他动物的细胞无细胞壁,也无肽聚糖,故青霉素和溶菌酶对人体及其他动物的细胞均无毒性作用。

链　接

细菌细胞壁缺陷型(细菌 L 型)

细菌细胞壁的肽聚糖受到理化或生物等因素的直接破坏或合成被抑制时,成为细胞壁缺损细菌。这种细胞壁缺损的细菌,在高渗环境中仍可存活,称为细菌 L 型。革兰阳性菌细胞壁缺失后,原生质仅被细胞膜包住,称为原生质体;革兰阴性菌肽聚糖层受损后还有外膜保护,称为原生质球。细菌 L 型因失去细胞壁形态呈多形性,有球状、杆状和丝状等;细菌 L 型一般生长缓慢,2~7 天后方可形成中间厚四周薄的"油煎蛋"小菌落。某些细菌的 L 型仍有致病能力,在临床上可引起慢性感染,如尿路感染、骨髓炎、心内膜炎等疾病,但常规细菌学检查结果阴性。因此,临床上遇有明显症状而标本常规培养为阴性时,应考虑细菌 L 型感染的可能性,宜作细菌 L 型的专门检验。需要指出的是,临床上使用某些作用于细胞壁的抗菌药物进行治疗时,容易使感染菌发生 L 型变异。

2. 细胞膜　细胞膜是位于细胞壁内侧,包裹细胞质的一层半透膜。其结构与真核细胞相似,主要由磷脂双层结构及镶嵌蛋白组成。细胞膜的功能主要有维持细胞内外物质交换、呼吸作用、生物合成作用、参与细菌的分裂等。

3. 细胞质　细胞质是细胞膜包裹的溶胶状物质,是细菌新陈代谢的主要场所。其基本成分是水、蛋白质、脂类、核酸及少量糖和无机盐,此外还有多种功能性超微结构,比较重要的有以下几种。

（1）核糖体：核糖体是细菌合成蛋白质的场所，数量可多达数万个。细菌核糖体与真核生物的核糖体不同，有些抗生素如链霉素、红霉素能与细菌核糖体结合，干扰其蛋白质合成，从而发挥抗菌作用，但对人体细胞无影响。

（2）质粒：存在于细胞质中染色体外的遗传物质，为闭合环状的双链 DNA，控制细菌某些特定的遗传性状。质粒能独立自主复制，随细菌的分裂转移到子代细胞中；质粒并非细菌生命活动必需的遗传物质；质粒还可在细菌间传递；医学上重要的质粒有产生性菌毛的 F 质粒、决定耐药性的 R 质粒、使大肠杆菌产生细菌素的 Col 质粒等。

考点：质粒的概念和种类

（3）胞质颗粒：是细胞质中存在的多种内含颗粒，大多数为营养储藏物。有些细菌含有多聚偏磷酸盐颗粒，因其嗜碱性较强，用亚甲蓝染色着色较深，与细菌其他部分的颜色不同，故称异染颗粒，可作为鉴别细菌（如白喉棒状杆菌）的依据。

考点：异染颗粒的概念及意义

4. 核质 核质是细菌的遗传物质，没有核膜、核仁，也称为拟核。核质由一条裸露的双股环状 DNA 分子组成，另外还含有少量 RNA、RNA 聚合酶及蛋白质。核质控制细菌的各种遗传性状。

（二）细菌的特殊结构

1. 鞭毛 鞭毛是某些细菌的菌体上附着的细长、呈波状弯曲的丝状物。为细菌的运动器官。长 5~20μm，但直径很纤细，一般经特殊染色法使鞭毛增粗后可在普通光学显微镜下看到。

鞭毛的化学组成为蛋白质，有很强的抗原性，鞭毛抗原称 H 抗原。

根据鞭毛的数目及部位可将鞭毛菌分成 4 类：单毛菌如霍乱弧菌，双毛菌如空肠弯曲菌，丛毛菌如铜绿假单胞菌，周毛菌如伤寒沙门菌（图 2-4）。

细菌有无鞭毛、鞭毛的数量与部位，以及其抗原性对细菌鉴定和分类有重要意义；有些细菌的鞭毛与细菌致病性有关，如霍乱弧菌。

2. 菌毛 菌毛是许多革兰阴性菌表面比鞭毛细、短且直的丝状物。菌毛在普通光学显微镜下不可见，只有用电子显微镜方能观察到（图 2-5）。菌毛的化学成分为蛋白质，菌毛蛋白具有抗原性。

考点：鞭毛的概念和医学意义

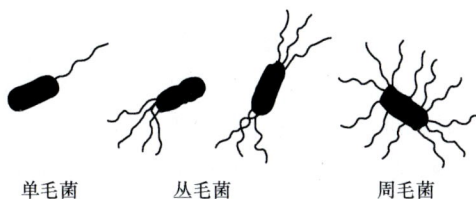

单毛菌　　丛毛菌　　周毛菌

图 2-4　细菌鞭毛的类型模式图　　图 2-5　细菌菌毛与鞭毛电镜图

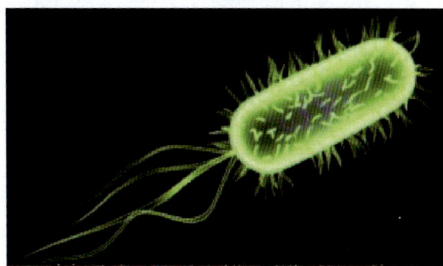

根据菌毛的功能可将其分为普通菌毛和性菌毛。

（1）普通菌毛：数目多，每个细菌可有数百根，遍布菌体表面。普通菌毛是细菌的黏附结构，可黏附于人与动物的红细胞和消化道、呼吸道等黏膜上皮细胞等细胞表面，进而入侵引起感染，故与细菌的致病性有关。

（2）性菌毛：仅见于少数革兰阴性菌。数量少，一个细菌只有1~4根。比普通菌毛长且粗，中空呈管状。性菌毛由F质粒编码，在细菌接合时，可通过性菌毛传递遗传物质（如质粒）。

考点：菌毛的概念和医学意义

3. 荚膜 荚膜是某些细菌细胞壁外包绕的一层厚度约200nm，在普通光学显微镜下清晰可见的黏液性物质（图2-6）。荚膜不易着色，若用普通染色法只能在光学显微镜下看到菌体周围有未着色的透明圈。如用特殊染色法可使荚膜显现更为清楚。荚膜一般在动物体内和营养丰富的培养基中才能形成。

荚膜的化学组成随菌种而异。大多数细菌的荚膜由多糖组成，如肺炎球菌；少数细菌为多肽，如炭疽杆菌。荚膜具有抗原性，可作为细菌鉴别与分型的依据。荚膜可抵抗宿主吞噬细胞的吞噬作用，故与细菌的致病性有关。

考点：荚膜的概念和医学意义

4. 芽胞 芽胞是某些细菌在一定的环境条件下，细胞质脱水浓缩，在菌体内形成一个圆形或卵圆形的具有多层膜结构的小体。芽胞保留了细菌生存必需的核质和完整的酶系统。芽胞形成后，菌体成为空壳，逐渐崩解消失，芽胞随之脱落游离出来。一般认为，芽胞是细菌的休眠状态，代谢缓慢，营养要求低，无繁殖能力。但遇到适宜环境，芽胞可吸水膨胀重新发育为有繁殖能力的菌体，因此，未形成芽胞的菌体称为繁殖体。不同细菌其芽胞的大小、形态和在菌体内的位置不同，对细菌的鉴别有重要意义（图2-7）。

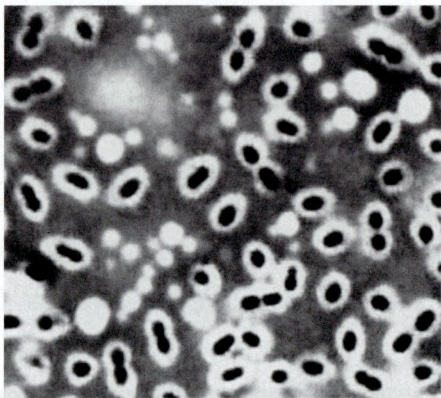

图2-6 细菌的荚膜

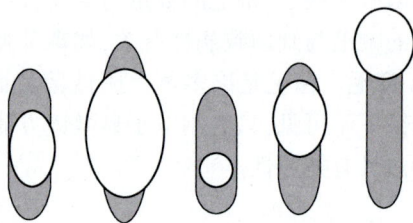

图2-7 细菌芽胞的形态、大小与位置

成熟的芽胞由多层膜结构组成，由内向外依次是核心、内膜、芽胞壁、皮质、外膜、芽胞壳和外壁。芽胞的折光性很强，壁厚，通透性低，不易着色。一般染色法只能在普通光镜下观察到在菌体内有未着色的芽胞，需经芽胞染色法才能使芽胞着色。

考点：芽胞的概念和医学意义

芽胞对热、干燥、辐射及消毒剂有很强的抵抗力，在自然界能存活几年甚至几十年，有的芽胞耐煮沸数小时。一旦芽胞污染用具、敷料、手术器械等，用一般物理化学方法不易将其杀死，故常以杀死芽胞作为灭菌彻底的指标。高压蒸汽灭菌法是杀灭芽胞的最有效方法。

📚 **链 接**

细菌的物理性状

细菌主要的物理性状有以下几方面。

1. 细菌为无色半透明小体，当光线照射到细菌，部分被吸收，部分被折射，因此细菌悬液呈混浊状态,菌数越多浊度越大。

2. 细菌体积微小,表面积大,有利于物质交换,故细菌代谢旺盛,繁殖快。

3. 细菌有带电现象,革兰阳性菌等电点(pI)为2~3,革兰阴性菌等电点为4~5,故在中性或弱碱性环境中细菌带负电。

4. 细菌的细胞壁和细胞膜都具半透性,有利于水及小分子营养物质的吸收和代谢产物的排出。

5. 因含高浓度营养物质和无机盐,故菌体内有较高渗透压,如革兰阳性菌为20~25个大气压[①],革兰阴性菌为5~6个大气压。细菌生长环境常为低渗环境,因有细胞壁的保护不致崩裂。

三、细菌形态检查法

(一) 不染色标本检查法

细菌不经染色,直接放在普通光学显微镜或暗视野显微镜下观察,可观察细菌的运动状态和繁殖方式等,常用方法有压滴法和悬滴法。

(二) 染色标本检查法

1. 单染色法 只用一种染料给细菌染色,所有细菌都被染成一种颜色,可显示细菌的形态、排列和大小。

2. 复染色法 用两种或两种以上染料给细菌染色,使细菌染上不同的颜色。可观察细菌的形态、排列、大小和染色性,并鉴别细菌。常用的有革兰染色法和抗酸染色法。

(1) 革兰染色法。革兰染色法的步骤为:①结晶紫初染;②碘液媒染;③95%乙醇脱色;④稀释复红复染。结果:紫色为革兰阳性菌,红色为革兰阴性菌。革兰染色法具有重要的实际意义:①鉴别细菌。它将所有的细菌分成革兰阳性菌和革兰阴性菌两大类,便于初步识别细菌。②选择用药。革兰阳性菌和革兰阴性菌对抗生素和化学疗剂的敏感性不同,临床上可根据病原菌的革兰染色性,选择有效药物进行治疗。③反映细菌致病特点。大多数革兰阳性菌主要以外毒素致病,大多数革兰阴性菌主要以内毒素致病。

(2) 抗酸染色法。先用苯酚复红加温染色,再用3%盐酸乙醇脱色,最后用亚甲蓝复染。结核分枝杆菌等抗酸菌被染成红色;非抗酸菌则被染成蓝色。

(3) 特殊染色法。细菌的某些结构不易被普通染色法着色,但可通过特殊染色方法使之与菌体着不同的颜色,有利于对细菌的观察与鉴别。如细菌的芽胞、荚膜、鞭毛等常需特殊染色法。

考点:革兰染色法的步骤和意义

---

① 1个大气压 = 1.013 25×10^{5}Pa

小结

细菌是原核细胞型微生物,个体微小,测量单位是微米;根据形态特征可将细菌分为球菌、杆菌、螺形菌;细菌形态学检查分为不染色标本检查法和染色标本检查法两种。细菌的基本结构和特殊结构的组成及意义见表2-2。

表 2-2　细菌结构的组成及意义

结构名称		构成与特点	功能与意义
基本结构	细胞壁	G^+菌:含磷壁酸、肽聚糖(50%~80%) G^-菌:含外膜、肽聚糖(10%~20%)	保护菌体,维持菌形;破坏肽聚糖的药物如青霉素等主要抗 G^+ 菌,对 G^- 菌影响不大
	细胞膜	蛋白质、脂质双层	维持细胞内外物质交换
	细胞质	内含结构:	
		核糖体	合成蛋白质的场所
		质粒	控制某些性状、参与遗传变异
		胞质颗粒	鉴别细菌
	核质	裸露的双链 DNA	细菌的遗传物质
特殊结构	鞭毛	包括:单毛菌、双毛菌、丛毛菌、周毛菌	是运动器官;可鉴别细菌
	菌毛	包括:普通菌毛	黏附作用,与致病性有关
		性菌毛	传递遗传物质
	荚膜	细胞壁外的黏液性物质	抗吞噬作用,与致病性有关
	芽胞	特点:抵抗力强;呈休眠状态	作为灭菌标准,鉴别细菌

(张仙芝)

第二节　细菌的生长繁殖与变异

一、细菌的生长繁殖

(一)细菌生长繁殖的条件

细菌的种类不同,对营养物质的需求也不尽相同,基本可归纳为以下条件。

1. 营养物质　可为细菌新陈代谢及生长繁殖提供必要的原料和能量。细菌生长繁殖基本的营养成分是水、含碳化合物、含氮化合物和无机盐。某些细菌还需要特殊的生长因子,即细菌生长必需但自身又不能合成的一类营养物质。

2. 酸碱度　每种细菌都有一个最适生长的 pH 范围,在这一范围内,细菌的酶活性最强,生长繁殖较旺盛。多数病原菌最适 pH 为 7.2~7.6,在机体内易生存;个别细菌如霍乱弧菌在 pH8.8~9.0 生长最好,结核分枝杆菌生长的最适 pH 为 6.5~6.8。

3. 温度　不同细菌对温度的要求不一，大多病原菌适应人体内环境，最适生长温度为37℃。个别细菌如耶尔森菌最适生长温度为28℃。

4. 气体　和细菌生长繁殖有关的气体主要有氧气与二氧化碳。

根据细菌对氧气的要求不同，可将细菌分为4类：①专性需氧菌，只能在有氧环境下生长，如结核分枝杆菌；②微需氧菌，在低氧压(5%~6%氧气)环境下生长最好，如空肠弯曲菌；③兼性厌氧菌，在有氧或无氧环境中都能生长，大多数病原菌属于这一类；④专性厌氧菌，只能在无氧环境中生长繁殖，如破伤风芽胞梭菌。

多数细菌利用自身代谢过程中产生的CO_2已能满足需要，但某些细菌初次分离时，必须供给5%~10%CO_2才能生长，如脑膜炎奈瑟菌、军团菌等。

考点：细菌生长繁殖的条件

链　接

你知道一个细菌一天能繁殖多少吗？

你知道一个细菌一天能繁殖多少吗？这个问题看似简单，但又十分重要和必要。因为你知道了它，就会十分注意食品卫生和个人卫生，防止各种病菌的扩散与传播，真正关爱生命和健康。

食品卫生专家介绍说，由于自然界温度的升高，各种动植物生长迅速，食物来源丰富，各种微生物容易获得营养、水分，且温度适宜，使其生长繁殖速度明显加快。细菌的繁殖是由一个分裂为两个。一个细菌在7h内可繁殖到1700万个，10h后可繁殖到10亿个。因此，在炎热的夏季极易发生细菌性食物中毒。

（二）细菌的繁殖方式和速度

1. 细菌的个体生长繁殖　细菌一般以简单的无性二分裂法进行繁殖。在适宜条件下，多数细菌繁殖速度很快，20~30min繁殖一代。结核分枝杆菌繁殖速度较慢，繁殖一代需要18~20h。

2. 细菌的群体生长繁殖——生长曲线　将一定数量的细菌接种于适宜的液体培养基中，连续定时取样检查活菌数，以培养时间为横坐标，培养物中活菌数的对数为纵坐标，可绘制出一条曲线，称为生长曲线。生长曲线表示细菌群体生长繁殖规律，可分为4期(图2-8)。

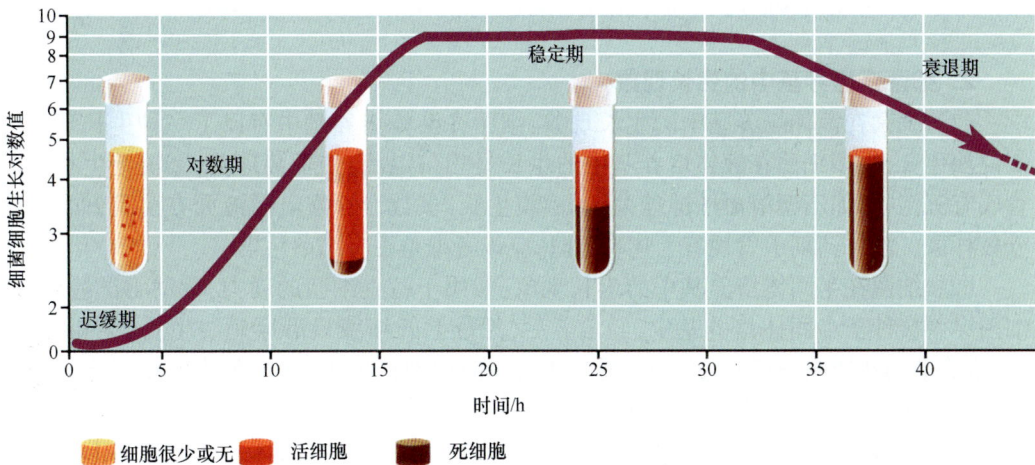

图2-8　细菌的生长曲线

（1）迟缓期：细菌进入新环境后的短暂适应阶段。该期细菌体积增大、质量增加、代谢活跃,但繁殖极少。迟缓期长短不一,随菌种、菌龄、接种量及营养物质等不同而异,一般为数小时。

（2）对数期：是细菌繁殖的顶峰阶段。细菌在该期繁殖迅速,活菌数以几何级数增长,活菌数的对数呈直线上升。此期细菌的形态、染色性、生理特性等较典型,对外界环境因素的刺激敏感。因此,研究细菌的生物学性状应选用该期的细菌。一般细菌对数期在培养后的 8~18h。

（3）稳定期：是细菌繁殖数与死亡数相同的阶段。由于培养基中营养物质消耗,有害代谢产物积累,该期细菌繁殖速度渐减,死亡数逐渐增加,细菌形态、染色性和生理性状常有改变。一些细菌的芽胞、外毒素和抗生素等代谢产物在稳定期产生。

考点:细菌生长曲线的各期特点

（4）衰退期：是细菌死亡数超过繁殖数,活菌数下降阶段。细菌繁殖越来越慢,死亡数超过活菌数。该期细菌形态显著改变,出现衰退型或菌体自溶,难以辨认,生理代谢活动也趋于停滞。故陈旧培养的细菌难以鉴定。

（三）细菌的人工培养

依据细菌生长繁殖的条件与规律,可在体外对细菌进行人工培养,以研究细菌的生物学特性,用于对细菌性疾病的诊断、治疗和预防等。

1. 培养基 培养基是人工配制的供细菌生长繁殖所需的营养物质制品。培养基按物理性状分为液体培养基、半固体培养基和固体培养基(图 2-9);按其营养组成和用途不同分为基础培养基、营养培养基、选择培养基、鉴别培养基和厌氧培养基。

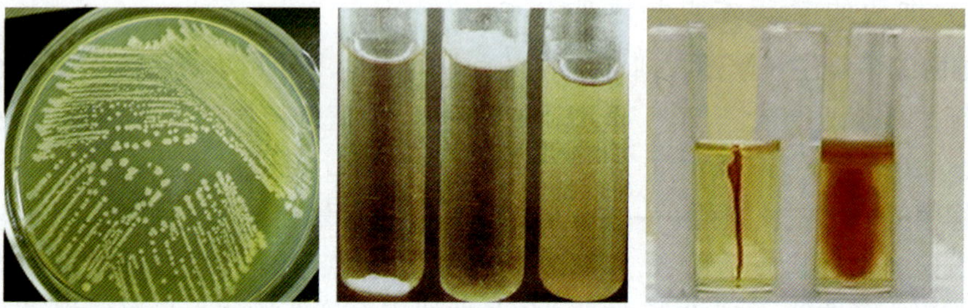

图 2-9 细菌在培养基上的生长现象
A. 菌落和菌苔;B. 依次为沉淀、菌膜和混浊;C. 只沿穿刺线生长、扩散生长

考点:培养基的概念及种类

2. 细菌在培养基中的生长现象

（1）细菌在液体培养基中的生长现象：细菌在液体培养基中有以下三种生长现象。①混浊生长,大多细菌在液体培养基中的生长呈均匀混浊,如葡萄球菌;②沉淀生长,试管底有沉淀物,如乙型溶血性链球菌;③菌膜生长,多数专性需氧菌液面有菌膜,如结核分枝杆菌。液体药剂中发现有上述现象时,应该考虑是否有细菌污染。

（2）细菌在半固体培养基中的生长现象：常用于检查细菌的动力,称动力试验。将细菌穿刺接种于半固体培养基中,经培养后,无鞭毛的细菌只沿穿刺线生长,穿刺线清晰,培养基仍然透明,有鞭毛的细菌则沿穿刺线向周围扩散生长,穿刺线模糊不清,培养基出现混浊。

（3）细菌在固体培养基上的生长现象：将标本划线接种在固体平板培养基上,因划线的分散作用,许多混杂的细菌得以在培养基表面上散开,称为分离培养。一般经过

18~24h培养后,单个细菌分裂繁殖成一个肉眼可见的细菌集团,称为菌落。各种细菌在固体培养基上形成的菌落的大小、形状、颜色、气味、透明度、表面光滑度、湿润程度、边缘整齐与否,以及在血琼脂平板上的溶血情况等均有不同表现,这有助于细菌的鉴定。许多菌落融合在一起,称为菌苔。

3. 人工培养细菌的意义 细菌培养对疾病的诊断、预防、治疗和科学研究都具有重要意义。

（1）传染性疾病的病原学诊断:要明确传染性疾病的病原菌必须取患者有关标本进行细菌分离培养、菌种鉴定和药物敏感试验,其结果可指导临床用药。

（2）细菌学的研究:对细菌生理、遗传变异、致病性和耐药性等的研究也需做细菌的培养和保存。

（3）生物制品的制备:供防治用的疫苗、类毒素、抗毒素及供诊断用的菌液、抗血清等均来自培养的细菌或其代谢产物。

考点:细菌在不同培养基上的生长现象

二、 细菌的代谢产物

(一) 细菌分解代谢产物及意义

各种细菌所含的酶不同,对糖和蛋白质的分解能力不同,故其代谢产物也不同。据此利用生物化学方法来鉴别细菌称细菌的生化反应(生化试验)。常用的生化试验有:糖发酵试验、VP试验、甲基红试验、靛基质试验和硫化氢试验等。

(二) 细菌合成代谢产物及意义

1. 热原质 又称致热原,是一种注入人或动物体内能引起发热反应的物质,大多由革兰阴性菌产生,如革兰阴性菌细胞壁脂多糖。有些革兰阳性菌也能产生,如枯草杆菌等。热原质耐高温,高压蒸汽灭菌121.3℃,30min不被破坏。须用吸附剂、石棉滤板或250℃高温干烤才能除去或破坏热原质,蒸馏法效果最好。因此,在制备和使用注射药品过程中应严格遵守无菌操作,防止细菌污染。

2. 毒素与侵袭性酶 细菌可产生外毒素和内毒素,这两类毒素在细菌致病作用中甚为重要。外毒素是多数革兰阳性菌和少数革兰阴性菌在代谢过程中分泌到菌体外的毒性蛋白质;内毒素是菌体死亡崩解后游离出来的细胞壁脂多糖成分,多由革兰阴性菌产生。某些细菌还可产生具有侵袭性的酶,如产气荚膜梭菌的卵磷脂酶,链球菌的透明质酸酶等。这些酶能损伤机体组织,促使细菌侵袭和扩散,也是细菌重要的致病物质。

3. 色素 不同细菌在适宜环境中能产生不同颜色的色素,有助于鉴别细菌。细菌产生的色素有两类:①水溶性色素,能弥散到培养基或周围组织中,如铜绿假单胞菌的色素能使培养基或脓汁呈蓝绿色;②脂溶性色素,不溶于水,只能使菌落显色而培养基颜色不变,如金黄色葡萄球菌的色素使菌落呈金黄色,而培养基不变色。

4. 抗生素 抗生素是某些微生物在代谢过程中产生的一类能抑制或杀死其他微生物或肿瘤细胞的物质。抗生素大多由放线菌和真菌产生。

5. 细菌素 某些菌株产生的一类具有抗菌作用的蛋白质称为细菌素。与抗生素比较,细菌素的抗菌谱狭窄,仅对与产生菌有近缘关系的细菌有杀伤作用。因此,不能用于临床治疗疾病,多用于细菌分型和流行病学调查。细菌素一般按产生菌命名,例如,大肠埃希菌产生的细菌素称大肠菌素。

6. 维生素 细菌能合成某些维生素,除供自身需要外,还能分泌至周围环境中。例

考点:细菌合成代谢产物的医学意义

如,人体肠道内的大肠埃希菌能合成维生素 B 和维生素 K 供人体吸收利用。医药工业上也可利用细菌生产维生素。

三、 细菌的遗传和变异

细菌与其他生物一样,具有遗传性和变异性。在一定条件下,细菌的生物学性状、致病性等相对稳定,并能代代相传。细菌在子代与亲代之间表现出的相似性称为遗传;而细菌子代与亲代之间出现不同程度的差异称为变异。

(一) 常见的细菌变异现象

1. 形态结构的变异 细菌的大小和形态在不同的生长繁殖时期可不同,生长繁殖过程中受外界环境条件的影响也可发生变异。细菌的细胞壁受到青霉素或溶菌酶等物质的作用可使肽聚糖合成受阻或遭到损伤而失去细胞壁,发生细胞壁缺陷型变异,由于这种变异首先是在 Lister 研究院发现的,故称为 L 型变异。荚膜、芽胞、鞭毛等特殊结构也可发生变异,例如,有鞭毛的伤寒沙门菌变异后可失去鞭毛,称为 H-O 变异。

2. 毒力变异 细菌的毒力变异包括毒力的增强和减弱。例如,携带有 β 棒状杆菌噬菌体的白喉棒状杆菌,获得了产生白喉外毒素的能力,其毒力增强。用于预防结核病的卡介苗(BCG)是卡-介二氏将有毒的牛型结核分枝杆菌培养在含胆汁、甘油和马铃薯的培养基上,经13 年 230 次传代培养使其毒力减弱而保留有免疫原性制备而成,可用于预防结核病。

> **链 接**
>
> **结核病的克星——卡介苗**
>
> 20 世纪初,结核病威胁着人类的健康,很长时间人们找不到对付结核病的办法。法国细菌学家卡尔美和介林为研制征服结核病的疫苗,做了数不清的实验,经历了一次又一次的失败。然而,功夫不负有心人,他们从农场玉米传代十几代之后不断退化的现象得到启示,开始了漫长艰苦的定向培育实验。开始实验的动力只是他们的设想:如果把毒性很强的结核杆菌一代一代地培养下去,也许到了哪一代它们的毒性也会退化,制成的疫苗就可以预防结核病了。为了证实他们的设想,两个人整整培养了 13 年 230 次,终于获得了理想的减毒株。从此,结核病有了克星。为了纪念这两位伟大的科学家,人们把预防结核病的疫苗称为"卡介苗"。

3. 耐药性变异 细菌对某种抗菌药物由敏感变成耐药的变异称耐药性变异。细菌通过基因突变、接合、转导、转化等方式获得耐药性。从抗生素广泛应用以来,细菌对抗生素耐药的不断增长是世界范围内的普遍趋势。金黄色葡萄球菌耐青霉素的菌株已从1946 年的 14% 上升至目前的 90% 以上。细菌的耐药性变异给临床治疗带来很大的困难,并成为当今医学界的一大难题。

> **链 接**
>
> **抗生素耐药——现代医学的困境**
>
> 抗生素是 20 世纪最重要的医学发现之一,对控制人类感染性疾病发挥了巨大的作用。但目前的研究显示,我国的金黄色葡萄球菌的耐青霉素比例已经高达 90%。肺炎链球菌已有45% 耐青霉素,70% 耐红霉素。导致肠道疾病的大肠埃希菌有 70% 耐环丙沙星。由于滥用抗生素所导致的耐药病原菌的增加不仅使医疗费用增高,而且使感染性疾病的发病率及死亡率增加。过度使用使得很多抗生素失去了效果,小病也能致命,这已经不是耸人听闻的消息了。

4. 菌落变异 细菌的菌落主要有光滑型(S)和粗糙型(R)两种,S型菌落表面光滑、湿润、边缘整齐,细菌经人工培养多次传代后菌落表面变为粗糙、干燥、边缘不整齐,即从光滑型变为粗糙型,称为S-R变异,S-R变异常见于肠道杆菌。

考点: 常见的细菌变异现象

(二)细菌遗传变异在医学上的应用

1. 病原学诊断 由于细菌在形态、结构、染色性、生化反应等方面可发生变异,给实验室诊断带来一定困难,要注意鉴别,以免误诊。

2. 临床治疗 耐药菌株的出现给感染性疾病的治疗造成很大困难。为了防止耐药菌株的扩散,治疗时应注意:①用药前做药敏试验,选择敏感药物;②用药应足量或联合用药彻底杀灭病原菌,疗程要合适。

3. 特异性预防 利用遗传与变异的原理筛选或诱导减毒变异株制备减毒活疫苗,用于某些传染病的预防,如制备卡介苗预防结核病。

4. 在基因工程方面的应用 根据细菌变异机制,质粒和噬菌体既是基因的载体又可在相应的细菌体内表达。如把目的基因(如胰岛素基因)与质粒或噬菌体重组后再导入宿主菌体内表达,可大量生产胰岛素、干扰素等。

小结

细菌以无性二分裂法繁殖,在适宜条件下,繁殖速度很快。细菌生长繁殖的适宜条件是充足的营养物质、合适的酸碱度、适宜的温度,还和某些气体有关。细菌在培养基中生长后产生不同的现象,有助于鉴定细菌(表2-3)。细菌在生长繁殖过程中可产生一些代谢产物(表2-4)。在一定条件下,细菌可发生变异,常见的细菌变异有形态结构变异、毒力变异和耐药性变异等。

表2-3 细菌在培养基上的生长现象及意义

培养基种类	细菌生长现象	意义
液体培养基	混浊、菌膜、沉淀	鉴别细菌、识别药液的污染
固体培养基	菌落、菌苔	分离并鉴别细菌
半固体培养基	沿穿刺线生长或扩散生长	观察细菌动力

表2-4 细菌代谢产物的种类及意义

产物	种类	意义
有害产物	合成代谢产物:	
	毒素和侵袭性酶	损害机体组织
	热原质	引起机体发热
有益产物	抗生素	抑制其他微生物生长,用于医药
	维生素	供机体利用,用于医药
无害也无益产物	色素	鉴别细菌,用于诊断
	细菌素	鉴别细菌,用于分型
	分解代谢产物	鉴别细菌,用于诊断

(张仙芝)

第三节　细菌与外界环境

一、细菌的分布

（一）细菌在自然界的分布与医学意义

细菌广泛分布于自然界土壤、水、空气中，与人类关系密切。了解细菌的分布，对保护环境、重视公共卫生、加强无菌观念、进行无菌操作、控制传染病等有重要意义。

1. 土壤中的细菌　在土壤中细菌种类多且数量大，尤其是距地表下 10～20cm 深的地方分布较多，常见的有破伤风芽胞梭菌、产气荚膜梭菌等，常以芽胞的方式存在。土壤中细菌大部分对人有利，参与自然界的物质循环，但也有不少致病菌，来源于人和动物排泄物及死于传染病的人、畜尸体。土壤中的细菌主要引起伤口感染。

2. 水中的细菌　不同的水源中细菌的种类及数量不同。地下水比地面水含菌少，流动水比静止水含菌少。水中的细菌主要来自于人或动物的粪便，常见的有大肠埃希菌、伤寒沙门菌、痢疾志贺菌及霍乱弧菌等。水若被含有伤寒沙门菌、痢疾志贺菌等致病菌的排泄物污染，可引起多种消化道传染病的传播。除细菌外，水被污染时也可含有甲型肝炎（甲肝）病毒、钩端螺旋体等病原微生物。

3. 空气中的细菌　空气中缺乏细菌生长所需的营养物质和水分，并受日光照射，细菌数量较少。但由于人群和动物不断排出细菌，土壤中的细菌随尘土飞扬在空气中，因此空气中存在不同种类的细菌。空气中的病原菌主要有金黄色葡萄球菌、结核分枝杆菌、白喉棒状杆菌、脑膜炎奈瑟菌等，常引起呼吸道传染病或伤口感染。非病原菌是污染培养基、药物制剂、生物制品的重要来源。为了避免感染与污染的发生，手术室、病房、制剂室等都要经常进行空气消毒。

（二）细菌在正常人体的分布及医学意义

1. 正常菌群　正常情况下，存在于人体的体表及与外界相通的腔道中（如口腔、鼻咽腔、肠道、泌尿生殖道），对人体无损害的微生物群，称为正常菌群。微生态学研究证明，正常菌群对于机体具有生理作用、免疫作用和生物屏障作用。人体各部位的正常菌群分布见表 2-5。

表 2-5　人体常见的正常菌群

部位	主要菌类
皮肤	葡萄球菌、类白喉棒状杆菌、铜绿假单胞菌、非致病性分枝杆菌、痤疮丙酸杆菌、白假丝酵母菌
口腔	葡萄球菌、甲型链球菌、丙型链球菌、肺炎链球菌、奈瑟菌、乳杆菌、类白喉棒状杆菌、梭菌、螺旋体、白假丝酵母菌、放线菌
鼻咽腔	葡萄球菌、甲型链球菌、丙型链球菌、肺炎链球菌、奈瑟菌、类杆菌
外耳道	葡萄球菌、类白喉棒状杆菌、铜绿假单胞菌、非致病性分枝杆菌
眼结膜	葡萄球菌、干燥棒状杆菌
胃	一般无菌
肠道	大肠埃希菌、产气肠杆菌、变形杆菌、铜绿假单胞菌、葡萄球菌、肠球菌、类杆菌、产气荚膜梭菌、破伤风梭菌、双歧杆菌、乳杆菌、白假丝酵母菌
尿道	葡萄球菌、类白喉棒状杆菌、非致病性分枝杆菌
阴道	乳杆菌、大肠埃希菌、类白喉棒状杆菌、白假丝酵母菌

链　接

阴道中的正常菌群与自净作用

女性阴道内细菌的种类随内分泌的变化而改变。从月经初潮到绝经期,阴道内主要是乳酸杆菌,它能分解阴道上皮细胞中的糖原产生乳酸,从而维持阴道的酸性环境(pH3.9~4.4),借此可抑制病原微生物的生长繁殖,这种作用称为阴道的自净作用;而月经初潮前及绝经期后的妇女,阴道内主要有葡萄球菌、大肠埃希菌等,乳酸杆菌较少,自净作用减弱,局部感染比较容易发生。

2. 正常菌群的生理作用

(1)拮抗作用:正常菌群通过争夺营养或产生细菌素等方式对入侵的病原菌具有明显的生物拮抗作用。如大肠埃希菌产生的大肠菌素对痢疾杆菌的抑制作用。

(2)营养作用:如大肠埃希菌合成的维生素 B、维生素 K 等,可供人体吸收利用,具有营养作用。

(3)免疫作用:正常菌群能促进机体免疫器官的发育和成熟,也可刺激免疫系统发生免疫应答,产生的免疫效应物质对具有交叉抗原的病原菌有抑制作用和杀灭作用。

3. 条件致病菌　正常菌群中的某些细菌,正常条件下不致病,但在特定条件下,也能引起疾病,这些细菌称为条件致病菌。其特定条件有以下几种。

(1)寄居部位的改变:例如,大肠埃希菌从原寄居的肠道进入泌尿道,引起泌尿道感染,或因外伤、手术等进入腹腔、血流时,可引起腹膜炎或败血症等。

(2)免疫功能低下:应用大剂量皮质激素、抗肿瘤药物和放射治疗的患者,机体的免疫功能降低,正常菌群中的某些细菌可引起自身感染而出现各种疾病,严重的可导致败血症而死亡。

(3)菌群失调与菌群失调症:由于某些因素的影响,正常菌群中细菌的种类和数量发生较大的变化,称为菌群失调。严重的菌群失调使机体表现出一系列临床症状,称菌群失调症,临床上又称为二重感染。

(三) 医院获得性感染

1. 医院感染的概念　医院获得性感染又称为医院感染或医院内感染。

医院感染是指各类人群(包括患者、探视者及医护人员等)在医院内所获得的感染。

2. 医院感染的特点

(1)感染的对象:为一切在医院内活动的人群,主要是住院患者。

(2)感染的地点及发生的时间界限:在医院内,包括住院期间发生的感染和在医院内获得而在出院后发生的感染,不包括入院前已开始或者入院时已处在潜伏期的感染。

(3)感染的病原体:主要为条件致病菌。

(4)感染的来源:以内源性感染为主。

(5)传播途径:以接触为主,如介入性诊疗技术。

(6)病原体较难确定,且易产生耐药性,治疗较为困难。

3. 医院感染的危险因素

(1)主观因素:①医院布局不合理;②医务人员对其危害性认识不足;③不能严格地执行无菌技术和消毒隔离制度;④缺乏对消毒灭菌效果的监测,不能有效地控制医院感染的发生等。

（2）客观因素：①易感对象是医院感染的重要因素,主要是免疫功能低下的易感人群。②诊疗技术及介入性检查与治疗因素,诊疗技术中易引起医院感染的主要有器官移植、血液透析和腹膜透析等介入性检查与治疗操作。③损害免疫系统因素,包括放射治疗、化学治疗及免疫抑制剂的应用。④抗生素使用不当,长期大量使用抗生素或滥用抗生素。⑤环境污染严重。

4. 医院内感染预防和控制　①加强宣传工作,提高患者和医护人员对医院内感染的认识;②严格执行医院清洁、消毒灭菌和隔离制度;③合理使用抗生素。

二、消毒与灭菌

（一）相关的基本概念

1. 消毒　指杀灭物体上病原微生物的方法,不一定能杀死含芽胞的细菌或非病原微生物。具有消毒作用的化学制剂称为消毒剂,如75%乙醇,常用于皮肤、体温计的消毒。

2. 灭菌　指杀灭物体上所有微生物的方法,包括病原微生物、非病原微生物及细菌的芽胞。如用高压蒸汽灭菌法进行手术器械和敷料的灭菌。

3. 防腐　防止或抑制微生物生长繁殖的方法,细菌一般不死亡。具有防腐作用的化学制剂称为防腐剂。有时同一种化学制剂,在高浓度时为消毒剂,低浓度时为防腐剂,如硫柳汞。

4. 无菌和无菌操作　无菌是指不存在活的微生物。防止微生物进入机体或物体的操作技术,称为无菌操作。如进行外科手术时需防止细菌进入创口的感染,微生物实验过程中要注意防止微生物污染及感染。

（二）物理消毒灭菌法

1. 热力消毒灭菌法　高温可使菌体蛋白变性、凝固,对细菌有明显的致死作用,因此最常用于消毒和灭菌。热力消毒灭菌法分干热法和湿热法两大类。由于湿热的穿透能力比干热强,在同一温度下,湿热的杀菌效果比干热好。

（1）湿热消毒灭菌法:常用的湿热消毒灭菌法有煮沸法、间歇灭菌法、高压蒸汽灭菌法和巴氏消毒法,其中高压蒸汽灭菌法为最常用、最有效的方法。

（2）干热消毒灭菌法:常用的干热消毒灭菌法有干烤法、焚烧法和烧灼法（表2-6）。

表2-6　常用热力消毒灭菌法

	种类	方法	用途
湿热法	①煮沸法	100℃ 5~10min（海拔每升高300m,煮沸时间延长2min）	注射器、食具、饮水消毒
	②间歇灭菌法	流通蒸汽灭菌15~30min,物品移入37℃温箱过夜,如此连续3次以上,可达灭菌效果	含糖类、蛋黄、血清的培养基灭菌
	③高压蒸汽灭菌法	用高压蒸汽灭菌器,经压力1.05kg/cm^{2}或103kPa、121.3℃15~30min	生理盐水、注射器、手术器械及手术衣灭菌
	④巴氏消毒法	61.1~62.8℃30min或71.7℃15~30s	牛奶、酒类消毒
干热法	①焚烧法	直接点燃或在焚烧炉内焚烧	废弃物品或动物尸体
	②烧灼法	直接用火焰烧灼	接种环、试管口等灭菌
	③干烤法	使用干烤箱灭菌	金属、玻璃、陶瓷器皿等灭菌

2. 辐射灭菌法 主要包括紫外线和电离辐射。

（1）日光与紫外线：日光的杀菌作用主要来自紫外线。

紫外线有效杀菌波长为200～300nm，其中以265～266nm的杀菌力最强。紫外线的杀菌原理主要是改变DNA的分子构型，干扰DNA的复制，导致细菌的变异或死亡。紫外线穿透力弱，普通玻璃、纸、布、水蒸气、尘埃等均能阻挡紫外线，故一般用于手术室、婴儿室、无菌制剂室、无菌实验室的空气消毒，或用于不耐热物品的表面消毒。紫外灯管照射的有效距离不超过2m，照射时间为30～60min。杀菌波长的紫外线对人体皮肤、眼睛有损伤作用，使用时应注意保护。

（2）电离辐射：包括高速电子、X射线和γ射线。这些射线在足够剂量时，对各种细菌均有致死作用。电离辐射杀菌机制是破坏细菌的DNA。由于电离辐射穿透力强，照射时不使物品升温，故主要用于大量一次性不耐热的医用塑料注射器和导管等消毒，也可用于食品的消毒而不破坏其营养成分。

3. 滤过除菌法 使用滤菌器滤过除菌是用物理阻留的方法将液体或空气中的细菌除去。主要用于不耐高温的血清、抗生素、药液等物品及空气的除菌。

（三）化学消毒灭菌法

化学消毒剂对细菌和人体细胞都有毒性，故只能外用或用于环境的消毒。如用于人体体表（皮肤、黏膜、伤口等）、医疗器械、患者的排泄物、分泌物及环境（病区环境等）的消毒。

1. 常用消毒剂的种类与用途 （表2-7）

表2-7 常用消毒剂的种类、浓度及用途

名称	常用浓度	用途	备注
1. 重金属盐类			
红汞	2%	皮肤黏膜、小创口消毒	
硫柳汞	0.01%	生物制品防腐	
	0.1%	皮肤、手术部位消毒	毒性小，杀菌力大
硝酸银	1%	新生儿滴眼，预防淋病、奈瑟菌感染	
2. 氧化剂			
高锰酸钾	0.1%	皮肤黏膜、水果、蔬菜、食具等消毒	
过氧化氢	3%	皮肤创伤、化脓性炎症、厌氧菌感染消毒	
过氧乙酸	0.2%～0.5%	塑料、玻璃、人造纤维消毒，皮肤消毒（洗手）	
3. 卤素及其他化合物			
氯	每100万份水用氯气0.2～0.5份	饮水和游泳池水的消毒	
漂白粉	10%～20%（每升水5～10mg）	排泄物、地面、厕所消毒	不能用于衣服、有色金属的消毒
漂粉精	0.5%～1.5%	地面、家具、饮水消毒	

续表

名称	常用浓度	用途	备注
碘酒	2.5%	皮肤消毒	因刺激大,涂后须用乙醇拭净,不能与红汞同用
4. 酚类			
苯酚	3%～5%	器械、排泄物消毒	
来苏儿	2%	器械、排泄物、家具、地面消毒	
5. 醇类			
乙醇	70%～75%	皮肤、温度计消毒	不适用于伤口、黏膜
6. 醛类			
甲醛	10%	浸泡、物品表面消毒、空气消毒(10%溶液加等量水蒸发、密闭房间6～24h)	
7. 表面活性剂			
新洁尔灭	0.1%	手术器械消毒、外科手术洗手、皮肤黏膜消毒	
消毒净	0.1%	手术器械消毒、外科手术洗手	
8. 烷基化合物			
环氧乙烷	50mg/L	医学仪器、生物制品、衣服、皮革、羊毛、人造丝、尼龙、橡胶制品消毒	有毒、密闭塑料袋消毒
9. 酸类			
乙酸	5～10ml/m³加等量水蒸发	房间的空气消毒	
10. 碱类			
生石灰	1:4 或 1:8 加水配	消毒排泄物、地面	
11. 染料			
甲紫	成糊状		
	2%～4%	皮肤黏膜、浅表创面消毒	

2. 影响消毒效果的因素 消毒效果受环境、微生物种类及消毒剂本身和使用方法等多种因素的影响。

（1）消毒剂的性质、浓度和作用时间:各种消毒剂的理化性质不同,对微生物作用大小也不同。同一种消毒剂的浓度不同,其消毒效果也不同。绝大多数消毒剂在高浓度时杀菌作用大,当浓度降低到一定程度时只有抑菌作用。但醇类例外,70%～75%的乙醇消毒效果最好,高于此浓度的乙醇可以使菌体表面蛋白迅速凝固,影响乙醇继续渗入菌体内而降低杀菌作用。消毒剂在一定浓度下,对细菌的作用时间越长,消毒效果越好。

（2）细菌的种类、状态和数量:不同种类的细菌对消毒剂的敏感性不同,不同状态的细菌对消毒剂的抵抗力也存在差异。细菌的芽胞比繁殖体抵抗力强,幼龄菌比老龄菌敏感,需要根据消毒对象选择合适的消毒剂。细菌的数量越多,所需消毒时间越长。

（3）环境中有机物的存在:环境中的有机物不仅对细菌有保护作用,还能与消毒剂发生化学反应,降低消毒剂的浓度而影响其杀菌效果。

考点:1. 细菌在正常人体的分布及医学意义;
    2. 消毒与灭菌

20

此外,影响消毒效果的因素还有温度、酸碱度等。

小结

微生物广泛分布于自然界。正常人体体表与外界相通的腔道经常存在着对人体无害的微生物群,称为正常菌群。正常菌群在特定条件下可以转为条件致病菌引起感染。

建立无菌观念,正确进行灭菌、消毒、防腐、无菌操作对防止环境污染,控制感染性疾病的发生具有重要意义。

（潘运珍）

第四节　细菌的致病性

一、病原菌的致病因素

细菌能引起疾病的能力,称为细菌的致病性。具有致病性的细菌,称为病原菌或致病菌。不同的病原菌有不同的致病性,引起不同的疾病。病原菌能否引起疾病,取决于病原菌的致病因素、机体的防御功能,并与环境因素(自然因素与社会因素)的影响有一定的关系。细菌的致病因素是由细菌的毒力、侵入数量和侵入门户决定的。

（一）细菌的毒力

病原菌致病能力的强弱程度称为毒力。各种病原菌的毒力不同,同种细菌的毒力也因型和株的不同存在着一定的差异。根据毒力强弱不同,同一种细菌可分为强毒株、弱毒株和无毒株细菌。构成细菌毒力的物质基础是侵袭力和毒素。

1. 侵袭力　侵袭力是指病原菌突破机体的某些防御功能,在机体内定居、生长繁殖和扩散的能力。

（1）荚膜及类荚膜物质:如肺炎链球菌的荚膜和化脓性链球菌的 M 蛋白、伤寒沙门菌的 Vi 抗原、某些大肠埃希菌的 K 抗原等类似荚膜的物质均有抗吞噬细胞吞噬、消化和抗杀菌物质的作用。

（2）菌毛:普通菌毛可使细菌黏附于黏膜上皮细胞表面,利于侵入机体。

（3）侵袭性物质:某些病原菌能产生侵袭性物质,增强细菌的致病能力。如致病性葡萄球菌产生凝固酶,能使血浆中的纤维蛋白原变成纤维蛋白围绕在细菌表面,保护细菌不被吞噬细胞吞噬。A 群链球菌产生的透明质酸酶,能水解细胞间质透明质酸,而利于细菌在组织中扩散。侵袭性物质本身不具有毒性,但在感染过程中可助病原菌抵抗吞噬或利于病原菌向四周扩散。

2. 毒素　细菌的毒素有外毒素和内毒素两种。

（1）外毒素:是某些细菌在生长繁殖过程中合成的,并能分泌或释放到菌体外的毒性蛋白质。产生外毒素的细菌主要是革兰阳性菌,如破伤风芽胞梭菌、金黄色葡萄球菌、A 群链球菌等。少数革兰阴性菌也能产生外毒素,如痢疾志贺菌、霍乱弧菌等。外毒素的主要特点:①化学成分是蛋白质,性质不稳定,可被蛋白酶分解,不耐热(葡萄球菌肠毒素例外,能耐 100℃ 30min)和酸碱。②外毒素具有较强的免疫原性。外毒素经甲醛处理后可脱去毒性,但仍保留免疫原性,所得产物称为类毒素。类毒素可诱导机体产生相应的抗毒素。类毒素和抗毒素是临床防治工作中常用的生物制品。③毒性强。例如,1mg 纯化结晶的肉毒毒素可杀死 2 亿只小白鼠。④不同细菌产生的外毒素对人体组织器官有选择性,引起不同的临床症状。例如,白喉毒素对心肌、肾上腺和周围神经末梢有亲和力,干扰易感细胞蛋白质的合成,导致心肌炎、肾上腺出血和周围神经麻痹;肉毒毒素作用于神经末梢,阻断胆碱神经末梢释放乙酰胆碱,引起肌肉麻痹。

（2）内毒素:是存在于革兰阴性菌细胞壁中的脂多糖成分,只有当细菌死亡裂解时才释放出来。内毒素性质稳定,耐热;不能被甲醛处理制成类毒素;毒性及免疫原性较外毒素弱;对人体组织器官的选择性不强,引起的症状基本相同,主要有发热、白细胞升高、内毒素休克和弥散性血管内凝血（DIC）等。

外毒素与内毒素的主要区别见表 2-8。

表 2-8　外毒素与内毒素的主要区别

特性	外毒素	内毒素
产生毒素的细菌	多数革兰阳性菌及部分革兰阴性菌	革兰阴性菌
存在部位及释放方式	由活菌分泌或少数菌崩解后释放	是细胞壁成分,菌体裂解后释放
化学成分	蛋白质	脂多糖
耐热性	不耐热,60~80℃ 30min 被破坏	耐热,160℃ 2~4h 被破坏
毒性作用	强,不同细菌的外毒素对组织器官有选择性的毒害作用,引起特殊临床表现	较弱,各种细菌的内毒素作用大致相同
免疫原性	强,刺激机体产生抗毒素	较弱
甲醛处理	可脱毒成类毒素	不能脱毒成类毒素

（二）侵入数量

具有一定毒力的病原菌侵入机体后,需足够的菌量才引起疾病,菌量与病原菌毒力强弱和机体免疫力高低有关。如几个毒力强的鼠疫耶尔森菌进入无特异性免疫的机体中,可引起鼠疫;而毒力较弱的沙门菌,常需食入较大量的细菌,才能引起急性胃肠炎。

（三）侵入门户

有了一定毒力和数量的病原菌,如果没有适宜的侵入门户,还是不能使易感者发生感染。不同细菌其侵入门户不同,例如,破伤风芽胞梭菌必须经伤口而感染,引起破伤风;伤寒沙门菌则须经消化道感染,才能引起伤寒。但有的细菌可通过多种途径侵入机体,引起疾病,如结核分枝杆菌,可经呼吸道、消化道或皮肤黏膜创伤引起感染。

二、感染的发生、发展与结局

链接

提升食品安全的"五大法宝"

世界卫生组织及其成员国,积极倡导提升食品安全的 5 个方面:①干净;②生熟分开;③做熟;④保持食物的安全温度;⑤做饭选净水和安全的原料。这 5 个方面看似简单,如果都能做到,很多胃肠道感染性疾病就可避免发生。

病原菌在一定环境条件下,突破机体的防御功能,侵入机体,与机体相互作用而引起不同程度的病理过程,称为感染。感染常称传染,但感染与传染的含义并不完全相同,感染不一定具有传染性,而传染属于感染范畴。

(一)感染的来源与途径

1. 感染的来源 感染按其来源可分为外源性感染和内源性感染两种。

(1)外源性感染:感染来源于宿主体外的称外源性感染。患者、带菌者、病畜或带菌的动物常为外源性感染的感染源。

(2)内源性感染:感染来源于患者本身的称内源性感染。引起内源性感染的细菌多为正常菌群中的条件致病菌。

2. 感染途径 病原微生物可通过一种或数种途径传播。常见的传播途径有以下几种。

(1)呼吸道感染:肺结核、白喉、百日咳、军团菌等呼吸道传染病,由患者或带菌者通过咳嗽、喷嚏或大声说话将含有病原菌的呼吸道分泌物排出,散布到空气中,被他人吸入而感染。

(2)消化道感染:伤寒、细菌性痢疾、霍乱等消化道传染病,一般都由患者或带菌者的粪便等排泄物污染食物、饮水后,经口进入消化道所引起。苍蝇是消化道传染病的重要媒介。

(3)创伤感染:金黄色葡萄球菌、链球菌等常可侵入皮肤、黏膜的细小裂缝或创伤破损处,引起化脓性感染。

(4)接触感染:淋病、梅毒、麻风、炭疽等可通过人与人或人与动物的密切接触而感染。其方式可为直接接触或通过用具等间接接触感染。

(5)节肢动物媒介感染:有些传染病是以节肢动物为媒介而感染,如人类鼠疫是由鼠蚤传播的。

(二)感染的类型

感染的发生、发展和结局取决于病原菌的致病性与机体的免疫性在一定条件下相互斗争的结果。根据双方斗争的情况,感染类型可出现隐性感染、显性感染和带菌状态三种类型。

1. 隐性感染 当机体抗感染免疫力较强,或侵入的病原菌毒力较弱、数量较少,感染后对机体造成的损伤较轻,不出现或仅出现不明显的临床症状,称隐性感染,或称亚临床感染。如结核分枝杆菌、白喉棒状杆菌、脑膜炎奈瑟菌常引起隐性感染。

2. 显性感染 当机体的抗感染免疫力较弱,而入侵的病原菌毒力较强,数量较多,对机体造成严重病理损害并出现明显的临床症状和体征,称显性感染。

显性感染根据病情急缓,可分为:①急性感染,发病急,病程较短,只有数日至数周,如流脑、霍乱;②慢性感染,发病慢,病程长,常可维持数月至数年,如结核、麻风。

显性感染按感染部位及性质可分为以下几种。

(1)局部感染:病原菌在机体的某一部位生长繁殖,引起局部病变,出现局部症状,称为局部感染。如金黄色葡萄球菌引起的疖、痈等。

(2)全身感染:病原菌或其毒性产物进入血流,向全身扩散,引起全身症状者,称为全身感染。全身感染又可分为以下几种类型。

1）毒血症:病原菌在局部生长繁殖,但不侵入血流,只有其产生的外毒素侵入血流,引起特殊的临床中毒症状,称毒血症。如白喉和破伤风属于典型的毒血症。

2）菌血症:病原菌在局部生长繁殖,一时性或间断性地侵入血流,但未在血流中繁殖,称菌血症。如伤寒早期的菌血症。

3）败血症:病原菌侵入血流,并在其中生长繁殖,产生毒素,引起严重的全身中毒症状,如不规则高热,皮肤黏膜瘀斑,肝、脾肿大等,称败血症。如铜绿假单胞菌引起的败血症。

考点:毒血症、菌血症、败血症和脓毒血症概念

4）脓毒血症:指化脓性细菌侵入血流,在其中大量繁殖,并可通过血流到达机体其他组织器官,产生新的化脓性病灶。如金黄色葡萄球菌引起的脓毒血症。

3. 带菌状态 在显性或隐性感染后,有时病原菌未及时消除,而在体内继续存在一定时间,与机体免疫力处于相对平衡状态,称为带菌状态。处于带菌状态的人,称为带菌者。隐性感染形成的带菌者称为健康带菌者;显性感染病愈后形成的带菌者称为恢复期带菌者。带菌者是重要的传染源,及时发现带菌者并对其治疗和隔离,对于控制传染病的流行具有重要意义。

考点:1. 病原菌的致病因素; 2. 感染的发生、发展与结局

> **小结**
>
> 　细菌的致病因素由细菌的毒力、侵入数量及侵入机体的门户决定。毒力包括细菌的侵袭力和毒素两个方面。
>
> 　根据侵入机体病原菌致病性与机体抵抗力双方力量消长情况,可形成隐性感染、显性感染和带菌状态三种感染类型。全身感染可分为毒血症、菌血症、败血症和脓毒血症等。

目标检测

一、名词解释

1. 荚膜　2. 鞭毛　3. 菌毛　4. 芽胞　5. 质粒

6. 异染颗粒　7. 生长曲线　8. 培养基　9. 菌落

10. 热原质　11. 细菌素　12. 耐药性变异

13. 正常菌群　14. 灭菌　15. 无菌操作

16. 消毒　17. 菌血症　18. 传染　19. 败血症

二、填空题

1. 细菌的基本形态有 _____、_____ 和 _____。

2. 细菌的基本结构包括 _____、_____、_____ 和 _____。

3. 细菌的特殊结构包括 _____、_____、_____ 和 _____。

4. 与细菌运动有关的结构是 _____,与细菌抵抗力有关的结构是 _____。

5. 细菌的菌毛可分为 _____ 和 _____,其中 _____ 和致病力有关,_____ 和遗传变异有关。

6. 医学上重要的质粒有 _____、_____ 和 _____。

7. 细菌形态检查法分为 _____ 和 _____,革兰染色法属于 _____。

8. 细菌生长繁殖的条件是 _____、_____、_____、_____。

9. 根据细菌对氧气的不同需要可将细菌分为 _____、_____、_____、_____。

10. 细菌生长繁殖需要的营养物质有 _____、_____、_____、_____、_____。

11. 根据用途不同可将培养基分为 _____、_____、_____、_____、_____。

12. 根据物理性状的不同可将培养基分为 _____、_____、_____。

13. 细菌的繁殖方式是 _____,多数细菌繁殖一代所需时间为 _____。

14. 细菌的生长曲线可依次分 _____、_____、_____、_____ 4 期,其中细菌繁殖迅速,形态染色典型的时期是_____期。

15. 细菌在液体培养基的生长可表现为_____、_____、_____。

三、选择题

A型题

1. 具有抗吞噬作用的细菌特殊结构是
   A. 菌毛　　B. 荚膜　　C. 芽胞
   D. 鞭毛　　E. 性菌毛

2. 可黏附某些细胞的细菌结构是
   A. 菌毛　　B. 荚膜　　C. 芽胞
   D. 鞭毛　　E. 中介体

3. 革兰阴性菌细胞壁特有的物质是
   A. 肽聚糖　　B. 磷壁酸　　C. 四肽侧链
   D. 外膜　　E. 五肽桥

4. 光学显微镜下无法看到的细菌的特殊结构是
   A. 芽胞　　B. 鞭毛　　C. 荚膜
   D. 菌毛　　E. 细胞膜

5. 下列哪项不是细菌生命所必需
   A. 细胞膜　　B. 核糖体　　C. 质粒
   D. 核质　　E. DNA

6. 革兰阳性菌细胞壁特有的物质是
   A. 肽聚糖　　B. 磷壁酸　　C. 四肽侧链
   D. 脂多糖　　E. 外膜

7. 细菌细胞壁的共有成分是
   A. 磷壁酸　　B. 脂多糖　　C. 肽聚糖
   D. 外膜　　E. 脂蛋白

8. 多数细菌生长繁殖的最适 pH 是
   A. 7.2~7.6　　B. 6.5~6.8
   C. 8.4~9.2　　D. 4.4~4.6
   E. 5.5~6.2

9. 细菌生长繁殖的条件不包括
   A. 营养物质　　B. 适宜的酸碱度
   C. 合适的温度　　D. 光线
   E. 必要的气体

10. 细菌的繁殖方式是
    A. 复制　　B. 无性二分裂法
    C. 出芽　　D. 孢子
    E. 有性生殖

11. 专性厌氧菌是
    A. 结核杆菌　　B. 霍乱弧菌
    C. 空肠弯曲菌　　D. 破伤风杆菌
    E. 大肠杆菌

12. 下列哪项不是细菌的合成代谢产物

13. 单个细菌在固体培养基上的生长现象是
    A. 菌落　　B. 菌膜　　C. 菌苔
    D. 菌丝　　E. 菌毛

A. 色素　　B. 细菌素
C. 乙型溶素　　D. 抗生素
E. 维生素

14. 对近缘细菌有杀伤作用的是
    A. 类毒素　　B. 细菌素　　C. 抗生素
    D. 维生素　　E. 内毒素

15. 对特殊感染而无保留价值的物品,最彻底的灭菌方法是
    A. 煮沸消毒灭菌法　　B. 高压蒸汽灭菌法
    C. 干烤法　　D. 紫外线法
    E. 过氧乙酸浸泡法

16. 消毒的含义
    A. 消除物品上的一切污秽
    B. 消灭除细菌芽胞外的各种病原微生物
    C. 杀灭物品上所有的微生物
    D. 杀灭物品上的芽胞
    E. 消灭包括细菌芽胞在内的各种病原微生物

17. 紫外线灯做空气消毒时,照射时间不少于
    A. 15min　　B. 20min　　C. 25min
    D. 30min　　E. 35min

18. 对芽胞无效的化学消毒剂
    A. 70%乙醇溶液　　B. 2%戊二醛溶液
    C. 40%甲醛溶液　　D. 0.5%过氧乙酸溶液
    E. 环氧乙烷

19. 杀灭芽胞最有效的方法是
    A. 煮沸消毒灭菌法　　B. 高压蒸汽灭菌法
    C. 干烤法　　D. 间歇灭菌法
    E. 巴氏消毒法

20. 易被忽视的重要传染源是
    A. 急性期患者　　B. 恢复期患者
    C. 健康带菌者　　D. 带菌动物
    E. 以上都不是

21. 下述哪项不属于全身感染
    A. 带菌状态　　B. 菌血症　　C. 败血症
    D. 毒血症　　E. 脓毒血症

22. 下列构成细菌侵袭力的因素不包括
    A. M 蛋白　　B. Vi 抗原　　C. 卵磷脂酶
    D. 热原质　　E. 链激酶

23. 与细菌侵袭力无关的物质是
    A. 侵袭性酶　　B. 毒素　　C. 荚膜
    D. 芽胞　　E. 菌毛

24. 病原菌侵入机体能否致病,通常与哪一项无关
    A. 细菌的毒力　　　B. 细菌侵入部位
    C. 细菌侵入数量　　D. 细菌的耐药性
    E. 机体免疫力强弱

25. 有助于细菌在体内扩散的物质是
    A. 菌毛　　　　　　B. 血浆凝固酶
    C. 透明质酸酶　　　D. 神经氨酸酶
    E. 荚膜

B 型题

A. 高压蒸汽灭菌法　　B. 燃烧法
C. 煮沸消毒灭菌法　　D. 紫外线法
E. 干烤法

1. 以上各项中不属于热力消毒灭菌法的是
2. 热力消毒灭菌法中效果最好的是

四、问答题

1. 列表比较革兰阳性菌和革兰阴性菌细胞壁的异同。
2. 细菌的特殊结构有哪些?在医学上各有何意义?
3. 了解细菌细胞壁结构的医学意义如何。
4. 简述革兰染色法的步骤和实际意义。
5. 细菌生长繁殖的条件有哪些?
6. 人工培养细菌有何实际意义?
7. 细菌有哪些合成代谢产物?各有什么意义?
8. 何谓内毒素、外毒素,两者有何区别?
9. 请举例说明细菌的感染途径有哪些。
10. 影响化学消毒剂作用的因素主要有哪些?
11. 正常菌群在何种情况下变为条件致病菌?

(潘运珍)

第三章 免疫学基础

第一节 概 述

如果把人的皮肤用电子显微镜高倍放大之后,将会发现人的皮肤其实是"千疮百孔",皮肤上遍布着无数的微小孔道,细小的细菌、病毒等微生物随时在"长驱直入",但在正常情况下,人的机体并不会出现变质、腐败、发臭的现象,这是为什么? 原因是人体的卫士——免疫系统在及时发现和消灭入侵的任何微生物,保护我们的机体。

接种疫苗为什么能预防传染病? 为什么输血时如果血型不同会发生输血反应? 注射青霉素时为何有时会发生过敏反应? ……带着这些问题去学习免疫学理论,你不但会逐步获得这些问题的答案,而且会自觉地将免疫学知识应用于今后的生活和医学实践中去。

一、 免疫的概念

免疫(immunity)在医学中的传统概念是"免除瘟疫"之意。人们常把传染病患者(如天花、麻疹)痊愈之后对该传染病产生的抵抗力称为免疫,所以免疫的传统概念是指机体抗传染病的能力。随着免疫学研究的不断深入,免疫的内涵已超出了机体抗感染的范畴。例如,发挥抗感染作用的免疫器官和细胞具有清除体内衰老、变性、死亡细胞的作用;还具有侦测和消灭恶变细胞的作用……因此,现代免疫概念是指机体识别和排除抗原性异

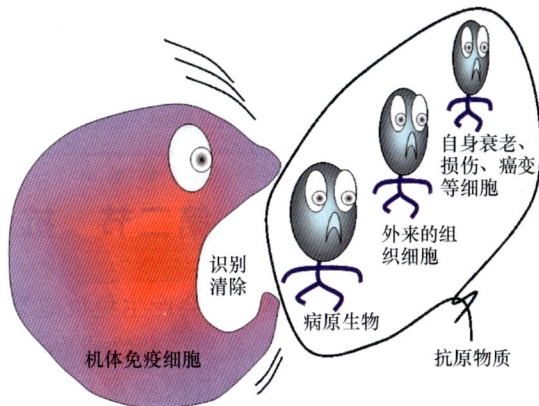

图 3-1 免疫概念示意图

物,维持自身生理平衡和稳定的一种功能(图 3-1)。在正常情况下,免疫对机体发挥着有利的作用,但在异常情况下,免疫也能对机体造成病理性损害。

二、 免疫的功能

考点:免疫的概念与功能

机体的免疫具有以下三种基本的功能。

1. 免疫防御 清除进入机体的病原生物及其有害产物,保护机体,使机体免受病原生物体侵害的功能。如果此功能表现过于强烈,引起机体组织损伤和(或)生理功能紊乱,称为超敏反应。如果这一功能低下,则导致机体反复发生病原生物感染,严重的可能导致免疫缺陷病(如艾滋病)。

（一）根据抗原的性能分类

根据性能的不同,抗原可分为完全抗原、半抗原。

（二）根据抗原在刺激 B 细胞产生抗体时是否需要 T 细胞辅助分类

1. 胸腺依赖性抗原（TD-Ag） 此类抗原刺激 B 细胞产生抗体需要 T 细胞的辅助,多数抗原属于 TD-Ag,如蛋白质、细菌、细胞等。

2. 非胸腺依赖性抗原（TI-Ag） 此类抗原刺激 B 细胞产生抗体不需要 T 细胞的辅助,可直接激活 B 细胞产生抗体。此类抗原较少,如细菌脂多糖、菊糖等。

（三）根据抗原与机体的亲缘关系分类

根据与机体的亲缘关系不同,抗原可分为异种抗原、同种异型抗原、自身抗原、异嗜性抗原等。

四、 决定抗原免疫原性的条件

（一）异物性

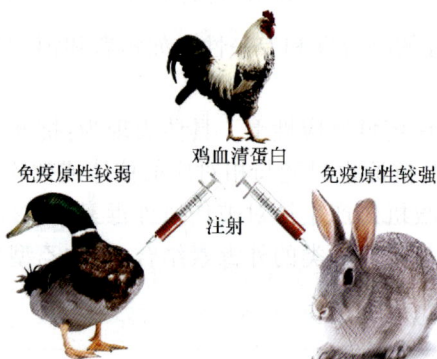

图 3-3　异物性示意图

根据 Burnet 的克隆选择学说,免疫学中的异物指在胚胎期未与免疫细胞接触过的物质。免疫系统能识别并清除"非己"物质或其化学结构与宿主自身不同的抗原物质。

抗原物质与宿主种族关系越远,免疫原性越强;而抗原与宿主种族关系越近,则免疫原性越弱。如鸡血清蛋白对鸭的免疫原性弱,而对兔的免疫原性强（图 3-3）。

在异常情况下,宿主自身物质的化学成分和结构发生变化也可成为自身抗原。所以异物性是决定抗原物质免疫原性的首要条件。

根据亲缘关系,异物性物质包括以下几类。

1. 异种物质 各种病原生物及其代谢产物、动物血清、植物蛋白等。

2. 同种异体物质 人类红细胞血型抗原、组织相容性抗原等。

3. 自身物质 在外伤、感染、电离辐射、药物等作用下,自身组织结构发生改变,或隐蔽的自身成分如精子、眼晶体蛋白、甲状腺球蛋白等释放入血。

（二）一定的理化性状

1. 分子大小 抗原的分子质量一般大于 1 万 kDa,总的规律是:分子质量越大,免疫原性越强。

2. 化学组成与结构 抗原还必须具备复杂的化学组成与特殊的化学基团。例如,胰岛素分子质量仅 5700kDa,但其结构中含芳香族氨基酸,故免疫原性较强;而明胶的分子质量高达 10 万kDa,但其仅由直链氨基酸组成,故免疫原性很弱。

（三）机体因素

考点:决定免疫原性的条件

某一物质是否具有免疫原性,除与上述条件有关外,还受到机体的遗传、年龄、生理状态、个体差异及抗原进入机体的方式和途径等诸多因素的影响。

五、 抗原的特异性与交叉反应

不同的抗原物质具有不同的抗原决定簇,所以特异性各不相同。但大多数天然抗原如细菌、病毒等具有多种不同的抗原决定簇,可刺激机体产生多种抗体。有时在不同的两种物质间可存在相同或相似的抗原决定簇,称为共同抗原(或称为交叉抗原,归为异嗜性抗原分类,详见本节内"六、医学上重要的抗原")。如果将含有共同抗原的不同微生物给动物免疫注射,该动物的血清内既可出现特异性抗体,也可出现共同抗体。因此,这种免疫动物的血清抗体

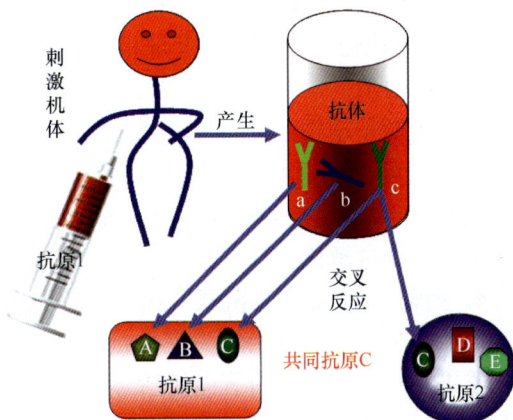

图3-4 交叉反应示意图

可与两种有共同抗原的微生物分别都发生结合,此现象称为交叉反应(图3-4)。

六、医学上重要的抗原

(一) 异种抗原

异种抗原指来源于另一物种的抗原物质。通常免疫原性较强,容易引起较强的免疫应答。与医学有关的异种抗原主要有以下几类。

1. 病原生物及其代谢产物 病原生物如细菌、病毒和支原体等对人体来说都属于异种物质。虽然结构简单,但化学成分却相当复杂,因此,各种病原生物都具有很强的免疫原性。如细菌细胞壁上有菌体抗原,特殊结构成分有荚膜抗原、鞭毛抗原及菌毛抗原等(图3-5)。这些抗原均能刺激机体产生相应的抗体。病原生物感染人体后,机体可获得一定的免疫力;也可利用免疫的原理将其制成安全的疫苗进行预防接种;还可根据特异性原理利用相应抗体来诊断、治疗疾病。

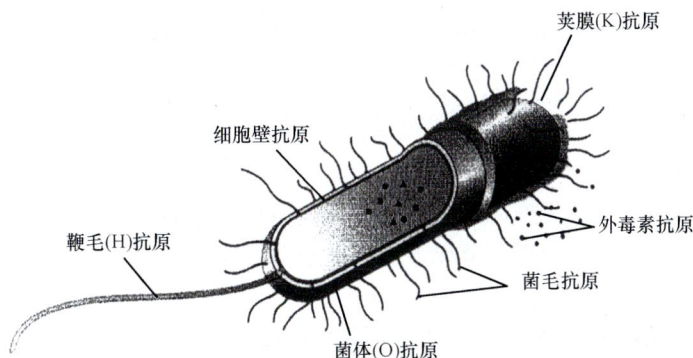

图3-5 细菌各部位抗原示意图

2. 外毒素与类毒素 细菌的代谢产物多为良好的抗原,如有些细菌在生长繁殖的过程中,能向菌体外分泌具有毒性的蛋白质,称为外毒素。外毒素具有很强的毒性与免疫原性,经0.3%~0.4%甲醛处理后,除去其毒性、保留其免疫原性,即可制成类毒素。类

毒素和外毒素均能刺激机体产生相应的抗外毒素的抗体(抗毒素),因此,类毒素可作为预防接种的生物制品。

3. 动物免疫血清 临床上用来防治破伤风的抗毒素,一般都是用类毒素免疫动物(如马)后,动物血清中可含有大量相应的抗体(抗毒素),再取动物血清提取纯化后即成为动物免疫血清。

考点:素与类的区别

这种来源于动物血清的抗毒素对人体具有二重性:一方面可作为抗体中和相应外毒素,发挥紧急预防或治疗疾病的作用;另一方面,作为异种蛋白,它对人体又具有免疫原性,可刺激机体产生抗动物血清蛋白的抗体,导致某些个体发生超敏反应。因此,在应用前必须做皮肤过敏试验。

考点:如何理解马血清既是抗体又是抗原?

4. 药物、动物与植物抗原 在某些特殊情况下,对于某些过敏体质的人,鱼、虾、蛋、奶及花粉等蛋白质都可能成为完全抗原,而青霉素、磺胺类药物等则属于半抗原。半抗原物质进入机体后与体内蛋白质结合也可成为完全抗原。上述抗原进入机体后,就可能引起某些过敏体质者发生过敏反应。

(二) 同种异型抗原

同种异型抗原是存在于相同种系而不同基因型之间的抗原。由于遗传基因的差异,个体间的某些组织成分具有不同的免疫原性。人类的同种异型抗原主要有红细胞血型抗原和人类白细胞抗原。

1. 血型抗原 指存在于红细胞表面的同种异型抗原。

(1) ABO 血型抗原:包括 A、B、AB 和 O 4 种类型,且血清中天然含有 IgM 类血型抗体。若不同血型个体间相互输血,可发生输血反应,所以在输血前必须进行交叉配血试验。

(2) Rh 血型抗原:根据红细胞表面是否存在 Rh 抗原可将人类红细胞分为 Rh 阳性(Rh^+)和 Rh 阴性(Rh^-)两种。人类血清中天然不含有抗 Rh 因子的抗体,只有 Rh 阴性人体在输入 Rh 阳性血后才会刺激机体产生抗 Rh 因子抗体。

2. 主要组织相容性抗原 它是人体最复杂的同种异型抗原,分布于除成熟红细胞之外的所有有核细胞表面。除同卵双生者外,不同个体之间的 HLA 不完全相同。编码这些抗原的基因位于同一条染色体片段上,是一组基因群,称为主要组织相容性复合体(major histocompatibility complex,MHC)。因人类 MHC 编码的抗原首先在白细胞表面发现,故人类主要组织相容性抗原又称为人类白细胞抗原(human leucocyte antigen,HLA)。器官移植后出现的移植排斥反应,就是由 HLA 引起。

(三) 自身抗原

能刺激机体发生自身免疫应答的自身组织成分称为自身抗原。自身抗原可引起自身免疫性疾病。自身组织在正常情况下对机体自身的免疫系统无免疫原性,但在下列情况可以成为自身抗原。

1. 隐蔽的自身抗原 体内某些组织成分如眼晶体蛋白、甲状腺球蛋白和精子等,在正常情况下与免疫系统相对隔绝,然而一旦由于外伤、感染或手术不慎等原因使这些物质进入血液,则可引起自身免疫应答,导致自身免疫性疾病的发生。

2. 修饰的自身抗原 自身组织如果受到物理因素、化学因素或生物因素的影响,分子结构发生改变,形成新的抗原决定基或使自身物质分子内部屏蔽的抗原决定基暴露出来,从而具有了免疫原性。这种自身抗原也是引起自身免疫病的重要因素之一。

（四）异嗜性抗原

异嗜性抗原指一类与种属无关的，存在于人、动物、植物和微生物之间的共同抗原。现在已发现多种具有重要意义的异嗜性抗原。例如，溶血性链球菌与人肾小球基膜及心肌组织存在共同抗原，故链球菌感染可能导致急性肾小球肾炎或风湿性心脏病发生。临床上也常借助异嗜性抗原对某些疾病作辅助诊断，例如，变形杆菌与立克次体存在共同抗原，所以可用变形杆菌诊断斑疹伤寒。

（五）肿瘤抗原

肿瘤抗原指细胞在癌变过程中出现的新抗原及过度表达的抗原物质的总称，分为肿瘤特异性抗原和肿瘤相关抗原两大类。

1. 肿瘤特异性抗原　指只存在于某种肿瘤细胞的表面，而不存在于正常细胞表面或其他肿瘤细胞表面的新抗原。如结肠癌、人类黑色素瘤等肿瘤细胞表面已检测到肿瘤特异性抗原存在。

2. 肿瘤相关抗原　与肿瘤细胞的发生有关，但不是肿瘤细胞所特有的抗原物质。正常人体中也少量存在，只是在细胞癌变时其含量明显增加。因此这类抗原只表现为量的变化，因不是肿瘤细胞所特有，故称为肿瘤相关抗原。

目前研究较清楚的肿瘤相关抗原有癌胚抗原（CEA）和甲胎蛋白（AFP）两种，它们可作为肿瘤标志，通过检测患者血清中 CEA 和 AFP 水平，有助于结肠癌和原发性肝癌的早期诊断。甲胎蛋白在胚胎期含量高，出生后直至成年血清中含量极微。在原发性肝癌患者血清中可检出高含量的甲胎蛋白，故检测 AFP 已广泛应用于原发性肝癌的辅助诊断和普查。

七、免疫佐剂

佐剂属于非特异性免疫增强剂。当其与抗原一起注射或预先注入机体时，可增强机体对该抗原的免疫应答或改变免疫应答的类型。例如，磷酸铝吸附的类毒素可提高类毒素的免疫效果，磷酸铝即为免疫佐剂。

佐剂可分为：①生物性佐剂，如卡介苗、短小棒状杆菌；②无机化合物，如氢氧化铝；③有机物，如矿物油等。

佐剂作用的机制为：①改变抗原物理性状，延缓抗原降解，延长抗原在体内潴留时间；②刺激抗原提呈细胞，增强其对抗原的加工和提呈；③刺激淋巴细胞的增殖分化，增强和扩大免疫应答。

> **考点：**医学上重要的抗原

> **小结**
>
> 　　抗原是一类能刺激机体的免疫系统发生免疫应答，产生抗体或效应 T 细胞，并能与相应的抗体或效应 T 细胞发生特异性结合的物质。抗原具有免疫原性和免疫反应性。决定免疫原性的条件有异物性、化学组成与结构、机体因素等。
>
> 　　决定抗原特异性的物质基础是抗原决定基，它与免疫细胞抗原受体结合，诱导机体产生免疫应答，是抗原与抗体特异性结合的部位。
>
> 　　医学上重要的抗原有异种抗原、同种异型抗原、自身抗原、异嗜性抗原、肿瘤抗原等。

（潘晓军）

第三节　免疫系统

人体内部有一支专门保护自己、抵御或消灭入侵之敌的"国防军"，被称为免疫系统。

和人体其他系统的组成一样,免疫系统也是由一些器官、细胞和分子三级结构组成。免疫系统是人体发挥免疫功能的物质基础,是人体健康的忠诚卫士。

一、免疫器官

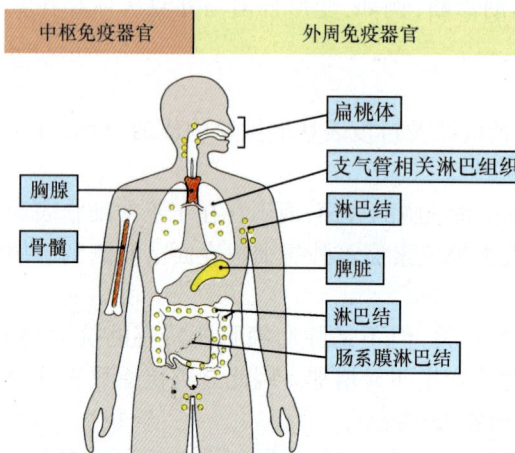

图 3-6　人体的免疫器官和组织

根据功能的不同,将免疫器官分为中枢免疫器官和外周免疫器官(图 3-6)。

(一)中枢免疫器官

人与哺乳动物的中枢免疫器官包括骨髓、胸腺。中枢免疫器官主导免疫活性细胞的产生、增殖和分化成熟,并对外周淋巴器官发育和全身免疫功能起调节作用。

1. 骨髓 是人和动物的所有血细胞的制造场所,各种免疫细胞也是从骨髓的多能干细胞发育而来。骨髓含有多向分化潜能的多能干细胞,可以分化为髓样干细胞和淋巴干细胞。髓样干细胞进一步分化发育为成熟的粒细胞、单核细胞、红细胞、血小板等;淋巴干细胞则分别在骨髓和胸腺两处发育为成熟的淋巴细胞。

在骨髓内分化发育成熟的淋巴细胞为骨髓依赖性淋巴细胞(bone marrow dependent lymphocyte),简称 B 细胞。

2. 胸腺 位于前纵隔、胸骨后,分为左右两叶。青春期时质量约 40g,以后随年龄增长而逐渐萎缩。骨髓产生的一部分淋巴干细胞进入胸腺后,在其微环境中进一步分化成熟为胸腺依赖性淋巴细胞(thymus dependent lymphocyte),简称 T 细胞。新生动物摘除胸腺,可引起严重的细胞免疫缺陷和总体免疫功能降低。

(二)外周免疫器官

外周免疫器官包括淋巴结、脾脏和黏膜相关淋巴组织等,是免疫细胞定居和免疫应答发生的场所。

1. 淋巴结 遍布全身体表和深部组织各处,有 500~600 个,是 T 细胞和 B 细胞定居和发生免疫应答的部位,具有清除病原微生物、过滤淋巴液等功能。

2. 脾脏 是人体内最大的外周免疫器官,对于清除血液中的抗原、自身衰老损伤的细胞和维持机体内环境稳定有非常重要的作用。

脾脏富含大量的 T 细胞、B 细胞和浆细胞,是全身最大的抗体产生器官,因此是发生免疫应答的重要场所。此外,脾脏还合成补体等重要的免疫效应分子。

3. 黏膜相关淋巴组织 包括扁桃体、阑尾,以及在呼吸道、消化道、泌尿生殖道黏膜下分散的淋巴组织,称为黏膜相关淋巴组织。黏膜相关淋巴组织没有包膜,不构成独立的器官,但在免疫防御中发挥重要作用。

考点:免疫器官的组成及功能

二、免疫细胞

参与免疫应答的相关细胞都属于免疫细胞,大致可分为以下三类。①淋巴细胞:主要为 T 细胞、B 细胞。因两者可接受抗原刺激而活化、增殖和分化,发生特异性免疫应答,又称其为免疫活性细胞。②抗原提呈细胞:主要包括单核细胞、吞噬细胞、树突状细胞、B 细胞等。③其他免疫相关细胞:如粒细胞、红细胞、血小板、肥大细胞等(图 3-7)。

考点:免疫细胞和免疫活性细胞的概念

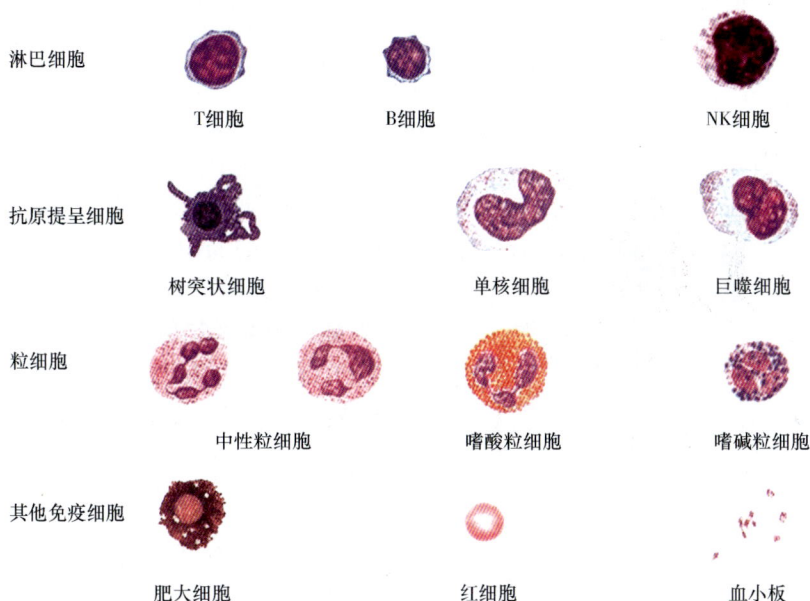

图 3-7 主要免疫细胞

链 接

表面标志·受体·CD 分子(分化抗原)

T 细胞、B 细胞等淋巴细胞经亚甲蓝染色后于光镜下观察,无法从形态上进行辨别。事实上在淋巴细胞等各类细胞的表面却分布有结构不同、功能各异的各种化学分子基团,从而介导其发挥各种免疫功能。这些基团被称作细胞表面标志或标记,有些可以特异性和某种化学基团结合,因而又被称为受体(receptor,R)。

有些表面标志是表达于细胞表面的一类糖蛋白,在细胞的分化成熟过程中出现或消失,这类标志又被称为分化抗原。20 世纪末,运用单克隆抗体技术将原先命名繁乱的分化抗原进行统一命名,从而引入了分化群(cluster of differentiation,CD)的概念。简言之,CD 分子是位于细胞膜上一类分化抗原的总称,CD 后的序号代表一种分化抗原分子。表达某种 CD 分子的细胞被称为该分子阳性细胞,如 CD4[+]、CD8[+] 等。

(一) T 淋巴细胞

T 淋巴细胞(T lymphocyte)是由淋巴干细胞经胸腺分化发育而来,又称为胸腺依赖性淋巴细胞,即 T 细胞。

1. T 细胞的主要表面标志

(1) TCR:是 T 细胞表面上的抗原识别受体,是所有 T 细胞表面的特征性标志,可与相应的抗原进行特异性识别和结合。

(2) CD3:是细胞膜上的一组多肽分子,与 TCR 结合成 TCR-CD3 复合体,协同 T 细胞特异性识别抗原和传导活化信号。

(3) CD2:因能在体外与绵羊红细胞结合成花结(E 花环试验),故又称绵羊红细胞受体。B 细胞无此受体,故通过检测 CD2 可作为鉴别 T 细胞的一种方法。

(4) CD4:部分成熟的 T 细胞表面表达的一种分子。表面有 CD4 的 T 淋巴细胞称为 $CD4^+$ T 细胞。$CD4^+$ 分子能与抗原提呈细胞表面的 MHC-Ⅱ类分子结合,协助 T 细胞上的 TCR 接受抗原。

(5) CD8:其余的成熟 T 细胞表面表达的另一种分子。表面有 CD8 的 T 细胞称为 $CD8^+$ T 细胞。$CD8^+$ 分子能与抗原靶细胞(病毒感染细胞、肿瘤细胞等)表面的 MHC-Ⅰ类分子结合,协助 T 细胞上的 TCR 识别抗原(图 3-8)。

2. T 细胞分类及功能 根据其所处的活化阶段分类,T 细胞可分为:①初始 T 细胞(未受抗原刺激的成熟 T 细胞);②效应 T 细胞;③记忆 T 细胞。

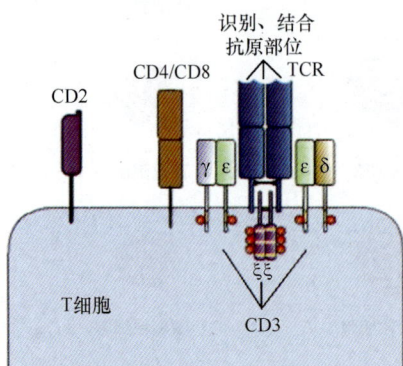

图 3-8 T 细胞的主要表面标志

根据其表面 CD 分化抗原的不同,T 细胞可分为:①$CD4^+$ T 细胞亚群;②$CD8^+$ T 细胞亚群。

以下主要讨论根据其功能特征划分,可分为以下三类。

(1) 辅助性 T 细胞(Th):均表达 CD4。

1) Th1 细胞:分泌 Th1 型细胞因子(IL-2、IFN-γ、TNF 等),在细胞免疫应答中发挥重要作用,并介导Ⅳ型超敏反应,故又称为迟发型超敏反应 T 细胞(T_{DTH})。

2) Th2 细胞:分泌 Th2 型细胞因子(IL-4、IL-5、IL-10 等),促进自身的增殖和辅助 B 细胞活化,并参与Ⅰ型超敏反应。

3) Th3 细胞:分泌大量 TGF-β,起免疫抑制作用。

(2) 细胞毒性 T 细胞(Tc 或 CTL):均表达 CD8。

细胞毒性 T 细胞是细胞免疫的效应细胞,主要功能是特异性直接杀伤肿瘤细胞和病毒感染的靶细胞(杀伤机制详见第四节"三、细胞免疫应答")。

(3) 调节性 T 细胞(Treg):表达 CD4、CD25、Foxp3。

其主要功能是通过:①直接抑制靶细胞活化;②分泌 TGF、IL-10 等细胞因子抑制免疫应答。在免疫应答中发挥负调节作用。

(二) B 淋巴细胞

B 淋巴细胞(B lymphocyte)是由淋巴干细胞继续在骨髓里分化发育而来,又称为骨髓依赖性淋巴细胞,即 B 细胞。B 细胞接受抗原刺激后,在活化 $CD4^+$ Th 细胞辅助下,B 细胞活化、增殖,最终分化成浆细胞,由浆细胞合成和分泌抗体,发挥体液免疫效应。

1. B 细胞的主要表面标志 BCR 是 B 细胞表面的抗原识别受体,该受体的化学本质为膜免疫球蛋白(SmIg),是 B 细胞的特征性表面标志。可与相应的抗原分子进行特异性识别和结合,并作为信号传递分子促使 B 淋巴细胞活化(图 3-9)。

2. B 细胞亚群及功能 根据 B 细胞表面是否有 CD5 分子,可以将 B 细胞分为下列两种。

（1）B1（CD5+）细胞：占 B 细胞总数的 5% ~ 10%，无需 Th 辅助，主要参与肠道黏膜局部感染的免疫，无免疫记忆效应，在免疫应答的早期发挥作用。

（2）B2（CD5−）细胞：是分泌抗体参与体液免疫应答的主要细胞，即传统概念上的 B 淋巴细胞，介导体液免疫，具有免疫记忆效应。

B1 细胞与 B2 细胞在表面特征、免疫应答等多方面有明显不同（表3-2）。

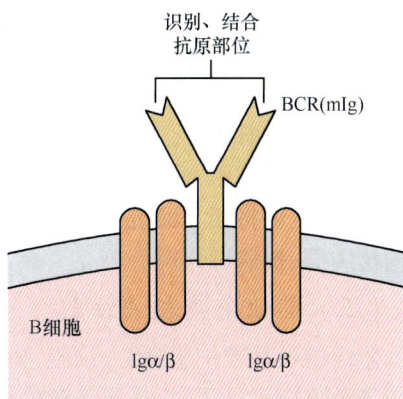

图 3-9　BCR 分子结构模式图

表 3-2　**B1 细胞亚群和 B2 细胞亚群的比较**

性质	B1 细胞	B2 细胞
CD5 分子表达	+	−
针对的抗原	碳水化合物	蛋白质类
分泌的 Ig 类型	IgM>IgG	IgG>IgM
特异性	多反应性	特异性
免疫记忆	少/无	有

（三）NK 细胞

NK 细胞（natural killer cell，NK）为自然杀伤细胞，是一类不同于 T 细胞、B 细胞的淋巴细胞，它不表达特异性抗原识别受体，是无需抗原刺激活化就能直接杀伤抗原细胞的一群特殊淋巴细胞，又被归为非特异性免疫细胞。它是由骨髓淋巴干细胞直接分化发育而来，主要分布于外周血和脾脏，占外周血淋巴细胞的 5% ~ 10%。

图 3-10　ADCC 作用

NK 细胞借助细胞因子和其表面结构与抗原细胞（如肿瘤细胞、病毒感染细胞等）接触，直接杀伤这些细胞而不需要抗体的帮助。另外，由于 NK 细胞表面有 IgG 的 Fc 受体，因此它也可通过 IgG 抗体的介导与靶细胞结合，从而杀伤靶细胞，称为抗体依赖性细胞介导的细胞毒（ADCC）作用（图 3-10）。

NK 细胞的杀靶细胞机制与 CD8+ 的 Tc 细胞相似，活化后通过释放穿孔素、颗粒酶、表达 FasL 等作用方式杀伤病毒感染的细胞和肿瘤等靶细胞。

（四）抗原提呈细胞

抗原提呈是指抗原提呈细胞（antigen presenting cell，APC）摄取抗原，并对抗原进行加工处理使其成为抗原肽。抗原肽与 MHC 分子结合成复合物，表达于抗原提呈细胞表面，供 T 细胞的 TCR 识别、结合，从而引发免疫应答的过程。

抗原提呈细胞是能捕获、加工、处理抗原,然后将该抗原信息传递给 T 淋巴细胞的一类细胞,共同特征是在细胞膜表面有 MHC-Ⅱ类分子。主要包括:①单核-吞噬细胞,包括外周血中的单核细胞和组织中的巨噬细胞;②树突状细胞,是人体内最重要的抗原提呈细胞;③B 淋巴细胞,既是介导体液免疫应答的细胞,又是一类重要的抗原提呈细胞。

考点:APC 的概念

另外,肿瘤细胞、病毒感染的细胞虽然表面只表达 MHC-Ⅰ类分子,并非专职抗原提呈细胞,但也可将相关的抗原提呈给 $CD8^+$ Tc 细胞,引起细胞免疫应答,从而引起细胞免疫的抗肿瘤、抗病毒作用。

(五) 其他免疫相关细胞

体内的各种粒细胞、肥大细胞、血小板、红细胞等,也参与炎性反应、Ⅰ 型和 Ⅲ 型超敏反应等免疫应答过程,故也属于免疫细胞。

三、免疫球蛋白

📚 **链 接**

抗毒素抗体的首次应用

1889 年,德国的微生物学家贝林和来自日本的助手北里在豚鼠体内注射白喉棒状杆菌,使它们患上白喉,从患病存活的豚鼠身上抽取血液,分离出血清,再将这种血清注射到刚受到白喉棒状杆菌感染的豚鼠体内,希望这组豚鼠获得免疫力而免于发病。经过 300 次失败之后,终于获得成功。

一年后贝林和北里共同发表了这一成果,这种全新的治疗在人身上能成功吗? 1891 年 12 月 20 日,柏林大学附属诊疗所的儿科病房里一位感染白喉的女孩生命垂危。贝林找到患儿父母,告诉他们自己有一种从未尝试过的新药,患儿父母同意做一次尝试。于是贝林给患儿注射了一针白喉抗毒素血清,患儿病情明显好转,一周后就出院了。后来贝林又使用相同的方法得到了破伤风抗毒素血清。贝林因此于 1901 年获得首个诺贝尔生理学或医学奖。

(一) 抗体与免疫球蛋白的概念

抗体(antibody,Ab)是人和脊椎动物接受抗原刺激后,B 细胞增殖分化为浆细胞,再由浆细胞产生的一类能与相应抗原特异性结合的球蛋白。免疫球蛋白(immunoglobulin,Ig)指具有抗体活性,或虽无抗体活性,但化学结构与抗体相似的球蛋白。

抗体都是免疫球蛋白,而免疫球蛋白不一定都是抗体。抗体是生物学功能的概念,而免疫球蛋白则是化学结构的概念。免疫球蛋白可分为分泌型和膜型。前者主要存在于血液、组织液及外分泌液中,后者构成 B 细胞膜上的抗原受体。

考点:抗体与免疫球蛋白的概念

(二) 免疫球蛋白的结构

1. 免疫球蛋白的基本结构 各种免疫球蛋白的化学结构虽有所差异,但都是由两对相同的多肽链通过二硫键连接组成的基本结构。其中长的一对称为重链(H 链),短的一对称为轻链(L 链)。两条重链通过二硫键连接呈 Y 形或 T 形,而两条轻链则通过二硫键分别连接在两条重链氨基端的两侧,这种结构称为单体。

每条重链和轻链都可分为两部分,靠近氨基端重链的 1/4 与轻链的 1/2 区域为可变区(V 区),可变区内氨基酸的组成及排列顺序高度可变,能与种类繁多的抗原决定簇结合,故 V 区为抗原的结合区。靠近羧基端重链的 3/4 与轻链的 1/2 区域内氨基酸的组成及排列顺序基本不变,称为恒定区(C区)(图3-11)。

例如,同是IgG,一为抗白喉外毒素的抗体,另一为抗破伤风外毒素的抗体,其V区不同,而C区则基本相似。在重链C区中有一段为铰链区,此处的肽链具有弹性,可发生弯折,使抗体易与抗原特异性结合并暴露重链上被遮盖的补体结合点。

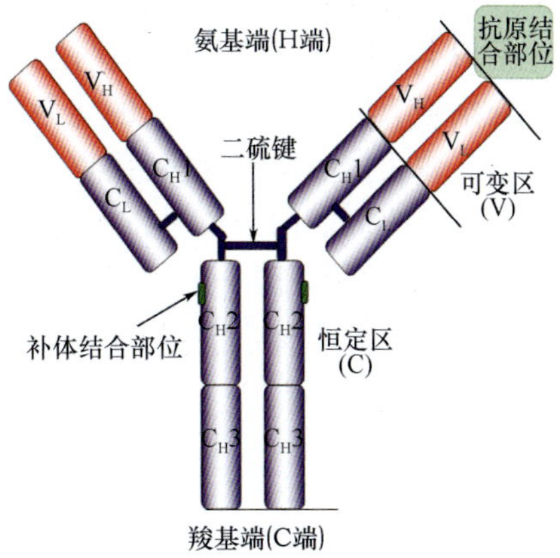

根据重链恒定区氨基酸组成和排列顺序的不同(即免疫原性不同),将重链分为γ、α、μ、δ、ε等5类,由它们组成的Ig分别称为:IgG(γ)、IgA(α)、IgM(μ)、IgD(δ)、IgE(ε)。IgG、IgD、IgE和

图3-11 免疫球蛋白的基本结构

考点:免疫球蛋白的基本结构

血清型IgA皆由1个单体组成,而分泌型IgA(sIgA)和IgM则可分别由2个及5个单体通过J链(joining chain)和二硫键连接组成二聚体和五聚体(图3-12)。

考点:免疫球蛋白的种类

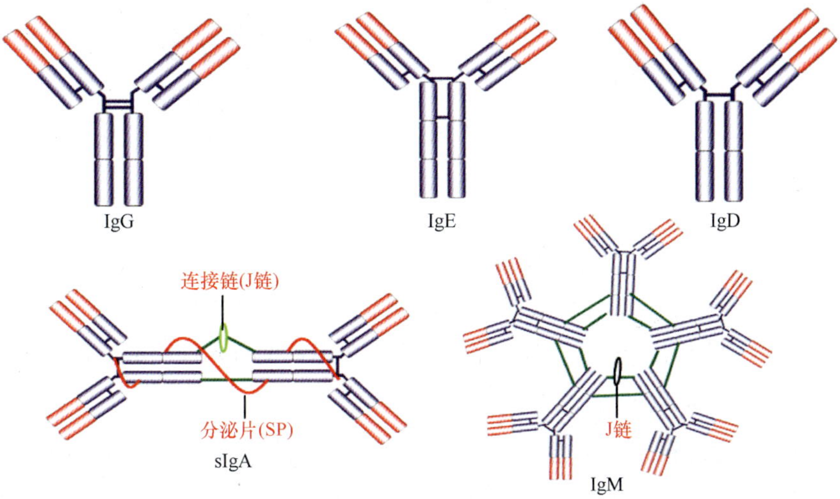

图3-12 5类免疫球蛋白结构示意图

2. 免疫球蛋白的其他结构

(1)J链:由浆细胞合成的多肽链,主要起连接和稳定Ig多聚体的作用。IgM由一条J链连接成五聚体,分泌型IgA(sIgA)由一条J链连接成二聚体。

(2)分泌片(secretory piece, SP):是由黏膜上皮细胞合成和分泌的多肽,是分泌型IgA(sIgA)分子的辅助成分,主要功能是保护sIgA免受环境中蛋白酶的破坏,并将sIgA由黏膜下转运到黏膜表面。

3. 免疫球蛋白的水解片段

(1)木瓜蛋白酶水解片段:用木瓜蛋白酶水解IgG,将IgG的H链间二硫键近N端侧切断,获得3个酶解片段:2个相同的片段和1个不同的片段。两个相同的片段因为能和抗原特异性结合,故称为抗原结合片段(fragment of antigen binding),即Fab段;单独的那个片段不能和抗原特异性结合,但可析出结晶,故称为可结晶片段(fragment crystallizable),即Fc段。每个Fab段含一条完整的L链和一条约1/2的H链。一个完整的 Fab 只能结合一个抗原决定基,为单价,故不会产生肉眼可见的沉淀或凝集现象。Fc 段包括 H 链的二硫键和近 C 端两条约 1/2 的 H 链,此段无抗原结合活性,但保留激活补体及与细胞表面 Fc 受体结合的能力。

(2) 胃蛋白酶水解片段:用胃蛋白酶水解 IgG,在铰链区二硫键近羧基端处可将 IgG 断裂为大小不同的两个片段,一个是含两个 Fab 段的双体,称为 F(ab')$_2$,功能与 Fab 完全相同,但为二价。另一个是似 Fc 的小片段,很快会被水解为多肽,称为 pFc',无任何生物学活性。一个 F(ab')$_2$ 可以结合两个抗原决定基,为二价,故可以产生肉眼可见的沉淀或凝集现象(图 3-13)。

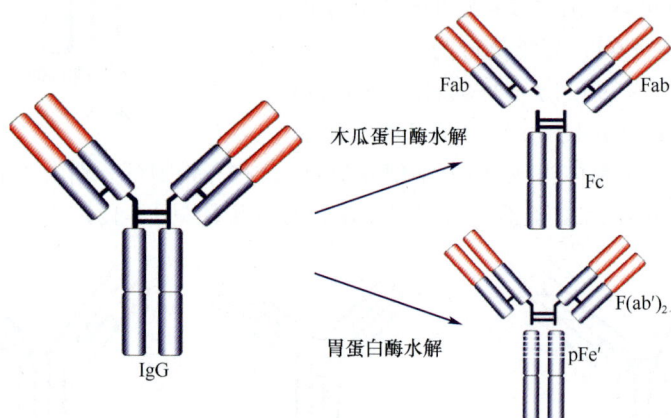

图 3-13　免疫球蛋白的水解片段

对 Ig 水解片段的研究,不仅对阐明 Ig 的结构和生物学特性有重要理论意义,而且对制备免疫制品和医疗实验也具有实际意义。例如,破伤风抗毒素用胃蛋白酶降解后,可降低其免疫原性,减少引起过敏反应的能力,但对个别人仍有可能引起过敏反应。

(三) 免疫球蛋白的生物学作用

1. 特异性结合抗原　抗体通过 V 区特异性识别并结合抗原。抗体与相应外毒素特异结合后,毒素的毒性被中和;中和病毒的抗体与病毒结合后,可阻止病毒进入细胞;sIgA 与细菌结合,可阻止细菌黏附黏膜上皮细胞。

2. 激活补体　当抗体与相应抗原特异性结合后,免疫球蛋白的构型发生改变,位于重链上的补体结合位点暴露,即可通过经典途径激活补体,发挥补体的溶菌、溶细胞等作用。补体的裂解片段也同时发挥多种生物学作用(补体的作用详见本节"四、补体系统")。

3. 结合自身细胞上的 Fc 受体

(1) 调理作用:中性粒细胞、巨噬细胞等吞噬细胞表面的 Fc 受体与 IgG 的 Fc 段结合,从而增强其吞噬作用。

(2) 抗体依赖性细胞介导的细胞毒作用(ADCC):是指表达 Fc 受体的杀伤细胞(主要指 NK 细胞)可通过与 IgG 的 Fc 段结合,迅速定向杀伤与抗体特异性结合的靶细胞。

(3) 介导超敏反应:变应原刺激机体产生的 IgE 其 Fc 段可与肥大细胞和嗜碱粒细胞表面的高亲和力的 IgE 的 Fc 段受体结合。当相同变应原再次进入机体时,可引起 I 型超敏反应。

（4）通过胎盘和黏膜：IgG 的 Fc 段能与胎儿滋养层细胞可逆性结合,使 IgG 通过胎盘转移给胎儿。这是一种重要的自然被动免疫,对新生儿抗感染具有重要意义。sIgA 可通过转运到达消化道、呼吸道等处的黏膜,是黏膜局部免疫的主要因素(图 3-14)。

考点:免疫球蛋白的生物学功能

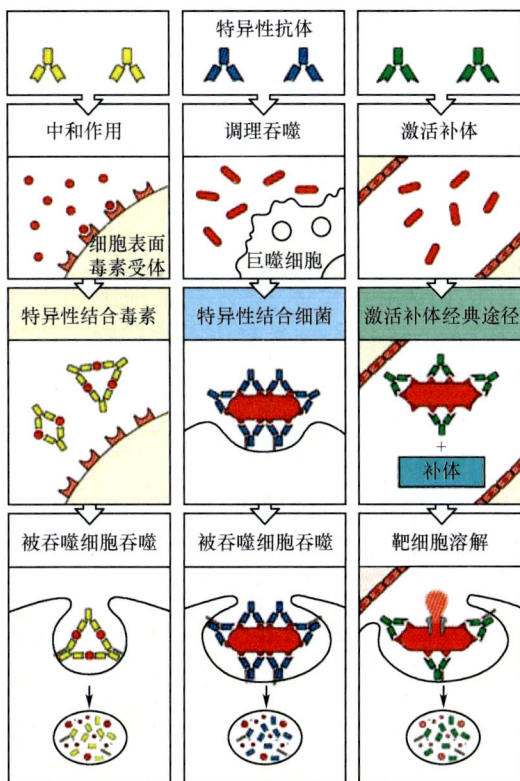

图 3-14　免疫球蛋白的生物学作用

（四）各类免疫球蛋白的特性

1. IgG　IgG 为单体,在血清中含量最高,占血清 Ig 总量的 75%～80%,主要由脾、淋巴结内的浆细胞合成并分泌。IgG 是唯一能通过胎盘的抗体,对新生儿抗感染具有重要作用。新生儿出生后 3 个月开始合成,3～5 岁时接近成人水平。半衰期最长,20～23 天。

IgG 为高亲和力抗体,大多数抗毒素、抗菌、抗病毒抗体都属于 IgG 类抗体,是机体抗感染免疫的重要力量。IgG 可激活补体,发挥调理作用、ADCC 作用等。某些自身抗体及引起Ⅱ、Ⅲ型超敏反应的大多数抗体也属于 IgG。

2. IgA　新生儿于出生后 4～6 个月开始合成 IgA,4～12 岁时达成人水平,占血清 Ig 总量的 10%～20%。IgA 分血清型和分泌型。血清型 IgA 多以单体存在,分泌型 IgA 则由两个单体、一个 J 链和一个分泌片组成。

血清型 IgA 有中和毒素、调理吞噬作用。sIgA 主要分布于呼吸道、消化道、泌尿生殖道黏膜表面的分泌液、初乳、唾液和泪液中,被称为黏膜抗体。可与相应病原微生物结合,阻止其黏附易感细胞,或通过中和毒素等发挥重要的局部抗感染作用。新生儿可从母亲的初乳中获得 sIgA,是一种重要的被动免疫,有利于婴儿防御胃肠道的感染,这也是提倡母乳喂养婴幼儿的原因之一。

3. IgM IgM 为五聚体,相对分子质量最大,故又称巨球蛋白。不能通过血管壁,主要分布于血清中,占血清 Ig 总量的 5% ~ 10%。在个体发育中 IgM 出现最早,在胚胎发育后期,机体已具备产生 IgM 的能力,故脐带血 IgM 增高提示胎儿可能有宫内感染。成人感染后,IgM 也是最先产生,因此,IgM 在早期抗感染免疫中具有重要作用。IgM 半衰期短,所以检测 IgM 有助于某些传染病的早期诊断。IgM 的多结合价特性使 IgM 在凝集、活化补体等方面作用强于 IgG。此外,天然血型抗体、类风湿因子等也属于 IgM。

IgM 的单体可存在于 B 细胞膜表面(mIgM)。未成熟的 B 细胞表面只有 mIgM,是 B 细胞抗原受体(BCR)的主要成分;而成熟的 B 细胞表面可同时表达 mIgM 和 mIgD。

4. IgD IgD 为单体,主要由扁桃体、脾等处浆细胞产生,占血清 Ig 总量的 1% 以下,浓度很低。半衰期仅 3 天,在个体发育中合成较晚。血清中的 IgD 结构和 IgG 非常相似,但极易被水解,功能尚不清楚。mIgD 是 B 细胞抗原受体(BCR)的重要成分,同时也可作为 B 细胞发育成熟的标志。可以认为,血清中存在的 IgD 是免疫球蛋白而不是抗体。

5. IgE IgE 为单体,是血清中含量最低的 Ig,仅占血清 Ig 总量的 0.002%,在个体发育中合成较晚。主要由鼻咽部、扁桃体、支气管、胃肠等处黏膜固有层的浆细胞合成。这些部位也是变应原侵入和 I 型超敏反应易发的部位。IgE 为亲细胞抗体,有 4 个 CH 功能区,其中 CH4 极易与组织中的肥大细胞和血液中的嗜碱粒细胞膜上的高亲和性 IgEFc 受体结合,可引起 I 型超敏反应。I 型超敏反应发生或寄生虫感染时,血清中或外分泌液中 IgE 含量会明显升高。

考点:各类免疫球蛋白的特性

免疫系统的组成及其功能见表 3-3。

表 3-3 免疫系统的组成及功能

项目		组成	功能
免疫器官	中枢免疫器官	胸腺	是 T 细胞成熟的场所
		骨髓	是 B 细胞成熟的场所
	外周免疫器官	淋巴结	
		脾脏	是 T 细胞、B 细胞定居和发生免疫应答的场所
		黏膜相关淋巴组织	
免疫细胞	T 细胞	CD4⁺ 亚群(Th)	主要参与细胞免疫
		CD8⁺ 亚群(Tc)	
	B 细胞		主要参与体液免疫
	抗原提呈细胞		摄取、加工、处理提呈抗原、免疫调节等
	NK 细胞		杀伤靶细胞、ADCC 作用
	其他免疫细胞(粒细胞等)		炎性反应、I 型 III 型超敏反应等
免疫分子	抗体、补体、细胞因子等		直接或间接排斥抗原

链　接

单克隆抗体

单克隆抗体(McAb)是采用细胞融合技术,将小鼠骨髓瘤细胞和经绵羊红细胞免疫的小鼠脾细胞在体外融合,形成杂交瘤细胞而制成。这种杂交瘤细胞既有肿瘤细胞能大量无限繁殖的特性,又有 B 细胞合成分泌特异性抗体的功能,是由一个 B 细胞分化增殖的子代浆细胞纯系(clone)分泌的抗体,即由 B 细胞杂交瘤产生的只针对单一抗原决定簇的单一抗体,称为单克隆抗体。

单克隆抗体技术为 1975 年德国科学家 G. J. F. Kohler 和阿根廷 C. Milstein 所发明,其因此于 1984 年获得诺贝尔生理学或医学奖。

通过这种细胞在体外培养,即可获得大量的单克隆抗体。单克隆抗体特异性强、纯度高、少或无血清交叉反应,主要用于各类病原体、肿瘤抗原、淋巴细胞的表面标志检测,以及机体微量有机成分的测定,在医学及生物学各个领域得到广泛应用。

四、补体系统

链　接

补体的发现

1884 年 Grohmann 发现血浆能杀灭细菌。1889 年 Buchner 报道新鲜血清也有这种作用,并命名具有这一作用的物质为防御素。他还发现防御素对热敏感,若将新鲜免疫血清在 55~60℃ 加热 30min 后,免疫血清内再加入相应细菌,则无溶菌发生。Bordet 通过实验认为血清杀菌作用需要两种不同的物质:一种耐热,可因免疫而加强,特异地与抗原发生反应(即现知的抗体);另一种不耐热,在免疫与非免疫血清中均存在,其产生与抗原刺激无关,是一种非特异性“补充”成分。1899 年 Ehrlich 首先将这种“补充”成分命名为“补体”。

补体(complement,C)是存在于人和脊椎动物血清中的一组与免疫有关的具有酶活性的球蛋白。补体由 30 余种成分组成,故又称为补体系统。补体的性质不稳定,对许多理化因素敏感。新鲜血清经 56℃ 30min 后,其中的补体即被灭活。

(一) 补体的组成

补体按生物学功能分为以下三大类。

考点:补体的概念

1. 固有成分 有 C1、C2、C3、C4、C5、C6、C7、C8、C9,其中 C1 由 C1q、C1r、C1s 三个亚单位组成,以及 B 因子、D 因子、P 因子等。

2. 补体调节蛋白 参与补体激活的调控。

3. 补体受体 补体需与细胞膜上相应受体结合才能发挥作用。

(二) 补体的激活

在生理情况下,补体以无活性的酶原形式存在,在某些激活物质的作用下,各补体成分按一定顺序,以连锁的酶促反应方式依次活化,激活后的片段或聚合物表现出各种生物学效应。

补体的激活途径有三条:经典途径、旁路途径和甘露糖结合凝集素(MBL)途径。IgG、IgM 与抗原结合后激活经典途径,为补体激活的主要途径;细菌细胞壁成分、酵母多糖及凝聚的 IgA 可激活旁路途径；由 MBL 结合至微生物表面而启动的激活途径为 MBL 途径（图 3-15）。这三条途径起点不同但相互交叉，并具有共同的终末反应（表 3-4）。

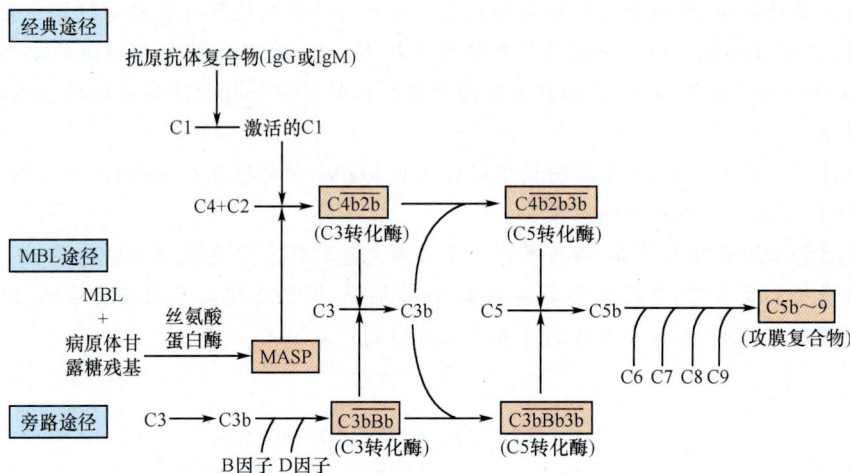

图 3-15　补体的激活途径

表 3-4　补体三条激活途径比较表

项目	经典途径	旁路途径	MBL 途径
激活物	抗原抗体复合物	细菌脂多糖、酵母多糖、凝聚的 IgA 等	病原体表面甘露糖或半乳糖
补体成分	C1～C9	C3、C5～C9、B 因子、D 因子、P 因子	C2～C9
作用	在特异性体液免疫应答的效应阶段发挥作用	参与非特异性免疫，在感染早期发挥作用	参与非特异性免疫，在感染早期发挥作用

（三）补体的作用

补体激活后的主要生物学作用如下。

1. 溶菌、溶细胞作用　参与成分为 C1～C9，激活后形成膜攻击单位，溶解靶细胞。

2. 调理作用　补体活化过程中可产生多种补体活性片段，其中 C3b、C4b 可与细菌及其他颗粒物质结合，促进吞噬细胞的吞噬作用。

3. 炎症介质作用　①C3a、C5a 称为过敏毒素，可刺激肥大细胞、嗜碱粒细胞脱颗粒，释放组胺等生物活性介质，引起炎症反应；②C5a 有趋化作用，吸引中性粒细胞向反应部位聚集，加强对病原体的吞噬，同时增强炎症反应。

4. 清除免疫复合物作用　C3b 与红细胞、血小板表面受体结合，使免疫复合物被黏附，促进免疫复合物被吞噬和清除。

考点：补体系统的生物学作用

小结

机体的免疫功能是由免疫系统完成的。免疫系统包括免疫器官、免疫细胞、免疫分子。

免疫器官分为中枢免疫器官(骨髓、胸腺)、外周免疫器官(脾脏、淋巴结等)。

免疫细胞主要包括:T淋巴细胞、B淋巴细胞,抗原提呈细胞,NK细胞,其他免疫相关细胞。

抗体(Ab)是特异性免疫中最重要的免疫分子,它是B淋巴细胞受抗原物质刺激后增殖、分化为浆细胞,由浆细胞产生的能与相应抗原发生特异性结合的球蛋白。具有抗体活性和无抗体活性但化学结构与抗体相似的球蛋白统称为免疫球蛋白(Ig)。

抗体的结构是由两对相同的多肽链经二硫键连接而成,Fab段具有结合抗原的能力,Fc段具有激活补体、结合细胞、通过胎盘等功能。

补体主要存在于血清中,为一组球蛋白,正常情况下无活性,需经激活才能发挥作用,激活后可发挥溶菌、溶细胞、清除免疫复合物等作用。

(潘晓军)

第四节　免疫应答

一、免疫应答概述

病原生物等抗原物质进入机体后免疫系统产生一系列杀灭和排除的活动,这就是免疫应答。这是一个由多种免疫细胞和分子参与的复杂生理过程。在某些情况下,免疫应答也可造成机体的功能紊乱或病理损伤。

(一)免疫应答的概念

免疫应答指免疫系统受到抗原刺激后,免疫活性细胞(T细胞和B细胞)活化、增殖、分化及产生免疫效应的过程。免疫应答是机体免疫系统和抗原相互作用的过程,主要发生在淋巴结、脾脏等外周免疫器官。

(二)免疫应答的类型

根据机体受抗原刺激的反应状态,免疫应答可分为正应答和负应答。正常情况下,机体对"非己"抗原发生正应答,产生排异效应,清除体内的抗原性异物,保持内环境相对稳定;对自身抗原,则产生负应答(即免疫耐受),以保护自身组织器官不受攻击。正应答异常会引起超敏反应、机体抗感染和肿瘤的功能低下等;负应答异常会导致自身免疫性疾病的发生。

考点:免疫应答的概念

根据参与的免疫活性细胞的不同,免疫应答又可分为B细胞介导的体液免疫应答和T细胞介导的细胞免疫应答。

根据免疫的方式不同,可分为非特异性免疫应答和特异性免疫应答。本节主要阐述特异性免疫应答。

(三)免疫应答的基本过程

免疫应答过程可人为划分为以下三个阶段。

1. 感应阶段(抗原识别阶段)　是指抗原提呈细胞(APC)摄取、加工处理和提呈抗原,以及 T、B 细胞识别抗原、启动活化的过程。

2. 反应阶段(活化、增殖、分化阶段)　免疫活性细胞接受抗原刺激后,活化、增殖、分化,产生免疫效应细胞(Th、Tc)、效应分子(Ab)的阶段。

B 细胞识别结合抗原后,B 细胞活化、增殖、分化为浆细胞,由浆细胞产生抗体;T 细胞识别结合抗原后,活化、增殖、分化为效应性 T 细胞。在此阶段会有部分 T、B 细胞中途停止分化,形成长寿命的 T、B 记忆细胞。在间隔一定的时间后,当记忆细胞再次遇到相同抗原时,可迅速增殖分化为效应淋巴细胞,发挥免疫效应,称为回忆应答。

3. 效应阶段　是免疫效应物质发挥免疫作用的阶段。浆细胞分泌的抗体与相应的抗原结合,清除抗原物质,发挥体液免疫效应;效应 T 细胞可通过直接杀伤靶细胞或释放细胞因子的方式发挥细胞免疫效应(图 3-16)。

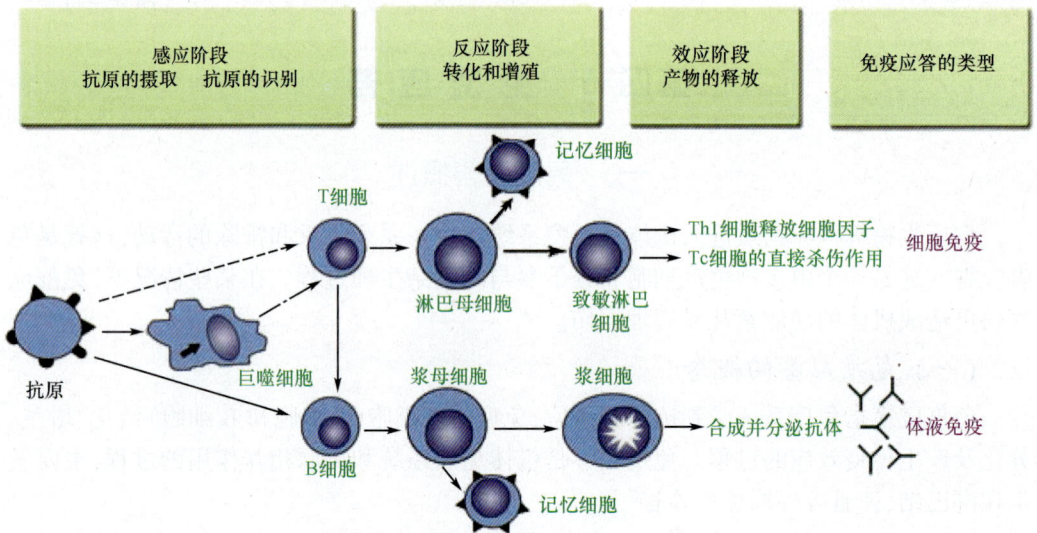

图 3-16　免疫应答的过程

(四) 免疫应答的特点

(1) 特异性:即免疫应答的专一性。一种抗原刺激机体引起的免疫应答,只对该抗原产生效应。例如,注射甲型肝炎疫苗只能刺激机体产生抗甲型肝炎病毒抗体,此抗体只能中和甲型肝炎病毒,而对乙型肝炎病毒没有中和作用。

(2) 记忆性:指免疫系统对抗原的初次刺激形成记忆细胞,当同一抗原再次刺激机体时,由记忆细胞发生更迅速、强烈、持久的免疫效应。

(3) 放大性:指在一定条件下,少量抗原的刺激即可引起全身性的免疫应答。

(4) MHC 限制性:免疫应答过程中,免疫细胞只有在双方 MHC 分子相同时,免疫应答才能发生,这一现象称为 MHC 限制性。

(五) 免疫应答类型与抗原种类的关系

1. 胸腺依赖性抗原(TD-Ag)　细菌、病毒、血清蛋白质等大多数天然抗原属于 TD-Ag,刺激 B 细胞产生抗体时依赖 T 细胞辅助。此类抗原刺激机体既能引起体液免疫应答,也能引起细胞免疫应答及回忆应答。

2. 胸腺非依赖性抗原（TI-Ag）　细菌脂多糖、荚膜多糖等少数抗原属于 TI-Ag，刺激 B 细胞产生抗体时不依赖 T 细胞辅助。此类抗原刺激机体只引起体液免疫应答，不引起细胞免疫应答及回忆应答。

二、体液免疫应答

（一）体液免疫应答的概念

体液免疫是指由 B 细胞介导的特异性免疫应答，主要是通过 B 细胞接受抗原刺激后转化为浆细胞并分泌抗体发挥特异性免疫效应的过程。因抗体主要存在于血液、淋巴液、组织液、乳汁等各种体液中，故将抗体参与的免疫应答称为体液免疫应答或体液免疫。

（二）抗体产生的一般规律和意义

考点：体液免疫的概念

1. 初次应答　抗原第一次进入机体引起的免疫应答称初次应答。特点：①潜伏期长（10 天左右）；②抗体效价低；③体内维持时间短；④参与的抗体主要为 IgM；⑤抗体与抗原的亲和力低。

2. 再次应答　相同抗原第二次进入机体引起的免疫应答，称再次应答。特点：①潜伏期短（2~3 天）；②抗体效价高；③体内维持时间长；④参与的抗体以 IgG 为主；⑤抗体与抗原的亲和力高（图 3-17）。

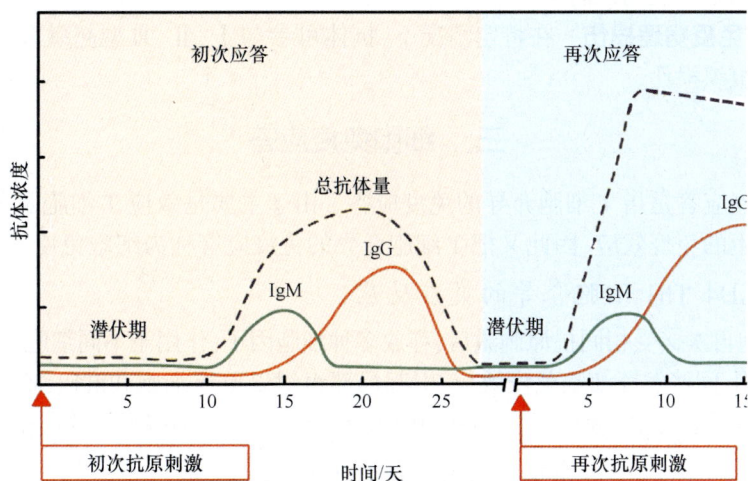

图 3-17　抗体产生的一般规律

掌握免疫应答的这一规律具有实际意义：①指导制订最佳的预防接种方案。疫苗接种之所以一般都要加强免疫，就是通过刺激机体产生再次应答，从而获得对某种传染病更强、更持久的免疫力。②指导免疫学诊断。IgM 是免疫应答过程中最先出现的抗体，且半衰期短，故 IgM 的检测可作为早期诊断的指标之一。③指导制订最佳的免疫血清制备方案，以获得更高产量的人工制备抗体。

考点：抗体产生的一般规律及意义

链 接

乙肝疫苗为何需要注射三次?

根据计划免疫要求,我国目前乙肝疫苗按照程序进行全程三次免疫接种。即出生24h内注射第一针,第二针距第一针一个月,第三针距第一针6个月。第一次接种后,疫苗抗原刺激免疫系统产生初次应答,30%~50%的人会出现相应抗体,以IgM为主,维持时间短,亲和力低;第二次接种,机体受到同种抗原的再次刺激产生再次应答,抗体产生迅速,产量高,以IgG为主,亲和力较强;第三次接种进入加强阶段,此时机体免疫活性细胞处于最佳状态,90%~95%的被接种者可出现抗体。通常三次全程注射后,抗体可以维持3~5年。目前国内多数学者建议完成三次注射后每3~5年再加强1次为好。

(三)体液免疫应答的生物学效应

体液免疫应答的主要效应分子是特异性抗体,抗体一般不能进入细胞内,因此体液免疫清除的抗原为细胞外游离的或细胞表面的抗原。

1. 中和作用　抗体能与细菌外毒素或病毒结合发挥中和作用,具有重要的抗感染作用。

2. 调理作用　抗体与病原体抗原特异性结合后,其Fc段可与吞噬细胞表面的Fc段受体结合,从而促进吞噬细胞的吞噬作用。

3. 溶解作用　抗体与抗原结合后可激活补体引发溶菌、溶细胞等效应。

4. ADCC　通过抗体Fc段与NK细胞表面的Fc段受体结合的桥联作用,NK细胞可杀伤肿瘤细胞或被病毒感染的细胞。

5. 参与免疫病理损伤　在特定情况下,抗体可参与Ⅰ、Ⅱ、Ⅲ型超敏反应,引起生理功能紊乱或组织损伤。

考点:体液免疫的生物学效应

三、 细胞免疫应答

细胞免疫应答是指T细胞介导的免疫应答。由于主要是效应T细胞及单核细胞、巨噬细胞等产生的免疫效应,因此又把T细胞介导的免疫应答称为细胞免疫。

考点:细胞免疫的概念

(一)CD4$^+$Th1细胞介导的炎症反应

Th1细胞再次接受相同抗原刺激后,释放多种细胞因子,作用于不同细胞产生多种不同的生物学作用,间接发挥细胞免疫效应,引起局部组织以单核细胞和淋巴细胞浸润为主的慢性炎性反应或迟发型超敏反应。CD4$^+$Th1细胞释放的主要细胞因子及其作用见表3-5。

表3-5　主要细胞因子及其生物学作用

细胞因子种类	生物学作用
白细胞介素-2(IL-2)	刺激Tc细胞增殖,分化为效应Tc细胞 刺激Th细胞增殖、分化,分泌IL-2、IFN-γ和TNF-β 增强NK细胞、单核吞噬细胞的杀伤活性
干扰素(IFN-γ)	活化、增强单核吞噬细胞的吞噬杀伤活性 活化NK细胞,增强杀灭肿瘤细胞和抗病毒作用
肿瘤坏死因子(TNF-β)	抗病毒作用 激活中性粒细胞、Mφ,释放IL-1、IL-6、IL-8

（二）CD8$^+$Tc 细胞介导的细胞毒作用

Tc 细胞（又称 CTL）与靶细胞再次接触后,可通过两种机制直接杀伤靶细胞。

1. 脱颗粒途径 效应 Tc 细胞释放颗粒,颗粒内有细胞毒素如穿孔素、颗粒酶等,穿孔素击穿靶细胞并形成穿膜孔道,可使水、Na^+、Ca^{2+} 迅速进入细胞内,K^+ 和大分子物质从胞内流出导致靶细胞崩解。颗粒酶从孔道进入靶细胞,激活与凋亡相关的酶系统,导致靶细胞凋亡,即细胞程序性死亡。

2. 死亡受体途径 效应 Tc 细胞表面有 Fas 配体（FasL）与靶细胞表面 Fas 受体结合,激活与凋亡相关的酶系统,导致靶细胞凋亡,因此 Fas 被称为死亡受体。在杀伤靶细胞过程中,效应 Tc 细胞不受损伤,可连续、高效、特异性地杀伤其他靶细胞（图 3-18 和图 3-19）。

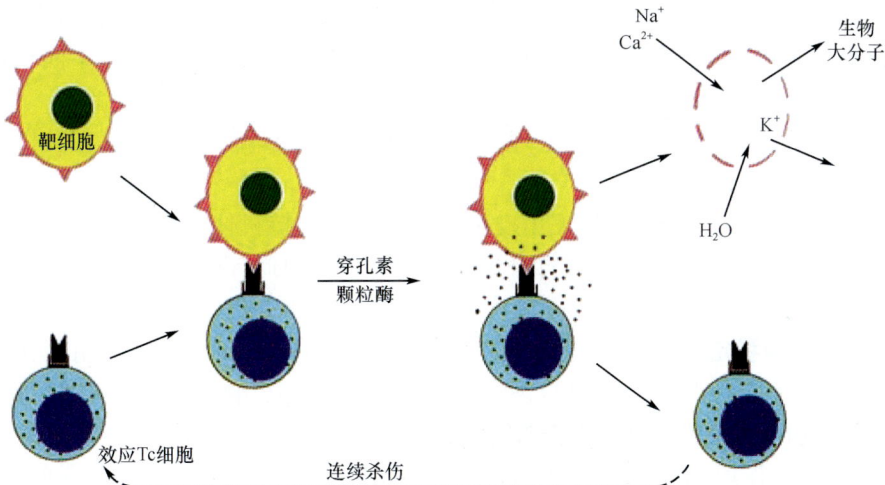

图 3-18 效应 Tc 细胞对靶细胞的杀伤作用

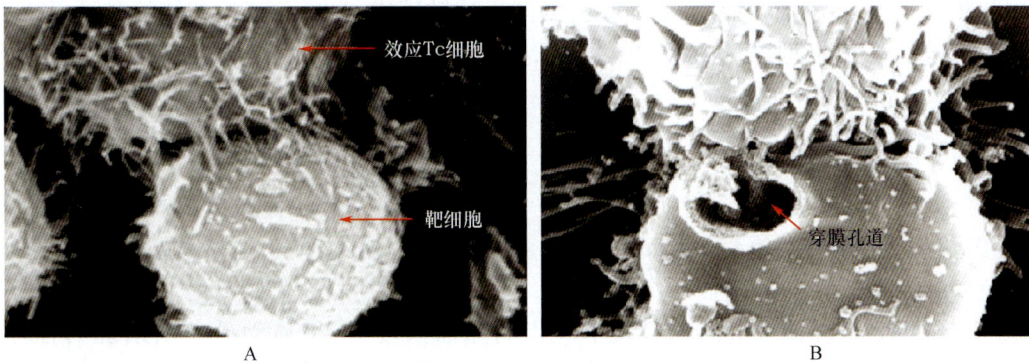

图 3-19 效应 Tc 细胞对靶细胞的杀伤
A. 效应 Tc 细胞与靶细胞结合；B. 靶细胞表面被打孔

（三）细胞免疫效应

细胞免疫清除的抗原主要是细胞性的抗原物质。

1. 对胞内寄生性病原体的抗感染作用　主要针对细胞内感染的病原体发挥作用,包括胞内寄生菌(如结核分枝杆菌、伤寒沙门菌、麻风分枝杆菌等)、病毒、真菌及胞内寄生类寄生虫。

2. 抗肿瘤作用　Tc 细胞可直接特异性杀伤带有相应抗原的肿瘤细胞;CD4$^+$Th1 释放的细胞因子在抗肿瘤免疫中也有一定作用。

3. 免疫损伤作用　在某些情况下,效应 T 细胞可引起Ⅳ型超敏反应。

考点:细胞免疫的生物学效应

四、 免疫耐受与免疫调节

(一) 免疫耐受

免疫耐受是指机体免疫系统受到某种抗原作用后,产生的对该抗原的特异性免疫无应答状态。也称负免疫应答。对某抗原已经形成免疫耐受的机体,再次接触该抗原时没有应答,而对其他抗原仍可产生正常的应答。因此,免疫耐受具有特异性,不同于免疫抑制或免疫缺陷。

免疫耐受的形成与抗原的种类、理化性质、作用剂量和输入机体的途径及机体的年龄等因素有关。

生理条件下的免疫耐受对保证免疫系统的稳定及维持机体正常生理功能具有重要的意义,而免疫耐受异常则可导致自身免疫病的发生。因此,研究免疫耐受在理论和实践中均有重要意义,其研究意义如下。

1. 维持自身稳定　正常情况下,免疫系统能识别"自己"和"非己"。由于在胚胎期对自身物质建立了免疫耐受,对自身物质不排斥;而对"非己"物质产生应答并清除。

2. 研究自身免疫性疾病的发病机制　自身免疫病的发生与自身免疫耐受的破坏有关。在某些因素作用下,机体自身组织抗原性质发生了改变,可导致免疫耐受的终止,继而发生自身免疫病。

3. 人工诱导免疫耐受　免疫耐受的诱导、维持和终止可以影响许多疾病的发生、发展和转归。例如,诱导和维持免疫耐受,可防止超敏反应、自身免疫病和移植排斥反应;终止对病原微生物和肿瘤抗原的免疫耐受,有利于激发机体抗感染和抗肿瘤的免疫应答能力。

(二) 免疫调节

免疫应答的调节是指在免疫应答过程中,免疫系统内部的各种免疫细胞和免疫分子,以及免疫系统与其他系统之间,通过相互促进、相互制约,使机体对抗原刺激产生最适免疫应答的复杂生理过程。

它包括兴奋性调节和抑制性调节。当病原体入侵时,机体动员免疫系统的各种成分产生快速和足够强度的免疫应答,清除病原体,但是过高强度的免疫应答会导致机体内环境稳定的破坏,诱发不同程度的病变和组织损伤。因此,机体在清除病原体的过程中,主要通过抗体调节、抗原调节、独特性-抗独特性网络调节、细胞调节、神经内分泌-免疫系统调节来进行调节,调节作用贯穿整个免疫应答的全过程中,从而维持内环境的稳定。

小结

免疫应答指免疫系统接受抗原刺激后,免疫细胞(T细胞和B细胞)活化、增殖、分化及产生免疫效应的全过程。这个过程可划分为三个阶段:感应阶段、反应阶段和效应阶段。

机体的特异性免疫包括B细胞介导的体液免疫和T细胞介导的细胞免疫。体液免疫中抗体产生的一般规律已被广泛应用于传染病的预防和治疗。两者的比较见表3-6。

免疫耐受是机体的一种特异性免疫无应答状态。

表3-6　体液免疫与细胞免疫的比较

项目	体液免疫	细胞免疫
主要参与的细胞	B细胞	T细胞
释放的免疫物质	IgG、IgA、IgM、IgD、IgE	细胞因子(IL、TNF、IFN)
排斥抗原的方式	Ig结合排斥相应的抗原	效应T细胞结合杀伤相应抗原;释放细胞因子排斥抗原
排斥的抗原(免疫效应)	小颗粒抗原(TD-Ag与TI-Ag),表现为三抗:抗毒素、抗病毒、抗细菌	大颗粒抗原(TD-Ag),表现为三抗:抗细胞内寄生的病原体、抗肿瘤、抗异体细胞

(潘晓军)

第五节　抗感染免疫

考点:抗感染免疫的概念

在人类的生命活动过程中,机体随时会受到环境中各种病原体的威胁,包括病毒、细菌及寄生虫等,但人体有许多方法来保护自己。在长期的进化过程中,机体建立了一系列抵抗病原生物感染的防御功能,即抗感染免疫,包括非特异性免疫和特异性免疫。前者是抗感染免疫的基础,后者是前者的加强。两者互相配合,共同发挥保护机体的抗感染免疫效应。

一、非特异性免疫

考点:非特异性免疫的特点和组成

非特异性免疫又称天然免疫或固有免疫,是机体在长期种系发生和进化过程中逐渐形成的一种天然免疫防御功能,为机体抵御病原生物入侵的第一道防线。其特点是:①生来就有,可稳定遗传;②人人都有,无明显个体差异;③免疫作用广泛,无特异性;④无记忆性,初次接触抗原即可迅速发挥作用;⑤应答快,起效早。

非特异性免疫由屏障结构、吞噬细胞和体液中抗微生物的物质构成。

(一)屏障结构

1. 皮肤和黏膜屏障

(1)物理屏障作用:健康完整的皮肤黏膜可机械性阻挡外源性致病菌及正常菌群中某些条件致病菌的入侵;呼吸道黏膜上皮细胞纤毛的定向摆动、黏液分泌液的冲刷及肠蠕动等作用均有助于对病原生物的排除。

(2)化学屏障作用:皮肤和黏膜可分泌多种具有抑菌和杀菌作用的化学物质,如皮

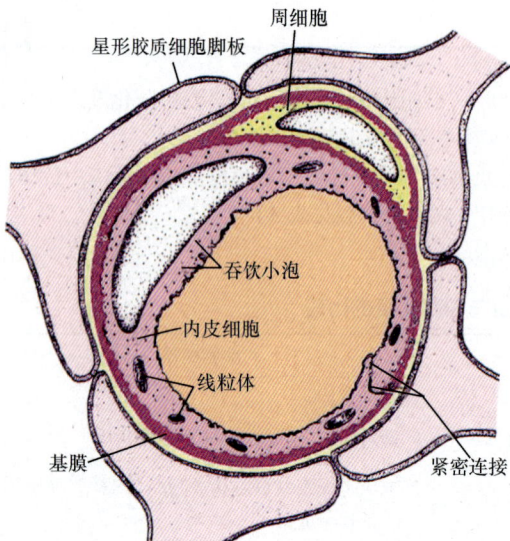

图 3-20 血-脑屏障模式图

(图中标注：星形胶质细胞脚板、周细胞、吞饮小泡、内皮细胞、线粒体、基膜、紧密连接)

肤汗腺分泌的乳酸；皮脂腺分泌的脂肪酸；胃黏膜分泌的胃酸；唾液、泪液或呼吸道、消化道分泌液中的溶菌酶等，都有一定的抑菌和杀菌作用，它们共同构成机体抵御病原生物入侵的化学屏障。

（3）生物屏障作用：分布于皮肤和黏膜表面的正常菌群，能构成生物屏障阻止外来细菌进入，还可通过竞争营养物质和产生抑菌或杀菌物质等方式，阻止病原菌的定居与生长。

2. 血-脑屏障 由软脑膜、脉络丛脑毛细血管壁和壁外的胶质细胞形成的胶质膜共同组成（图 3-20）。其作用是阻挡血液中的病原生物及大分子物质进入脑组织和脑脊液，从而保护中枢神经系统。婴幼儿由于血-脑屏障发育尚未完善，故易发生脑炎和脑膜炎等感染。

链 接

血-脑屏障与疾病和药物

血-脑屏障具有重要防御功能，它使对大脑有用的营养物质和代谢产物可以自由通过，并防止外界有害物质进入大脑。

中枢神经系统疾病也会引起血-脑屏障的改变，导致疾病发生，如新生儿核黄疸和血管性脑水肿。近年研究发现老年痴呆（阿尔茨海默病）可能与血-脑屏障有关。有一种β-淀粉样蛋白质与老年痴呆的发展有关，通过影响血-脑屏障，可以减缓这种蛋白质的积累。

许多药物都可以成功治疗疾病，但是当这些疾病出现在大脑中则很难被医治，这是因为大多数药物都无法穿越血-脑屏障。如今，科学家正在研究一种把药物直接放进大脑的新方法。他们将尝试开启血-脑屏障，让药物可以在大脑中定位，从而治疗众多神经退化失调症，以及包括癌症在内的其他疾病。

案例 3-1

患者，女，26岁，妊娠4周，发热2天后出现皮疹，初见于面颈部，1天后全身出现粟粒大小红色斑丘疹，但手掌、足底无疹。伴耳后淋巴结肿大，检测风疹病毒抗体 IgM 效价增高，初步诊断为风疹。后来此孕妇足月顺产，新生儿体检发现患有先天性耳聋。结合产妇孕期病史，分析此病例。

问题：

1. 这个新生儿发生先天性耳聋最可能的原因是什么？

2. 胎儿感染最容易发生在妊娠哪一时期？如何避免？

3. 胎盘屏障 由母体子宫内膜的基蜕膜和胎儿绒毛膜共同组成。可防止母体感染的病原生物及其毒性代谢产物进入胎儿体内，保护胎儿免受感染。妊娠前3个月内，胎盘屏障尚未发育完善，若此时母体受到某些病毒（风疹病毒、巨细胞病毒等）感染，就可能通过胎盘屏障而干扰胎儿的正常发育，导致胎儿畸形、流产或死亡。

（二）吞噬细胞

1. 种类 吞噬细胞有两大类（图 3-21）：一类是血液中的中性粒细胞；另一类是单核吞噬细胞系统，包括血液中的单核细胞和组织中的巨噬细胞。这两类吞噬细胞的吞噬作用基本相似，但中性粒细胞主要吞噬存在于细胞外的细菌和小颗粒物质，而单核吞噬细胞主要吞噬细胞内寄生物和大颗粒物质或衰老细胞等。

2. 吞噬过程 吞噬细胞的吞噬杀菌过程一般分为三个阶段（图 3-22）。

图 3-21 单核吞噬细胞和中性粒细胞

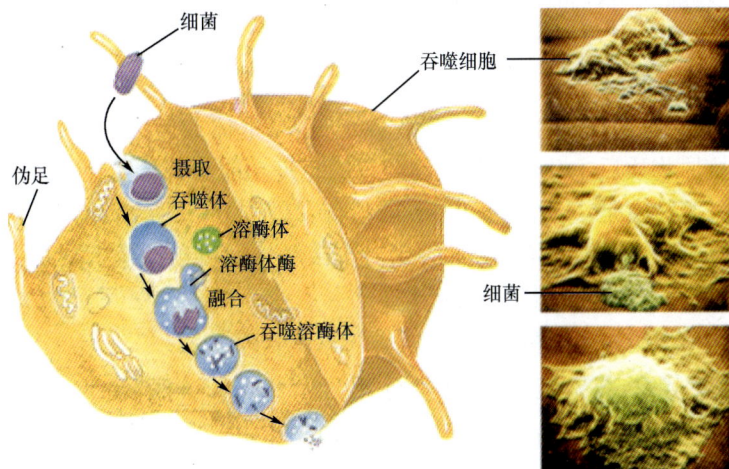

图 3-22 吞噬细胞吞噬和杀菌过程

（1）接触病原体：吞噬细胞与病原体的接触可以是偶然相遇，也可以是在趋化因子的吸引下，补体（C3b）和抗体（IgG）的调理作用也可增进这一过程。

（2）吞入病原体：有两种方式，一种是吞噬作用，对于细菌等大分子物质，吞噬细胞伸出伪足将其包围并摄入细胞内，形成吞噬体；另一种是吞饮作用，对病毒等小分子物质，吞噬细胞膜内陷直接将其吞入细胞中，形成吞噬体。

（3）杀灭病原体：吞噬体形成后，溶酶体与吞噬体融合形成吞噬溶酶体，溶酶体中的酶即可杀灭、溶解并消化病原体，最后将不能消化的残渣排出胞外。

3. 吞噬结果 一般有两种：①某些胞外寄生的病原生物（如大肠埃希菌、金黄色葡萄球菌等）可被吞噬、杀灭和消化，为完全吞噬；②某些胞内寄生的病原生物（如结核分枝杆菌、伤寒沙门菌等)虽被吞噬却不能被杀死,此为不完全吞噬。不完全吞噬对机体不利,病原生物可在吞噬细胞内生长繁殖,导致吞噬细胞死亡;还可能随游走的吞噬细胞扩散至机体的其他部位,引起更广泛的感染。

(三) 体液中的抗微生物物质

正常人体液中存在多种抗微生物物质,其中最重要的是补体。此外,还有干扰素、溶菌酶和防御素等。

1. 补体 是存在于人和动物血清中一组与免疫有关的具有酶活性的球蛋白,主要由肝、脾、巨噬细胞产生。补体系统激活后可产生多种生物活性物质,能介导趋化作用、调理吞噬作用、溶菌溶细胞和中和病毒等作用,有扩大抗感染免疫作用。

2. 干扰素(IFN) 是在病毒或干扰素诱生剂作用下由宿主细胞产生的一组具有高度活性的多功能糖蛋白。干扰素具有广谱抗病毒作用,可保护易感细胞,干扰病毒在细胞内的复制,限制病毒的扩散。此外,干扰素还可激活 NK 细胞和巨噬细胞而增强抗感染作用。

3. 溶菌酶 主要是由巨噬细胞产生的一种碱性蛋白质,广泛存在于血液、黏膜外分泌液中,通过溶解革兰阳性菌细胞壁的肽聚糖,使细菌裂解死亡。

4. 防御素 主要存在于中性粒细胞中,是一类小分子多肽,主要杀灭胞外寄生菌。防御素可破坏细菌细胞膜的完整性,导致细菌因物质交换失控而死亡,也可通过致炎和趋化作用增强吞噬细胞对病原生物的吞噬杀伤作用。

二、 特异性免疫

考点:特异性免疫的概念和作用特点

特异性免疫又称为获得性免疫或适应性免疫,是个体在后天生活过程中,接触病原生物、疫苗等抗原物质后主动产生或被动获得的免疫功能。特异性免疫建立在非特异性免疫的基础上,其特点是:①后天获得,不能遗传;②不是人人都有,有明显的个体差异;③只针对相应病原体起作用,有特异性;④再次接触抗原可迅速发挥作用,有记忆功能;⑤主动免疫起效慢,被动免疫作用迅速。

特异性抗感染免疫包括体液免疫和细胞免疫两大类。

(一) 特异性体液免疫的抗感染作用

体液免疫主要针对细胞外和细胞表面的抗原起作用。

1. 抑制细菌的吸附作用 多数细菌引起感染时,首先是吸附到黏膜上皮细胞。黏膜表面的分泌型 IgA 可抑制病原菌对黏膜上皮细胞的黏附,阻止病原体的入侵。sIgA 在防止志贺菌、霍乱弧菌、淋球菌、百日咳鲍特菌、肺炎支原体等感染上起重要作用。

2. 调理作用

(1) 抗体的调理作用:IgG 的 Fab 段与细菌表面相应的抗原结合后,IgG 的 Fc 段即可与吞噬细胞的 IgG Fc 受体结合,抗体在细菌和吞噬细胞间形成桥梁,从而促进吞噬与杀菌。

(2) 联合补体的调理作用:抗体(IgG 和 IgM)与细菌抗原特异性结合可激活补体,产生 C3b。带有 C3b 的细菌和抗体的复合物与吞噬细胞表面的 C3b 受体结合,从而促进对细菌的吞噬。C3b 的另一种调理作用是通过免疫黏附,带有 C3b 的细菌、抗体的复合物,通过 C3b 黏附到红细胞的受体上(免疫黏附),然后与红细胞一起被吞噬。

3. 溶菌作用 抗体(IgG 和 IgM)与细菌抗原结合,通过经典途径激活补体,使细菌细胞溶解。溶菌作用一般见于革兰阴性菌,如霍乱弧菌、志贺菌、伤寒沙门菌等。

4. 中和作用

(1)对外毒素的中和作用:抗毒素(IgG)与游离的外毒素结合,可以阻断毒素与易感细胞的受体结合,使毒素不能发挥毒性作用。对已与易感细胞受体结合的外毒素无中和作用,故使用抗毒素时应早期、足量。对以外毒素致病的细菌如破伤风梭菌、肉毒梭菌、霍乱弧菌等的感染均以抗毒素免疫为主。

(2)对病毒的中和作用:中和抗体能阻止病毒与易感细胞受体结合,或使病毒凝聚成小团块,从而使病毒失去感染性。

(二)特异性细胞免疫的抗感染作用

清除胞内寄生菌,如结核分枝杆菌、麻风杆菌、伤寒沙门菌、布鲁菌及专性胞内寄生的病毒等,主要依靠细胞免疫将其杀灭。

1. Tc 细胞对微生物感染细胞的杀伤作用 这一作用主要表现于抗病毒感染,Tc细胞杀伤被病毒感染的宿主细胞。目前尚未发现 Tc 细胞在抗细菌感染中起作用。

2. T_{DTH}细胞释放淋巴因子的作用 效应性 T_{DTH}细胞与相应微生物抗原结合后,通过释放多种淋巴因子,可使巨噬细胞的吞噬、杀伤能力增强。一些原来被吞噬的胞内菌由不完全吞噬变为完全吞噬。如结核分枝杆菌在活化的巨噬细胞内可被杀灭。

由于免疫是机体的一种生理功能,因此凡是影响机体生理功能状态的因素(如遗传、年龄、营养、内分泌、药物、体育锻炼等)均可影响机体的抗感染免疫力。

> **小结**
>
> 抗感染免疫包括非特异性免疫和特异性免疫。
>
> 非特异性免疫首先发挥作用,包括屏障作用、吞噬作用和体液中杀菌物质的作用。
>
> 特异性免疫更强烈,更持久,包括体液免疫和细胞免疫。针对不同病原体的感染,有的以体液免疫为主,有的以细胞免疫为主,但一般是两者同时存在,互相配合。

(田叶青)

第六节 超 敏 反 应

一、超敏反应的概念及类型

超敏反应又称变态反应或过敏反应,指机体对某些抗原初次应答后,再次接受相同抗原刺激时发生的一种以生理功能紊乱或组织细胞损伤为主的病理性免疫应答。超敏反应与免疫反应本质上都是机体对相应抗原物质的特异性免疫应答,但超敏反应的结果是造成组织损伤和(或)生理功能紊乱,而免疫反应的结果是产生生理性防御作用。根据发生机制和临床特点,将超敏反应分为 4 型,即Ⅰ、Ⅱ、Ⅲ、Ⅳ型。

二、Ⅰ型超敏反应

（一）特点

Ⅰ型超敏反应又称速发型超敏反应或过敏反应，是临床上最常见的超敏反应。由结合于肥大细胞和嗜碱粒细胞膜上的 IgE 介导。引起反应的抗原又称变应原。特点：①发生快，消退也快；②以生理功能紊乱为主，通常不引起组织细胞损伤；③有明显个体差异和遗传倾向。

（二）发生机制

Ⅰ型超敏反应的发生过程可分为三个阶段（图 3-23）。

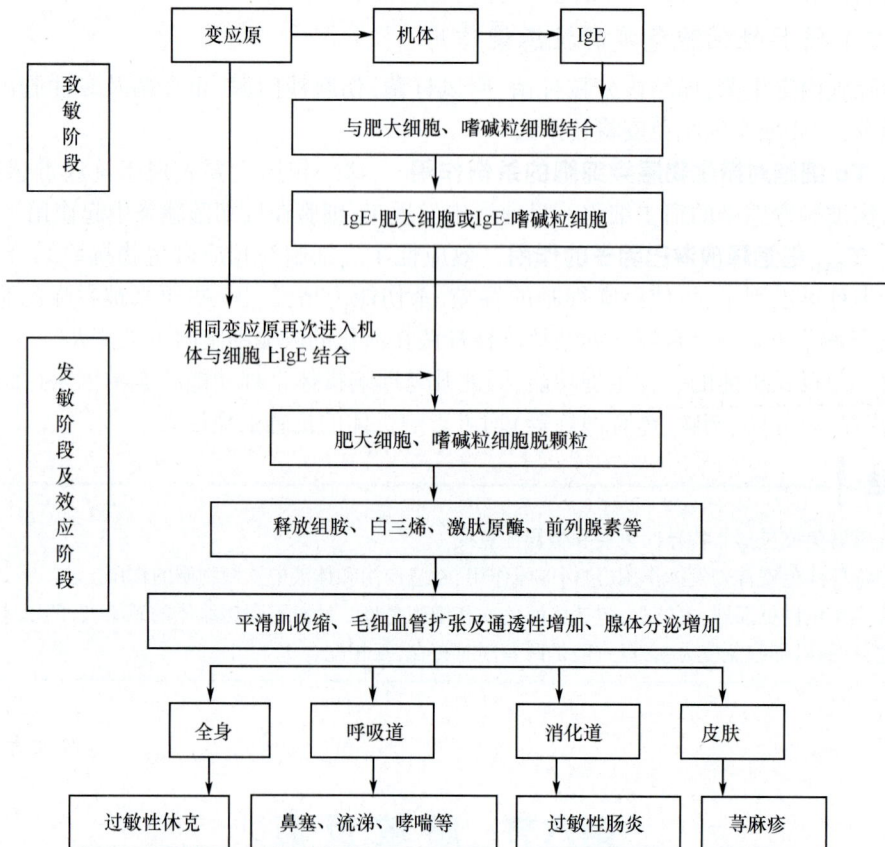

图 3-23　Ⅰ型超敏反应发生机制示意图

1. 致敏阶段　变应原经呼吸道、消化道或皮肤进入体内，刺激某些 B 细胞产生 IgE 抗体。IgE 通过 Fc 段与肥大细胞或嗜碱粒细胞膜上的 Fc 受体结合，使细胞对该变应原处于致敏状态。机体受变应原刺激两周后即可被致敏，一般这种致敏状态可维持数月或更长时间。如长期不接触相应变应原，致敏状态可逐渐消失。

2. 发敏阶段　当相同变应原再次进入致敏机体时，即迅速与肥大细胞或嗜碱粒细胞表面的 IgE 特异性结合，引起 Fc 段的构型发生改变，细胞膜上腺苷环化酶的活性受到抑制，使细胞内环磷酸腺苷（cAMP）减少，细胞膜稳定性降低，导致细胞脱颗粒，释放多种生物活性介质，如组胺、激肽原酶（可使血浆中激肽原转为缓激肽）、白三烯（LT）、前列腺素(PG)、血小板活化因子(PAF)等。

3. 效应阶段　上述介质作用于局部或全身的效应器官和组织,致使出现生理功能紊乱,基本病理变化如下。

(1)平滑肌收缩:以气管、支气管及胃肠道平滑肌为甚。

(2)小血管扩张、毛细血管通透性增加:引起血浆外渗,出现局部水肿及以嗜酸粒细胞浸润为主的炎症。

(3)黏膜腺体分泌增加:表现出相应的临床症状。早期并无器质性损害,如能及时解除变应原的刺激,临床症状可迅速消退。

Ⅰ型超敏反应可分为即刻/早期反应和晚期反应。即刻/早期反应常发生在再次接触变应原后数秒内,可持续数小时。该反应主要由组胺、前列腺素等引发。晚期反应主要发生在变应原刺激后 6～12h,可持续数天或更长时间。晚期反应主要由白三烯、PAF等引起。

(三)临床常见疾病

1. 过敏性休克　为严重的全身过敏反应。可发生于再次接触变应原后数分钟之内,患者出现胸闷、气促、呼吸困难,面色苍白,出冷汗,手足发凉,脉搏细速,血压下降,意识障碍或昏迷,严重者抢救不及时可迅速死亡。

(1)药物过敏性休克:以青霉素过敏性休克最常见。青霉素不稳定,其降解产物青霉烯酸或青霉噻唑醛酸等为半抗原,与组织蛋白结合后成为变应原,是诱发过敏性休克的主要原因。其他药物如链霉素、头孢菌素、普鲁卡因、有机碘(如泛影葡胺)等也可引起过敏性休克。

初次注射青霉素时也可发生过敏性休克,与这部分患者曾经无意中接触过青霉素或青霉素样物质有关,如:①曾经使用过青霉素污染的注射器或其他器材;②从空气中吸入青霉素降解产物或青霉菌孢子,而使机体致敏。当再次接触青霉素时,即可能发生过敏性休克。因此,初次使用青霉素的患者也须皮试。

(2)血清过敏性休克(血清过敏症):紧急预防和治疗外毒素性疾病(如破伤风、白喉等),当再次给患者注射破伤风抗毒素、白喉抗毒素等动物免疫血清时可引起过敏性休克。

2. 呼吸道过敏反应　致敏机体再次吸入植物花粉、尘螨、真菌孢子、动物皮屑或面粉等变应原后,可迅速引发支气管哮喘或过敏性鼻炎等过敏反应。

3. 消化道过敏反应　少数人进食鱼、虾、蟹、奶、蛋等食物后,可出现恶心、呕吐、腹痛、腹泻等症状,称为过敏性胃肠炎。

4. 皮肤过敏反应　主要表现为荨麻疹、湿疹和血管神经性水肿等,可由药物、食物、花粉、寄生虫或冷、热刺激等引起。

(四)防治原则

1. 发现变应原并避免与其接触　临床寻找变应原最常用的方法是询问病史和进行变应原皮肤试验。皮肤试验通常是将需皮试的变应原稀释后(青霉素 25U/ml、抗毒素血清 1∶100、尘螨 1∶100 000、花粉 1∶10 000),取 0.1ml 在受试者前臂掌侧皮内注射,15～20min 后观察结果。若局部出现红斑、硬结直径>1cm 者,为皮试阳性。避免接触变应原是预防过敏反应的理想方法。但是有些变应原却难以回避,如花粉、尘螨等,可进行特异性脱敏和减敏治疗。

2. 脱敏疗法和减敏疗法

（1）脱敏疗法：对皮试阳性又必须使用免疫血清进行治疗的患者，可采用小剂量、短间隔（20~30min）、多次注射的方法进行脱敏治疗。其机制可能是小剂量变应原进入体内，与数量有限的致敏靶细胞结合，释放少量生物活性介质，不足以引起明显临床症状，同时能及时被体内某些物质灭活。因此，短时间内小剂量多次注射变应原，可使体内致敏细胞分期分批脱敏，直至最终全部解除致敏状态，从而达到暂时脱敏效果。此时再大量注射抗毒素而不会引起超敏反应。但这种脱敏作用是暂时的，经过一定时间后机体可重新恢复致敏状态。

（2）减敏疗法：对那些能查明而又难以避免接触的变应原（如花粉、尘螨），经确定可采用小剂量、长间隔、逐渐增量、多次反复皮下注射变应原的方式，达到减敏的目的。其机制可能与改变变应原进入机体的途径、诱导机体产生能与 IgE 竞争变应原的特异性 IgG 有关。这种特异性 IgG 抗体又称为封闭抗体。近年来，应用人工合成变应原肽段进行减敏治疗，取得了明显进展，其原理是：人工合成变应原肽段可诱导 T 细胞无反应性，从而阻止 IgE 产生。

3. 药物治疗　应用药物阻断或干扰过敏反应过程中的某些环节，阻止或减轻过敏反应的发生。常用药物有以下几种：①抑制生物活性介质释放，如色苷酸二钠、肾上腺素、氨茶碱等，可通过稳定细胞膜和提高细胞内 cAMP 浓度抑制靶细胞脱颗粒、释放生物活性介质；②拮抗生物活性介质作用，如依巴斯丁、苯海拉明、氯苯那敏、异丙嗪等，通过与组胺竞争结合效应器官细胞膜上组胺受体，阻断组胺的生物学效应；③改善效应器官反应性，如肾上腺素（解除支气管痉挛、收缩血管升高血压）、钙剂和维生素 C（解痉、降低毛细血管通透性）。若发生休克则及时实施抗休克治疗。肾上腺素为药物过敏性休克患者首选抢救用药。

三、Ⅱ型超敏反应

（一）特点

Ⅱ型超敏反应又称细胞毒型或细胞溶解型超敏反应。特点：①变应原是细胞本身细胞膜抗原或吸附到细胞膜上的抗原；②参与的抗体是 IgG、IgM；③在补体、吞噬细胞、NK 细胞的参与下，引起靶细胞溶解、破坏及组织损伤。

（二）发生机制

1. 靶细胞及其表面抗原　正常组织细胞（如输入的异型红细胞）、改变的自身细胞或吸附有外来抗原、半抗原及免疫复合物的自身组织细胞，均可成为Ⅱ型超敏反应中被攻击杀伤的靶细胞。

2. 抗体、补体和效应细胞的作用　参与Ⅱ型超敏反应的抗体主要是 IgG 和 IgM。相应抗体与靶细胞表面的抗原或吸附的抗原、半抗原结合，或形成免疫复合物黏附于细胞表面，通过三条途径引起靶细胞破坏：①激活补体，溶解靶细胞；②激活吞噬细胞，发挥调理吞噬作用；③激活 NK 细胞，通过 ADCC 效应，杀伤靶细胞（图 3-24）。

（三）临床常见病

1. 输血反应　常见于 ABO 血型不符的输血。输入的异型红细胞迅速与受血者体内相应的天然血型抗体(IgM)结合,活化补体,引起溶血反应。

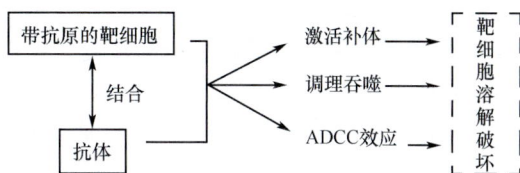

图3-24　Ⅱ型超敏反应发生机制示意图

2.新生儿溶血症　多发生于母子间 Rh 血型不合的情况下。血型是 Rh^- 的母亲在输血、流产、胎盘出血或分娩等过程中,有少量 Rh^+ 红细胞进入母体后,刺激母体产生抗 Rh 抗体(IgG)。若母亲再次妊娠,胎儿血型仍然是 Rh^+ 时,母体抗 Rh 抗体则通过胎盘进入胎儿体内,与 Rh^+ 红细胞结合,激活补体及相关细胞导致红细胞破坏,引起流产、死产或新生儿溶血症。母子 ABO 血型不符也可引起新生儿溶血,好发于母亲为 O 型,胎儿为 A 型、B 型或 AB 型,但症状较轻。

3.药物性血细胞减少症　是由药物半抗原(如青霉素、磺胺、奎宁等)与血细胞膜表面蛋白结合,刺激机体产生针对药物的特异性抗体。该抗体与血细胞表面的药物结合,通过激活补体等作用,导致血细胞溶解。药物半抗原也可以与血浆中的蛋白质结合后,刺激机体产生相应抗体,以抗原、抗体复合物的形式吸附到血细胞上,通过上述机制损伤血细胞。由于损伤血细胞的种类不同,可出现溶血性贫血、粒细胞减少症或血小板减少性紫癜。

4.自身免疫性溶血性贫血　服用甲基多巴、吲哚美辛等药物或病毒等感染可造成红细胞膜表面成分改变,成为自身抗原,刺激机体产生抗红细胞抗体,引起自身免疫性溶血性贫血。

5.甲状腺功能亢进　甲亢,又称 Graves 病,是一种特殊类型的Ⅱ型超敏反应(抗体刺激型超敏反应)。患者体内产生一种能与甲状腺细胞表面甲状腺刺激素(TSH)受体结合的自身抗体,这种自身抗体又称长效甲状腺刺激素。该抗体与甲状腺细胞表面 TSH 受体结合后,并不造成细胞溶解破坏,而是持续刺激甲状腺细胞合成分泌甲状腺素,引起甲状腺功能亢进。

四、Ⅲ型超敏反应

(一)特点

Ⅲ型超敏反应,又称免疫复合物型或血管周围炎型超敏反应。特点:①变应原为可溶性抗原;②参与的抗体有 IgG、IgM、IgA;③补体参与,反应可累及各系统、各器官,危害严重。表现为以血管及其周围炎症为主的组织损伤。

(二)发生机制

1.中等大小免疫复合物的形成　可溶性抗原与抗体特异性结合时,两者的比例不同,形成的免疫复合物分子大小也不相同。比例适宜时形成大分子不溶性复合物,易被吞噬细胞吞噬清除,不引起病变。当抗原量大大超过抗体量时,形成小分子可溶性复合物,可通过肾小球滤过,随尿排出,也不致病。只有在抗原量稍多于抗体量时,形成中等大小可溶性免疫复合物,它既不易被吞噬,又不能被肾小球滤除,从而较长时间在血流中循环。

2.免疫复合物的沉积　中等大小的免疫复合物可激活补体产生过敏毒素 C3a 和 C5a,使肥大细胞、嗜碱粒细胞和血小板活化,释放组胺等血管活性物质,使血管通透性增加,有助于免疫复合物向组织内沉积,沉积部位多为血管管腔窄、迂回曲折、血流缓慢、血压较高的微血管基底膜,如肾小球、关节、皮肤等处的微血管基底膜。

3. 免疫复合物的致病作用　免疫复合物沉积后引起组织损伤的机制如下。

(1) 补体的作用:免疫复合物通过经典途径激活补体,产生 C3a 和 C5a。C3a 和 C5a 与肥大细胞或嗜碱粒细胞上受体结合,使其释放组胺等炎性介质,致局部毛细血管通透性增加、渗出增多、出现局部组织水肿;C3a 和 C5a 同时可通过趋化作用吸引中性粒细胞向免疫复合物沉积部位聚集。

(2) 中性粒细胞的作用:聚集的中性粒细胞在吞噬免疫复合物的同时,释放许多溶酶体酶,包括蛋白水解酶、胶原酶和弹性纤维酶等,水解血管及周围组织。

(3) 血小板的作用:C3b 及肥大细胞或嗜碱粒细胞活化释放的血小板活化因子,可使局部血小板集聚、激活,促进血栓形成,引起局部出血、坏死;血小板活化后还可释放血管活性胺类物质,进一步加重水肿(图 3-25)。

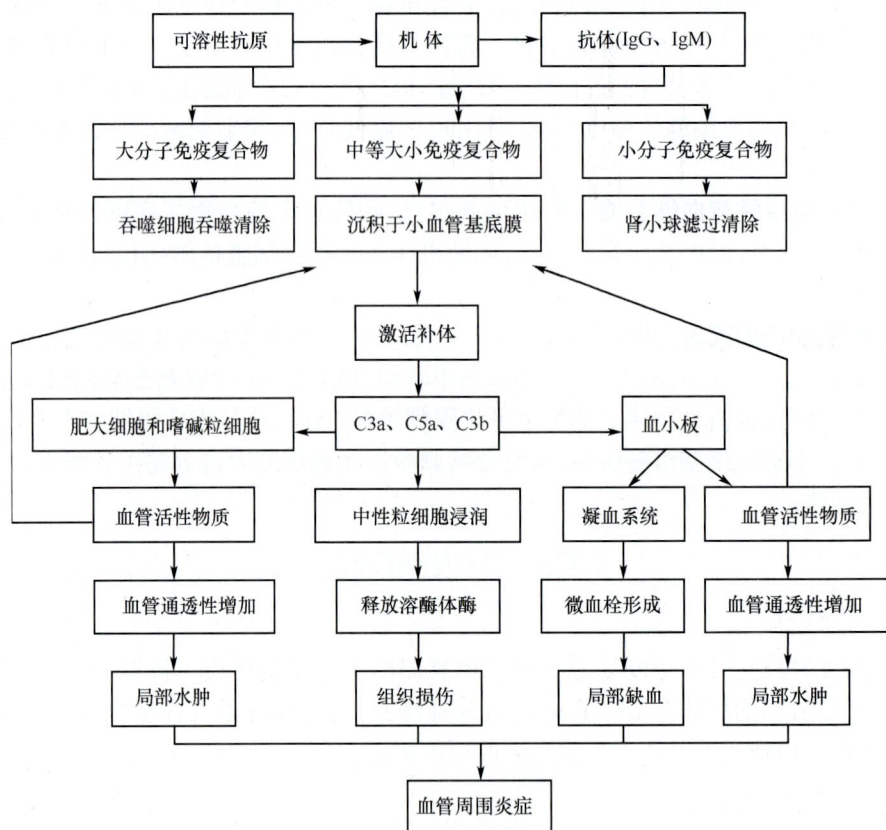

图 3-25　Ⅲ型超敏反应发生机制示意图

(三) 临床常见疾病

1. 局部免疫复合物病

(1) Arthus 反应:是一种局部Ⅲ型超敏反应。1903 年,Arthus 发现用马血清经皮下反复免疫家兔数周后,当再次注射马血清时,可在注射局部出现红肿、出血和坏死等剧烈炎症反应,此种现象被称为 Arthus 反应。

(2) 类 Arthus 反应:见于胰岛素依赖型糖尿病患者,局部反复注射胰岛素后,体内可产生抗胰岛素抗体,再次注射胰岛素时,在注射局部出现红肿、出血和坏死等类似 Arthus 反应的变化。

2. 全身性免疫复合物病

(1)血清病:见于初次大量注射抗毒素(马血清)1~2 周后,患者出现发热、皮疹、淋巴结肿大、关节肿痛和一过性蛋白尿等。其原因是患者体内产生针对抗毒素的抗体,与体内残存的抗毒素结合形成可溶性免疫复合物。有时大剂量应用青霉素、磺胺等药物也可引起类似血清病样的反应。血清病有自限性,停用抗毒素后会自行消退。

(2)链球菌感染后肾小球肾炎:以 A 族溶血性链球菌感染后 2~3 周最多见。此时体内产生针对链球菌相应抗原的抗体,与链球菌可溶性抗原结合形成免疫复合物,沉积在肾小球基底膜上,引起免疫复合物型肾炎。另外葡萄球菌、肺炎球菌、乙型肝炎病毒或疟原虫感染后也可引起免疫复合物型肾炎。

(3)类风湿关节炎:病因尚未完全查明,可能与病毒或支原体的持续感染有关。目前认为,上述病原体或其代谢产物能使体内 IgG 类抗体发生变性,继而刺激机体产生抗变性 IgG 的自身抗体(IgM 型),即类风湿因子(RF)。当变性的 IgG 与类风湿因子结合,形成免疫复合物并沉积于关节滑膜时,则可引起类风湿关节炎。

五、Ⅳ型超敏反应

(一) 特点

Ⅳ型变态反应,又称迟发型超敏反应或细胞介导型超敏反应。特点:①由致敏 T 细胞介导,发作迟缓,反应高峰常为再次接触相同变应原后 48~72h;②无补体和抗体参与;③病变部位以淋巴细胞、单核吞噬细胞浸润为主。局部表现为红、肿、热、痛、组织坏死。

(二) 发生机制

1. 致敏阶段 引起Ⅳ型超敏反应的抗原主要包括细胞内寄生菌、病毒、寄生虫、真菌、细胞抗原(肿瘤细胞、移植细胞)和化学物质等。进入体内的抗原经抗原呈递细胞(APC)加工处理后,以抗原肽-MHC 复合物的形式呈递给具有特异性抗原识别受体的 T 细胞,T 细胞识别、活化、增殖、分化成为效应 T 细胞,包括 CTL 和 Th1。

2. T 细胞介导炎症反应和组织损伤 当效应 T 细胞再次与靶细胞表面相应抗原接触时,Th1 释放 TNF-β、IFN-γ 和 IL-2 等细胞因子,引起局部以单核吞噬细胞和淋巴细胞浸润为特征的炎症反应和组织损伤,CTL 释放穿孔素、颗粒酶直接杀伤靶细胞(图 3-26)。

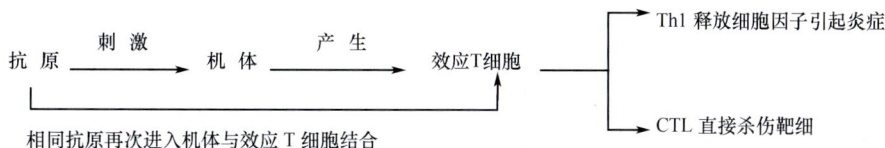

图 3-26 Ⅳ型超敏反应发生机制示意图

(三) 临床常见疾病

1. 传染性迟发型超敏反应 多见于细胞内寄生物感染过程中,如胞内寄生菌(结核分枝杆菌等)、病毒、某些寄生虫和真菌。机体在清除病原体或阻止病原体扩散的同时,可因产生迟发超敏反应,引起局部炎症和组织损伤。如肺结核患者对结核分枝杆菌产生迟发型超敏反应时,病变局部可出现干酪样坏死、肺空洞等。结核菌素实验为典型实验性传染性迟发型超敏反应。

2. 接触性皮炎 某些机体与油漆、染料、塑料、农药、金属、化妆品或药物(如青霉素、磺胺)等小分子变应原接触后,小分子变应原作为半抗原与机体蛋白结合形成完全抗原,刺激T细胞使机体致敏。当机体再次接触相同变应原时,接触部位出现红斑、丘疹、水疱、糜烂等症状,严重者可出现剥脱性皮炎。

3. 移植排斥反应 进行器官或组织移植后,由于供受者双方组织之间的人类白细胞抗原(HLA)不完全相同,会发生排斥反应,最终导致移植物坏死脱落,称为移植排斥反应。为减轻或延缓移植排斥反应,通常在移植术后需大剂量、长期使用免疫抑制剂。

超敏反应临床表现复杂多样,同一变应原在不同个体可引起不同类型超敏反应。如注射青霉素可引起过敏性休克(Ⅰ型)、溶血性贫血(Ⅱ型)、药物热(Ⅲ型),局部应用可引起接触性皮炎(Ⅳ型)。

考点:Ⅰ型超敏反应的发病机制及防治原则

链 接

药物超敏反应综合征(DIHS)

DIHS是一种严重的药物反应,临床表现为皮疹、发热、淋巴结肿大、嗜酸粒细胞增多及多脏器受损。DIHS常被误诊为感染性疾病、淋巴增生性疾病或者自身免疫病。DIHS一般在用药后3周至3个月发病,其特点是迟发性及停药后常有症状加重和数次复发。成人多见。主要诱发药物有芳香族类抗癫痫药(卡马西平、苯妥英钠等)和磺胺类药。其发生机制可能涉及敏感药物代谢途径异常、疱疹病毒感染与再激活、个体遗传易感性等因素。

小结

超敏反应又称变态反应或过敏反应,指已被致敏的机体受到相同抗原再次刺激时,引起的组织细胞损伤和(或)生理功能紊乱。引起超敏反应的抗原称为变应原或过敏原,它可以是完全抗原,也可以是半抗原。超敏反应属于病理性免疫应答过程。超敏反应根据发病机制和临床特点分为Ⅰ、Ⅱ、Ⅲ、Ⅳ型,但在临床表现上复杂多样,常为混合型,以某一型为主,应结合临床进行综合分析判断。

(陈应国)

第七节 免疫学应用

目前,免疫学理论和技术在临床医学等各领域已经广泛应用,如对各种感染性疾病、超敏反应疾病、自身免疫病的诊断和防治,以及对体内某些微量物质、激素等的检测。临床应用包括免疫诊断和免疫防治两方面。

一、免疫诊断

免疫诊断技术广泛用于免疫相关疾病的诊断、发病机制的研究及免疫状态的评估等方面,包括抗原或抗体检测、免疫细胞检测。

(一)抗原或抗体的检测

抗原或抗体检测的基本原理是:一种抗原只能与由它刺激机体所产生的相应抗体在

体内或体外发生特异性结合。利用这一原理,即可在体外一定条件下用已知的抗体检测未知的抗原,或用已知的抗原检测未知的抗体。由于实验所用的抗体存在于血清中,因此又称血清学反应。以下为常见的抗原抗体检测类型。

1. 凝集反应 颗粒性抗原(细菌、红细胞等)与相应抗体结合,在一定条件下形成肉眼可见的凝集现象,称凝集反应。凝集反应中的抗原称为凝集原,抗体称为凝集素。

(1) 直接凝集反应:颗粒性抗原与相应抗体直接结合出现的凝集现象(图3-27),主要有以下两种方法。

1) 玻片法:常用于定性检测抗原。如ABO血型鉴定、细菌鉴定等,将已知含有抗体的诊断血清与待测的抗原(细菌或红细胞等)在载玻片上混匀,数分钟后,如出现凝集现象为阳性反应,反之则为阴性。

2) 试管法:用于定量检测抗体。如诊断伤寒病的肥达反应,在试管中倍比稀释待检血清,加入已知颗粒性抗原(伤寒菌液),发生凝集反应时,以抗原、抗体结合出现明显可见反应(++)的血清最高稀释度为凝集效价(又称滴度)。

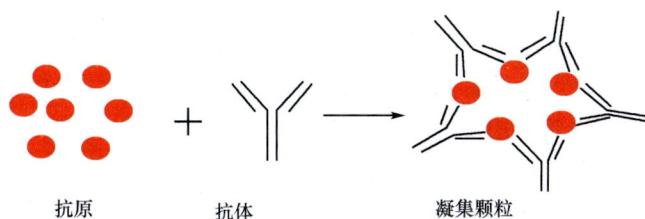

抗原　　　　　抗体　　　　　　　　凝集颗粒

图 3-27　直接凝集反应示意图

(2) 间接凝集反应:可溶性抗原(蛋白质、酶等)与相应抗体直接反应不出现肉眼可见凝集现象,但可将可溶性抗原(或抗体)吸附在与免疫无关的载体颗粒上,再与相应抗体(或抗原)作用,在一定条件下出现可见凝集现象,称间接凝集反应。常用的载体颗粒有人O型红细胞、绵羊红细胞、乳胶颗粒等。此法可用于检测待检血清中的抗原、抗体、类风湿因子等(图3-28)。

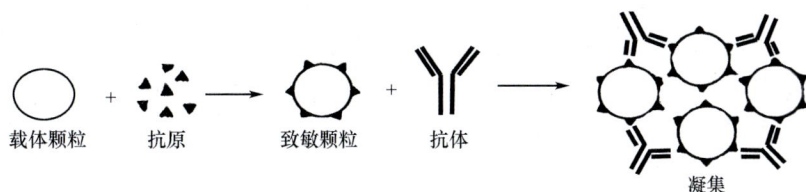

载体颗粒　　　抗原　　　　致敏颗粒　　　抗体　　　　　　　凝集

图 3-28　间接凝集反应示意图

2. 沉淀反应 可溶性抗原(如血清蛋白、细胞裂解液或组织浸出液等)与相应抗体结合,在一定条件下形成肉眼可见的沉淀物,称沉淀反应。常用琼脂糖凝胶作为介质,将可溶性抗原与抗体在凝胶中扩散,若抗原与抗体对应,经一定时间,两者在相遇且比例适合处结合形成白色沉淀,可作定性或定量检测。

(1) 单向琼脂扩散:预先将适当浓度的已知抗体在琼脂糖凝胶中混匀并倾注于玻片上,制成反应板,凝固后打孔,孔中加入待测抗原,经一定时间扩散,若抗原与抗体对应,在孔周可形成白色沉淀环,测量环的直径大小,根据标准线可测出抗原的含量(图3-29)。

此法可测定各类免疫球蛋白或补体各成分含量。

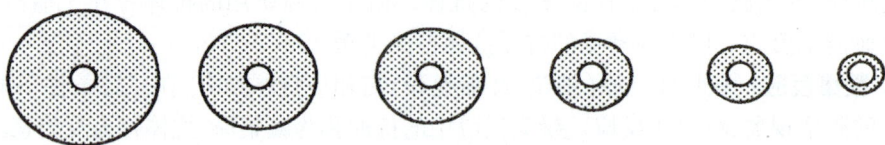

图 3-29　单向琼脂扩散试验示意图

（2）双向琼脂扩散：将抗原抗体分别加在琼脂糖凝胶的孔中，两者分别向四周扩散，若抗原抗体对应，在相遇处形成白色沉淀线。本法可定性、定量检测或组分分析。

3. 免疫标记技术　是用酶、荧光素、同位素或胶体金等标记物标记抗原或抗体，与相应未知抗体或抗原结合，通过对标记物的测定以确定待检物质的试验技术。该技术的特点是特异性强、敏感度高，可快速定性、定量或定位。

（1）免疫酶技术：是用酶作标记物，标记抗原或抗体，在试验中加入酶作用底物，根据有无颜色变化或颜色深浅来判断标本中待测抗体或抗原的有无或含量。具有简单、方便、灵敏、特异、快速、稳定及易于自动化操作等特点。敏感度可达 ng/ml 甚至 pg/ml 水平。免疫酶技术有多种实验方法，其中常用的有酶联免疫吸附试验（ELISA），可用于 HIV 感染的筛查（查抗-HIV）等。ELISA 的试验过程大致分三步：①包被，将已知抗原或抗体通过物理作用吸附到固相（聚苯乙烯微量板）载体表面；②抗原抗体反应，先后加入被检标本和酶标记物，使之与固相抗原或抗体发生免疫反应而被结合固定，经洗涤除去游离的酶标记物；③酶促反应，在反应体系中加入酶的相应底物，使之发生酶促反应而显色。具体操作方法有：①间接法，常用于检测血清中特异性抗体，原理为包被抗原→加入抗体（待检血清）→加入酶标抗抗体→加入酶作用底物→显色；②双抗体夹心法，常用于检测标本中大分子抗原，原理为包被抗体→加入抗原（待检标本）→酶标抗体（特异性）→加入酶作用底物→显色（图 3-30）。

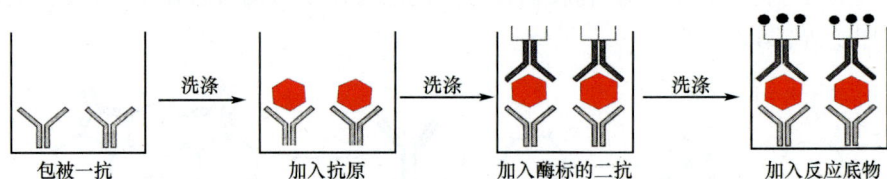

图 3-30　双抗体夹心法示意图

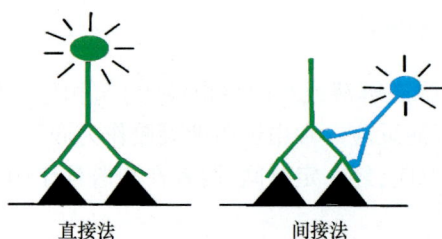

图 3-31　免疫荧光法示意图

（2）荧光免疫技术：是用荧光素标记抗体，制成荧光抗体，再与待检标本中的抗原反应，置荧光显微镜下观察是否出现荧光，借此对标本中的抗原进行测定或定位。传统的方法称荧光抗体技术，又分直接荧光法和间接荧光法两种（图 3-31）。①直接荧光法：荧光素标记已知抗体直接对细胞涂片或组织进行染色→荧光显微镜下观察，检测标本中相应抗原；②间接荧光法：将一抗与标本中抗原结合→洗涤后用荧光素标记的二抗染色→荧光显微镜下观察结果。

（3）放射免疫测定法（RIA）：是用放射性同位素标记抗原或抗体进行的免疫学检测技术。本法常用于微量物质如激素、药物及病毒、肿瘤抗原的检测。检测的敏感度可达pg/ml水平。

（4）金标免疫技术：是以胶体金作为标记物，用来检测标本中的抗原或抗体的一种免疫标记技术。胶体金是氯金酸（$HAuCl_4$）在还原剂的作用下形成的有一定大小、形态和颜色的金颗粒，金颗粒均匀悬浮于液体中，呈稳定的胶体状态，故称胶体金。在碱性条件下，胶体金颗粒表面带有较多负电荷，可与带正电荷的抗原（或抗体）经静电引力牢固结合，成为金标记抗原（或抗体）。将胶体金标记过的抗原（或抗体）与相应抗体（或抗原）反应后，通过观察胶体金的颜色等特性，可对被检对象作出定性、定位分析。典型的测定方法有斑点金免疫渗滤试验和斑点金免疫层析试验等。目前临床已用于 HCG、抗-HCV、抗-HIV 等的测定。

（二）免疫细胞的检测

检测免疫细胞的数量和功能，有助于了解机体的免疫状况，辅助诊断某些疾病，观察疗效及判断预后。

（1）E 玫瑰花结试验（E 花环试验）：试验原理是，由于人类 T 淋巴细胞有绵羊红细胞受体，能与绵羊红细胞结合成玫瑰花状细胞团（E 花结），而 B 细胞无绵羊红细胞受体，不能形成该细胞团，因此可进行 T 细胞数量检测。方法：取受试者外周血分离淋巴细胞，在营养液中与绵羊红细胞混合，经 4℃、2h 作用后，涂片、染色后镜检，E 花结占淋巴细胞百分数即 T 细胞占淋巴细胞总数的百分率，正常值为 60%～80%。本试验可反映体内 T 细胞总数，用于细胞免疫功能缺陷的诊断、观察肿瘤疗效及判断预后、监测移植排斥反应等。

（2）淋巴细胞转化试验（淋转实验）：T 细胞在体外培养时，若受到有丝分裂原如植物血凝素（PHA）等刺激，可转化为淋巴母细胞，计算淋巴细胞转化为淋巴母细胞的百分率（即淋巴细胞转化率），有助于判断机体细胞免疫功能状况。方法：取全血或分离的淋巴细胞，加入含 PHA 的培养液中，经 37℃、72h 孵育，取培养液涂片、染色、镜下计数 200个淋巴细胞并记录其中淋巴母细胞的数量，即可得出淋巴细胞的转化率，正常值为 70%左右。当机体存在细胞免疫缺陷、恶性肿瘤、结核、麻风或重症真菌感染等情况时，转化率可低于正常值。

二、免 疫 防 治

机体的特异性免疫，可分为自然免疫和人工免疫。前者包括隐性感染或显性感染后获得的特异性免疫力（自然主动免疫），以及胎儿或新生儿从母体获得抗体而建立的特异性免疫力（自然被动免疫）。人工免疫是人为地给机体输入抗原或抗体，使机体获得某种特异性免疫力的方法，包括人工主动免疫和人工被动免疫（表 3-7）。

表 3-7　人工主动免疫和人工被动免疫的区别

项目	人工主动免疫	人工被动免疫
注入机体的物质	抗原(疫苗、类毒素)	抗体(抗毒素、丙种球蛋白)
免疫力出现时间	1~4 周后生效	立刻生效
免疫力维持时间	数月~数年	2~3 周
用途	多用于长期预防	多用于紧急预防或治疗

(一) 人工主动免疫

1. 概念和特点　也称人工自动免疫,给机体接种具有免疫原性的疫苗、类毒素等物质,刺激机体产生效应 T 细胞或抗体,从而获得免疫力的方法称人工主动免疫。特点:①输入的物质是抗原;②初次接种,常需 1~4 周诱导期,才能刺激机体产生相应抗体或效应 T 细胞;③输入的抗原能长时间刺激机体的免疫系统,故免疫力维持时间可长达半年或数年;④主要用于传染病的远期预防。

2. 常用生物制品

(1) 类毒素:是将细菌外毒素经 0.3%~0.4% 的甲醛处理,使其失去毒性而保留免疫原性所得到的生物制品,如白喉类毒素、破伤风类毒素。接种后可刺激机体产生相应抗毒素。

(2) 传统疫苗:用病原微生物制成的人工主动免疫制品称为疫苗。①死疫苗是选用免疫原性强的标准株病原体,经人工培养增殖,再用理化方法灭活后制成的疫苗。死疫苗失去致病力,但仍保留其免疫原性,接种后能引起免疫应答。缺点是接种次数多,注射局部和全身反应有时较重,免疫效果差,但安全、易保存。常用的死疫苗有伤寒、霍乱、流行性脑脊髓膜炎(流脑)、流行性乙型脑炎(乙脑)、狂犬病和钩端螺旋体死疫苗等。②用减毒或无毒力的活病原微生物制成的疫苗称减毒活疫苗。活疫苗无致病力,但在体内尚有一定繁殖力,可持续刺激免疫系统引起免疫应答,免疫效果较死疫苗好。其接种次数少,不良反应小,免疫效果维持 3~5 年,但不易保存,不太安全,有毒力回复突变的可能。常用的活疫苗有卡介苗、脊髓灰质炎疫苗(脊灰疫苗)、麻疹减毒活疫苗和风疹疫苗等。

(3) 新型疫苗:①亚单位疫苗,是去除病原体中与激发保护性免疫无关的甚至有害的成分,保留有效免疫原制作的疫苗。②合成肽疫苗又称抗原肽疫苗,是根据有效免疫原的氨基酸序列,设计合成的免疫原性多肽疫苗。③基因工程疫苗,利用 DNA 重组技术制备的含保护性抗原的纯化疫苗。如 DNA 重组乙肝疫苗已被广泛应用。

3. 计划免疫及注意事项　计划免疫是根据疫情监测和人群免疫状况分析,按规定的免疫程序有计划地进行人群免疫接种,以提高人群免疫水平,达到控制和消灭传染病的目的。免疫程序的制定是实施计划免疫的重要内容。我国儿童计划免疫程序如下表(表 3-8)。

表 3-8　我国儿童计划免疫程序

年龄	疫苗	年龄	疫苗
出生时	卡介苗、乙肝疫苗(第 1 针)	2 个月	三价脊灰疫苗(初服)
1 个月	乙肝疫苗(第 2 针)	3 个月	三价脊灰疫苗(复服)、白百破(第 1 针)

续表

年龄	疫苗	年龄	疫苗
4个月	三价脊灰疫苗(复服)、白百破(第2针)	1岁半	三价脊灰疫苗(加服)、白百破(加强)
5个月	白百破(第3针)	4岁	三价脊灰疫苗(加服)、麻疹疫苗(复种)
6个月	乙肝疫苗(第3针)	7岁	卡介苗(复种)、麻疹疫苗(复种)、白百破(加强)
8个月	麻疹疫苗(初种)	12岁	卡介苗(农村)

疫苗接种后有时会发生不同程度的局部或全身反应,一般症状较轻,1~2天后即恢复正常,个别反应剧烈,甚至出现过敏性休克、接种后脑炎等。为避免意外,有下列情况者不宜作免疫接种:①免疫功能缺陷,特别是细胞免疫功能低下者;②高热、严重心血管疾病、肝肾疾病、活动性结核、活动性风湿热、急性传染病、甲亢、严重高血压、糖尿病及正在应用免疫抑制剂者;③妊娠期及月经期;④湿疹及其他严重皮肤病患者不宜作皮肤划痕接种。

(二)人工被动免疫

1. 概念和特点 人工被动免疫是指给机体直接输入抗体或细胞因子,使之获得特异性免疫力的方法。特点:①注入机体的物质是抗体或细胞因子;②免疫力出现快,抗体进入机体立即生效;③免疫力维持时间短,一般2~3周;④常用于传染病的紧急预防和治疗。

2. 常用生物制品

(1)抗毒素:是用类毒素多次给马注射,待其产生大量抗体(抗毒素)后,取其血清并提纯而制成的特异性抗体制剂,常用的有破伤风抗毒素(TAT)、白喉抗毒素等。抗毒素主要用于细菌外毒素所致疾病的紧急预防和特异性治疗。原则上要求早期、足量使用。使用前须皮试,避免发生超敏反应。

案例 3-2

患者,男,47岁。因张口困难2天,加重1天就诊。自述1周前地里劳动时被铁钉扎伤右脚足底,自用白酒清洗后创可贴粘贴,未做其他处理。查体:体温37.2℃,脉搏86次/min,呼吸22次/min,血压126/76mmHg(16.8/10.1kPa),神志清楚。咬肌和颈背部肌肉张力增高、苦笑面容。初步诊断为破伤风。给予大剂量破伤风抗毒素、青霉素及对症治疗。3天后症状缓解,又巩固治疗4天后病愈出院。

问题:

1. 注射破伤风抗毒素属于何种治疗?

2. 抗毒素注射治疗的原则和注意事项有哪些?

(2)人丙种球蛋白和胎盘球蛋白:前者是从正常人血浆中提取,主要成分是IgG和IgM;后者是从健康产妇胎盘血中提取,主要成分是IgG。因多数成年人曾隐性或显性感染过麻疹病毒、脊髓灰质炎病毒、甲型肝炎病毒等,故成人血浆和胎盘血中含有相应的抗体,因此人丙种球蛋白和胎盘球蛋白可用于麻疹、脊髓灰质炎和甲型肝炎的紧急预防或丙种球蛋白缺乏症的治疗。

(3)特异性人免疫球蛋白:由对某种病原微生物具有高效价抗体的血浆制备,如用于紧急预防乙型肝炎病毒感染的HBIg。

(4)细胞免疫制剂:①转移因子,是将正常人外周血或脾脏中的淋巴细胞反复冻融后,提取的多核苷酸和多肽的混合物。分子质量小于5kDa,无抗原性,不引起超敏反应。能促使体内T细胞转化为致敏T细胞,增强细胞免疫功能。主要用于细胞免疫缺陷病、肿瘤及某些病毒、真菌、胞内寄生菌感染的治疗。②胸腺肽,是从小牛或猪胸腺中提取的一组多肽混合物,包括胸腺素和胸腺生成素等。能促进 T 细胞发育成熟。无种属特异性,可用于细胞免疫功能低下或胸腺发育不全的免疫缺陷病(如肿瘤、病毒感染等)患者的治疗。③免疫核糖核酸,是用肿瘤细胞或病原微生物的抗原免疫动物,然后从免疫动物的淋巴细胞中提取的核糖核酸制成。多用于治疗肿瘤及乙型肝炎。④干扰素,是由病毒或其他干扰素诱生剂刺激机体产生的一种具有抗病毒和调节免疫作用的糖蛋白。多用于治疗病毒感染(如乙型肝炎、尖锐湿疣等)及肿瘤。

考点:人工主动免疫与人工被动免疫的区别

▌小结

　　免疫学应用在临床上分为免疫诊断和免疫防治两方面。免疫诊断即用免疫学方法检测病原体、免疫活性物质,做出临床诊断或评估机体免疫功能状态等。包括抗原或抗体检测、免疫细胞检测两大类。检测抗原、抗体的方法常用的有凝集反应、沉淀反应、免疫标记技术;免疫细胞检测方法主要有 E 玫瑰花结试验和淋巴细胞转化试验等。

　　免疫防治包括人工主动免疫和人工被动免疫。

　　人工主动免疫是给机体注入抗原性物质(疫苗或类毒素),多用于疾病的预防。

　　人工被动免疫是给机体注入含有特异性抗体的免疫血清、细胞因子或免疫细胞等制剂,多用于治疗或紧急预防。

(陈应国)

🧑‍⚕️ 目标检测

一、名词解释

1. 免疫　2. 抗原　3. 抗原决定簇　4. ADCC

5. APC　6. 抗体　7. 免疫球蛋白

8. 免疫活性细胞　9. 补体　10. 免疫应答

11. 体液免疫　12. 细胞免疫　13. 免疫耐受

14. 抗感染免疫　15. 特异性免疫

16. 不完全吞噬　17. 完全吞噬

18. 非特异性免疫　19. 超敏反应

20. 类风湿因子　21. Ⅳ型超敏反应

22. 人工被动免疫　23. 人工主动免疫

24. 血清学反应　25. 抗毒素

26. 类毒素　27. 疫苗

28. 免疫标记技术　29. ELISA

二、填空题

1. 免疫功能表现为_____、_____、_____。

2. 免疫稳定功能正常时可清除_____、_____、_____的细胞,异常时可导致_____。

3. 免疫是指机体识别和排除_____,维持自身_____的一种功能。

4. 免疫监视功能正常时可清除_____的细胞,异常时易发生_____。

5. 抗原的两种性能是_____、_____。

6. 完全抗原既有_____性,又有_____性;半抗原只有_____性而无_____性。

7. 决定免疫原性的条件是_____、_____、_____。

8. 医学上重要的抗原有_____、_____、_____、_____。

9. 抗原的特异性是由_____决定的。

10. 人类同种异型抗原主要有_____、_____。

11. 免疫系统由_____、_____、_____组成。

12. 人类的中枢免疫器官由_____、_____组成。其中 T 淋巴细胞在_____内分化成熟,B 淋巴细胞在_____内分化成熟。

13. 免疫细胞可以分为三大类,即_____细胞、_____细胞、_____细胞。

14. 五类免疫球蛋白分别是_____、_____、_____、_____、_____。

15. 用木瓜蛋白酶水解 Ig,可得到两个相同的_____段和一个_____段。前者的主要功能是_____;后者的主要功能是_____、_____。

16. 补体由_____余种成分组成,补体的激活途径有_____条。

17. 免疫应答根据介导的细胞不同,分为两种类型,由 B 细胞介导的_____和由 T 细胞介导的_____。

18. 免疫应答的基本过程可以分为_____阶段、_____阶段和_____阶段。

19. 效应 Th1 细胞释放的细胞因子主要有_____、_____和_____。

20. 吞噬作用的后果可表现为_____、_____。

21. 屏障结构包括_____、_____、_____。

22. 胎盘屏障的功能是阻止_____及其_____从母体进入_____体内,以保护_____正常发育。

23. 正常体液中的抗微生物物质有_____、_____、_____等。

24. 机体特异性免疫包括_____和_____。

25. 抗胞内寄生菌的感染主要由_____起作用;抗胞外寄生菌主要由_____起作用。

三、选择题

A 型题

1. 有关免疫功能正确的叙述是
   A. 抵抗病原微生物的感染
   B. 清除衰老细胞
   C. 清除损伤的细胞
   D. 识别和清除体内恶变的细胞
   E. 以上都是

2. 免疫稳定功能异常时可出现
   A. 超敏反应　　B. 发生肿瘤
   C. 免疫缺陷病　　D. 反复感染
   E. 自身免疫性疾病

3. 抗原的特异性由下列哪一项决定
   A. 抗原的物理性状
   B. 抗原分子表面的特殊化学基团
   C. 抗原相对分子质量的大小
   D. 抗原内部结构的复杂性
   E. 半抗原与载体结合的程度

4. 关于半抗原的描述下列正确的是
   A. 只有免疫原性,而无免疫反应性
   B. 只有免疫反应性,而无免疫原性
   C. 多数为大分子物质
   D. 既有免疫原性,又有免疫反应性
   E. 以上都不是

5. 存在于不同种属之间的共同抗原是
   A. 异种抗原　　B. 同种异型抗原
   C. 自身抗原　　D. 异嗜性抗原
   E. 半抗原

6. 下列哪种物质对人体不是抗原
   A. 病原微生物　　B. 细菌外毒素
   C. 马血清　　D. 自身的血液、组织细胞
   E. 血型不相符的红细胞

7. 动物来源的破伤风抗毒素对人体而言属于
   A. 抗体　　B. 半抗原
   C. 抗原　　D. 既是抗体又是抗原
   E. 同种异型抗原

8. 同种器官移植排斥反应由下列哪一种抗原引起
   A. 异种抗原　　B. 同种异型抗原
   C. 自身抗原　　D. 异嗜性抗原
   E. 以上都不是

9. 既介导体液免疫又有抗原提呈功能的细胞是
   A. B 淋巴细胞　　B. T 淋巴细胞
   C. NK 细胞　　D. 粒细胞
   E. 巨噬细胞

10. 能识别抗原并产生特异性免疫应答的细胞是
    A. 树突细胞和巨噬细胞
    B. T 细胞和 NK 细胞
    C. B 细胞和 NK 细胞
    D. T 细胞和 B 细胞
    E. 单核细胞和巨噬细胞

11. 产生抗体的细胞是
    A. T 细胞　　B. 浆细胞
    C. 单核细胞　　D. 淋巴细胞
    E. NK 细胞

12. T 细胞和 B 细胞均有的表面标志是
    A. 抗原受体　　B. TCR
    C. BCR　　D. CD2
    E. CD5

13. $CD4^+$ T 细胞具有的表面标志是
    A. TCR + BCR
    B. TCR + CD3 + CD4
    C. BCR + CD3 + CD4
    D. TCR + CD4 + CD8
    E. CD4 + CD8

14. 具有摄取、加工处理和提呈抗原功能的细胞是
    A. Th1 细胞　　B. Tc 细胞
    C. NK 细胞　　D. 浆细胞
    E. 巨噬细胞

15. 具有 IgG Fc 受体的细胞是
    A. B 细胞　　　B. T 细胞　　　C. NK 细胞
    D. 肥大细胞　　E. 以上细胞均具有

16. 下列哪种说法正确
    A. 免疫球蛋白都是抗体,抗体不一定都是免疫球蛋白
    B. 免疫球蛋白和抗体两者不相同也无关
    C. 抗体都是免疫球蛋白,而免疫球蛋白也都是抗体
    D. 抗体都是免疫球蛋白,免疫球蛋白不一定都是抗体
    E. 免疫球蛋白可以缩写为 Ab,抗体可以缩写为 Ig

17. 抗体分子的抗原结合部位在
    A. Fab 段　　　B. Fc 段　　　C. 铰链区
    D. C 区　　　　E. pFc′段

18. 补体激活后具备哪个作用
    A. 溶菌、溶细胞作用
    B. 调理作用
    C. 炎症介质作用
    D. 清除免疫复合物作用
    E. 以上都对

19. 发挥体液免疫效应的物质是
    A. IL　　B. 补体　　C. IFN
    D. Ab　　E. 溶菌酶

20. 关于免疫应答的叙述,错误的是
    A. 需要抗原刺激或诱导产生
    B. 反应过程可划分为三个阶段
    C. 其结局总是对机体有益的
    D. 有多种细胞及分子参加
    E. 发生的部位主要在外周免疫器官

21. 能特异性杀伤靶细胞的是
    A. 效应 Th1 细胞　　B. 效应 Tc 细胞
    C. 单核细胞　　　　D. 巨噬细胞
    E. NK 细胞

22. 抗体的免疫效应包括
    A. 调理吞噬　　　　B. 中和毒素和病毒
    C. 激活补体　　　　D. NK 细胞的 ADCC
    E. 以上都是

23. 体液免疫初次应答的特点是
    A. 以 IgG 为主
    B. IgG 与 IgM 几乎同时产生
    C. 为低亲和性抗体
    D. 抗体含量高
    E. 抗体维持时间长

24. 免疫应答一般经过以下哪些过程
    A. 抗原提呈细胞摄取、加工处理和提呈抗原
    B. T 细胞、B 细胞接受抗原刺激后,活化、增殖、分化
    C. 部分 T 细胞、B 细胞中途停止分化,形成长寿记忆细胞
    D. 抗体与相应的抗原结合,发挥体液免疫;效应 T 细胞通过直接杀伤靶细胞或释放细胞因子发挥细胞免疫
    E. 以上均是

25. 在特异性免疫应答的感应阶段,巨噬细胞的主要作用是
    A. 免疫调节
    B. 活化 NK 细胞
    C. 分泌细胞因子
    D. 摄取、加工处理和呈递抗原
    E. 激活补体

26. 再次应答时抗体产生的特点是
    A. IgM 抗体量显著升高
    B. 抗体产生后维持时间较长
    C. 潜伏期较长
    D. 抗体浓度较低
    E. 抗体亲和性较低

27. 中和抗体抗病毒的机制是
    A. 直接杀伤病毒　　B. 阻止病毒吸附和穿入
    C. 阻止病毒脱壳　　D. 阻止病毒成熟
    E. 阻止病毒复制

28. sIgA 发挥局部抗感染的作用机制是
    A. 通过免疫调理作用增强免疫力
    B. 可激活补体旁路途径
    C. 直接与病原体结合使之不能进入黏膜
    D. 直接破坏病原体
    E. 中和病原体的毒性作用

29. 吞噬细胞的吞噬过程不包括下述哪项
    A. 接触　　　B. 特异性识别　　　C. 吞噬
    D. 杀菌　　　E. 排出残渣

30. 不属于正常体液与组织中的抗菌物质是
    A. 抗生素　　B. 溶菌酶　　　C. 补体
    D. 干扰素　　E. 防御素

31. 对机体非特异性免疫叙述错误的是
    A. 在种系进化过程中逐渐形成
    B. 与生俱来,人皆有之
    C. 发挥作用快
    D. 无记忆性

E. 针对性强

32. 关于抗感染免疫的叙述,下列错误的是
 A. 完整的皮肤与黏膜屏障是机体抗感染的第一道防线
 B. 吞噬细胞和体液中的杀菌物质是机体抗感染的第二道防线
 C. 体液免疫主要针对胞外寄生菌的感染
 D. 细胞免疫主要针对胞内寄生菌的感染
 E. 抗体与细菌结合可直接杀死病原菌

33. 下述哪种疾病与 IgE 有关
 A. 类风湿关节炎　　　B. 传染性超敏反应
 C. 输血反应　　　　　D. 药物过敏性休克
 E. 急性肾小球肾炎

34. 由 T 细胞介导的超敏反应的类型是
 A. Ⅰ型超敏反应　　　B. Ⅱ型超敏反应
 C. Ⅲ型超敏反应　　　D. Ⅳ型超敏反应
 E. 以上都不是

35. 脱敏疗法能用于预防
 A. 血清病　　　　　　B. 血清过敏性休克
 C. 食物过敏　　　　　D. 青霉素过敏
 E. 过敏性鼻炎

36. 不属于 Ⅱ型超敏反应性疾病的是
 A. 血清病
 B. 新生儿溶血症
 C. 药物引起的血细胞减少症
 D. Graves 病
 E. 异型输血导致的溶血反应

37. 属于 Ⅲ型超敏反应的是
 A. 类风湿关节炎　　　B. 荨麻疹
 C. 移植排斥反应　　　D. 新生儿溶血症
 E. Graves 病

38. 下列哪项属于人工主动免疫
 A. 胎儿经胎盘获得母体 IgG
 B. 注射丙种球蛋白
 C. 注射破伤风抗毒素
 D. 患传染病
 E. 接种乙肝疫苗

39. 下列哪项属于人工被动免疫
 A. 经初乳获得 sIgA　　B. 注射"白百破"
 C. 注射破伤风抗毒素　D. 患传染病后
 E. 接种乙脑疫苗

40. 关于玻片凝集试验,错误的叙述是
 A. 常用于定性试验
 B. 常用已知抗体检测未知抗原

 C. 鉴定血型常用
 D. 可用于鉴定细菌
 E. 阳性结果是出现白色沉淀物

41. ELISA 双抗体夹心法通常用于检测
 A. 大分子抗原　　B. 抗体　　C. 酶标抗体
 D. 酶底物　　　　E. 酶标抗原

B 型题
 A. IgG　　　B. sIgA　　　C. IgM
 D. IgD　　　E. IgE

1. 黏膜局部抗感染的主要 Ig 是
2. 宫内感染有诊断价值的 Ig 是
3. 可引起调理作用的 Ig 是
4. 参与 Ⅰ 型超敏反应的 Ig 是
5. 能通过胎盘的 Ig 是
6. 功能尚不明确的是
7. 血型抗体是
8. 血清中相对含量最高的是
9. 分子质量最大的是
10. 血清中相对含量最低的是
 A. 斑点金免疫层析试验
 B. ELISA
 C. 肥达试验
 D. 玻片法直接凝集试验
 E. 间接凝集试验
11. 鉴定血型常用
12. 辅助诊断伤寒常用试验是
13. HIV 感染筛查试验常用
14. 常用于妊娠诊断的是
15. 检查类风湿因子常用的是
 A. 死疫苗　　　B. 活疫苗　　　C. 类毒素
 D. 抗毒素血清　E. 亚单位疫苗
16. 与相应外毒素具有相同免疫原性的物质
17. 用免疫原性强而且无毒的活微生物制备而成
18. 注射前必须皮试、宜早期足量使用的免疫制剂是
19. 提取病原微生物有效抗原成分制成的疫苗
 A. ABO 血型不符　　　B. 中等大小免疫复合物
 C. 结核杆菌　　　　　D. HLA
 E. 类风湿因子
20. 与移植排斥反应直接相关的是
21. 与急性肾小球肾炎发病机制有关的是
22. 输血反应的常见原因是
23. 类风湿关节炎的原因是
24. 可引起传染性迟发型超敏反应的是

四、简答题

1. 说出机体的免疫功能。
2. 对人来说动物免疫血清为什么既是抗体又是抗原？
3. 列出医学上的重要抗原及其医学意义。
4. 简述免疫系统的组成及功能。
5. 列举 T 细胞的种类及其主要作用。
6. 比较各类 Ig 的结构、特点、功能。
7. 免疫球蛋白有何生物学功能？
8. 补体有哪些生物学作用？
9. 简述免疫应答的基本过程。
10. 简述抗体产生的规律及医学意义。
11. 比较体液免疫与细胞免疫的生物学效应。
12. 比较非特异性免疫和特异性免疫的特点。
13. 简述抗胞外菌感染免疫的特点。
14. 简述抗胞内菌感染免疫的特点。
15. 以青霉素过敏性休克为例，说明 I 型超敏反应的发生机制。
16. 简述 I 型超敏反应的防治原则。
17. 分析化脓性扁桃体炎患者为什么应及时治疗而不能拖延。
18. 人工主动免疫与人工被动免疫有何区别？
19. 免疫标记技术常用方法有哪些？

第四章 常见病原菌

细菌中的绝大多数对人类是有益的,有些甚至是必需的。然而也有少部分病原菌隐藏在我们生活中,引起各种疾病,如化脓性疾病、大叶性肺炎、食物中毒、细菌性痢疾、破伤风等。另外,如Ⅰ类传染病鼠疫、Ⅱ类传染病伤寒等的病原体也是病原菌。

第一节 化脓性球菌

病原性球菌主要引起化脓性炎症,又称为化脓性球菌。根据革兰染色不同分为两类:革兰阳性的葡萄球菌、链球菌、肺炎链球菌;革兰阴性的脑膜炎奈瑟菌、淋病奈瑟菌等。

一、 葡萄球菌属

葡萄球菌属因常堆积成葡萄串状而得名(图 4-1),是最常见的化脓性细菌,80%以上的化脓性疾病由它引起。医务人员的带菌率可高达70%,是医院内感染的重要传染源。

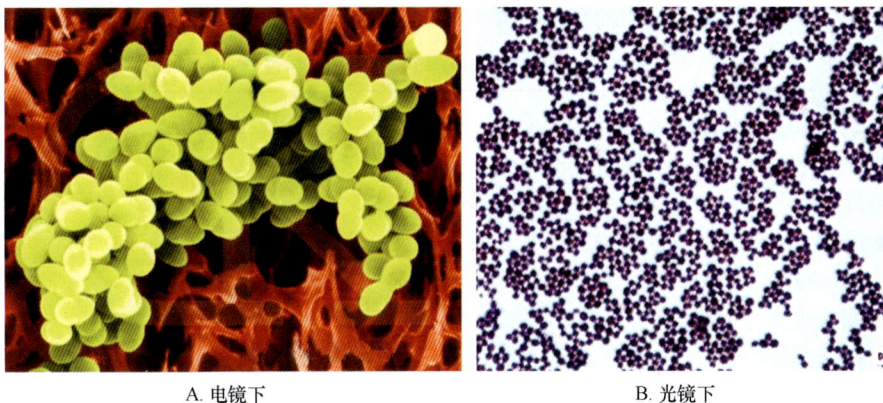

A. 电镜下　　　　　　　　　　　　　B. 光镜下

图 4-1　葡萄球菌

案例 4-1

一次课间餐被细菌污染后的代价

2006年10月11日,中山大学附属小学在进食课间餐后,有185名学生出现恶心、呕吐、腹痛、腹泻等症状,呕吐较明显,伴有低热、白细胞升高。取呕吐物及剩余食物进行微生物学检查,镜下查见革兰阳性菌,呈葡萄串状排列,普通培养基培养可见圆形、中等大小、金黄色菌落。

问题:

1. 患者的初步诊断是何病?
2. 由何种细菌引起?

案例 4-1 分析

本病为金黄色葡萄球菌引起的食物中毒。

（一）生物学性状

1. 形态与染色　球形,典型者排列呈葡萄串状,在脓汁或液体培养基中常成双或短链状排列。革兰染色阳性,衰老、死亡或被中性粒细胞吞噬后的菌体常转为革兰阴性。

2. 培养和生化反应　在普通培养基上生长良好,最适生长温度为 37℃,最适 pH7.4,需氧或兼性厌氧。耐盐性强,能在含 10%～15% NaCl 培养基中生长。液体培养基中呈均匀混浊生长。普通琼脂平板上可形成圆形、凸起、边缘整齐、表面光滑、湿润、不透明的菌落。不同的菌株各产生金黄色、白色、柠檬色不同颜色的脂溶性色素,有助于鉴别细菌。在血琼脂平板上,有的菌株菌落周围形成明显的全透明溶血环（β 溶血）。触酶试验阳性,多数菌株能分解葡萄糖、麦芽糖和蔗糖,产酸不产气。致病性菌株能分解甘露醇。

3. 抗原构造　有 30 多种,其中最重要者为葡萄球菌 A 蛋白（SPA）,SPA 是存在于细胞壁的一种表面蛋白,90%以上金黄色葡萄球菌株有此抗原。其次,还有荚膜抗原、多糖抗原等。

4. 分类　根据色素和生化反应不同分为金黄色葡萄球菌、表皮葡萄球菌和腐生葡萄球菌三种,其主要生物学性状见表 4-1。

表 4-1　三种葡萄球菌的主要生物学性状

性状	金黄色葡萄球菌	表皮葡萄球菌	腐生葡萄球菌
菌落色素	金黄色	白色	白色或柠檬色
凝固酶	+	-	-
葡萄糖	+	+	-
甘露醇发酵	+	-	-
α溶血素	+	-	-
耐热核酸酶	+	-	-
SPA	+	-	-
磷壁酸类型	核糖醇型	甘油型	两者兼有
噬菌体分型	多数能	不能	不能
致病性	强	弱或无	无

5. 抵抗力　在无芽胞细菌中抵抗力最强,在干燥的脓汁、痰液中可存活数月;加热 80℃、30min 才被杀死;对碱性染料敏感,例如,1∶200 000～1∶100 000 甲紫溶液可抑制其生长,故常用 2%～4%的甲紫治疗皮肤黏膜感染。随着抗生素的广泛使用,耐药菌株逐年增多。目前,金黄色葡萄球菌对青霉素 G 的耐药菌株已达 90%以上,尤其是耐甲氧西林金黄色葡萄球菌（MRSA）已成为医院内感染最常见的致病菌。

（二）致病性

1. 致病物质

（1）血浆凝固酶：能使人或兔血浆发生凝固,鉴别葡萄球菌有无致病性的重要指标。血浆凝固酶有两种:一种是分泌至菌体外的能使纤维蛋白原变成纤维蛋白沉积在病灶周围的游离凝固酶;另一种是结合于菌体表面的能使血浆纤维蛋白沉积于菌体表面的结合凝固酶。两种均能阻止吞噬细胞对细菌的吞噬与杀灭,保护细菌免受体液中杀菌物质的破坏,并使感染局限化,且脓汁黏稠。

（2）葡萄球菌溶血素：是损伤细胞膜的外毒素,能溶解多种哺乳动物的红细胞,对白细胞、血小板和多种组织细胞均有损伤作用。还能使局部小血管收缩,导致局部组织缺血或坏死。

（3）杀白细胞素：攻击中性粒细胞和巨噬细胞,使细菌能抵抗宿主吞噬细胞吞噬,增强葡萄球菌的侵袭力。

（4）肠毒素：约50%临床分离的金黄色葡萄球菌可产生肠毒素。为外毒素,耐热,100℃、30min不被破坏,能抵抗胃液中蛋白酶的水解作用。食入肠毒素可引起以腹泻等消化道症状为主要症状的食物中毒。

（5）表皮剥脱毒素：又称表皮溶解毒素,为外毒素,具有免疫原性。表皮剥脱毒素可使表皮与真皮分离,引起烫伤样皮肤综合征,也称剥脱性皮炎。

（6）毒性休克综合征毒素-1（TSST-1）：可增加宿主机体对内毒素的敏感性,使毛细血管通透性增强,可引起机体多个器官系统的功能紊乱或毒性休克综合征。

2. 所致疾病

（1）化脓性炎症：①皮肤软组织感染,如毛囊炎、疖、痈、睑腺炎、甲沟炎、伤口化脓等。其特点是脓汁黄而黏稠,病灶多局限,与周围组织界限明显。②内脏器官感染,金黄色葡萄球菌进入血流,并随血流播散,可引起肺炎、中耳炎、胸膜炎等。③全身感染,若外力挤压疖、痈或切开未成熟脓肿可导致细菌扩散,引起败血症、脓毒血症等。

（2）毒素性疾病：一般由金黄色葡萄球菌产生的相关外毒素引起。①食物中毒,由肠毒素引起。食入被肠毒素污染的食物1~6h后出现剧烈的恶心、呕吐及腹泻症状,呕吐最为突出。发病1~2天可自行恢复,预后良好。②烫伤样皮肤综合征,由产生表皮剥脱毒素的金黄色葡萄球菌引起。初起皮肤出现弥漫性红斑,48h内表皮起皱,继而形成水疱,最后表皮上层脱落。③毒性休克综合征,由产生TSST-1的金黄色葡萄球菌引起。表现为突发的高热、呕吐、腹泻、皮肤猩红热样皮疹。严重者可出现低血压及心肾衰竭,导致休克。④葡萄球菌性肠炎:又称假膜性肠炎。正常人群中有10%~15%的人肠道中寄生有少量金黄色葡萄球菌。由于长期使用广谱抗生素,杀灭肠道中不耐药的优势菌群,如脆弱类杆菌、大肠埃希菌等,耐药的金黄色葡萄球菌大量繁殖产生肠毒素,引起以腹泻为主的临床症状。葡萄球菌性肠炎本质是一种菌群失调性肠炎,病理特点是肠黏膜覆盖一层由炎症渗出物、肠黏膜坏死组织和细菌组成的炎性假膜。

（三）微生物学检查

1. 标本采集　根据不同疾病采取不同标本,如脓汁、分泌液、脑脊液、血液、呕吐物、粪便。

2. 直接涂片镜检　取标本直接涂片革兰染色后油镜下观察,发现革兰阳性球菌,葡萄串状排列,可作初步诊断。

3. 分离培养和鉴定 将脓汁标本接种血琼脂平板(血液标本需先增菌),培养后挑取可疑菌落涂片革兰染色,根据菌体形态、染色性、菌落特征和通过血浆凝固酶试验、甘露醇发酵试验及耐热核酸酶试验等进行鉴定。

4. 肠毒素检查 目前主要采用免疫学方法检测肠毒素,其中以 ELISA 法为实用,ELISA 法可检测到纳克水平的肠毒素,且能在 30min 内完成。

(四) 防治原则

1. 讲卫生,保持皮肤清洁,创伤应及时消毒处理。严格无菌操作,防止医院内交叉感染。

2. 加强食品卫生监督管理,防止葡萄球菌引起的食物中毒。

3. 合理使用抗生素,选用敏感药物进行治疗,预防耐药菌株形成。

考点:葡萄球菌的培养、抵抗力特点;葡萄球菌肠毒素的特点;葡萄球菌可引起的疾病

二、链球菌属

链球菌属是引起化脓性感染的另一大类常见细菌。

(一) 生物学性状

1. 形态与染色 球形或椭圆形,链状排列,长短不一,链的长短与菌种、生长环境有关,幼龄菌大多可见到透明质酸形成的荚膜,革兰阳性(图 4-2)。

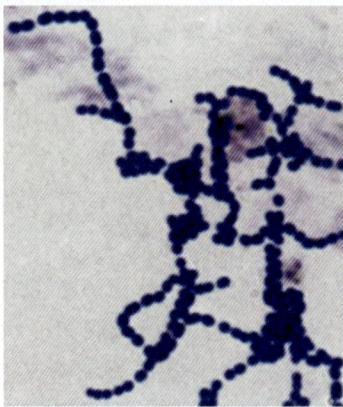
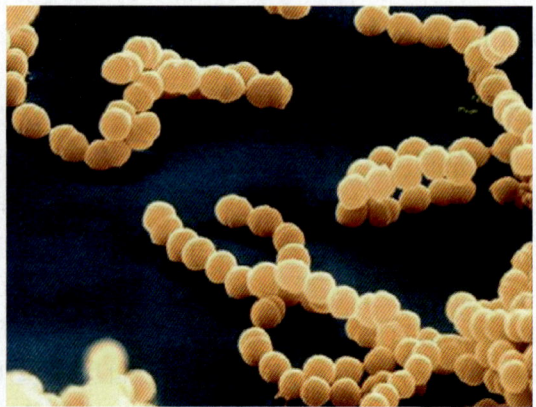

光镜图　　　　　　　　　　　　　　　　电镜图

图 4-2　链球菌

2. 培养与生化反应 营养要求高,需要含血清或血液的培养基才能生长。在血平板上形成灰白、凸起的细小菌落,不同菌株的菌落周围可出现不同的溶血现象,如透明溶血(β 溶血)、草绿色溶血(α 溶血)和不溶血。需氧或兼性厌氧,少数为专性厌氧。最适生长温度为 37℃,最适 pH7.4~7.6。在液体培养基中形成絮状沉淀于管底;在血平板上可形成圆形、灰白色、表面光滑、透明或半透明的细小菌落,不同菌株溶血情况不一。能分解葡萄糖,一般不分解菊糖,不被胆汁溶解。

3. 抗原构造 链球菌抗原构造较复杂,主要有多糖抗原或称 C 抗原、蛋白质抗原或称表面抗原、核蛋白抗原或称 P 抗原等。

4. 分类 根据溶血现象分为三种链球菌,其致病性也不同(表 4-2)。根据抗原结构

分类:按细胞壁中多糖抗原不同,可分为 20 群,对人致病的球菌 90% 属于 A 群。A 群链球菌根据 M 抗原不同可分成 100 多个型。

表 4-2　三种链球菌的溶血现象及致病性

类别	名称	溶血现象	致病性
甲型溶血性链球菌	α溶血	草绿色溶血环	条件致病菌
乙型溶血性链球菌	β溶血	宽大透明溶血环	致病性强
丙型链球菌	γ溶血	无溶血环	一般无致病性

5. 抵抗力　本菌抵抗力不强,加热 60℃ 、30min 死亡;在干燥尘埃中可存活数月;对一般消毒剂敏感;对青霉素、红霉素、氯霉素、四环素和磺胺药等均敏感,青霉素是链球菌的首选药物,极少产生耐药性。

（二）致病性

主要致病菌是 A 群链球菌,其较强的侵袭力取决于能产生多种胞外酶及毒素。

1. 致病物质

（1）与侵袭力有关的物质

1）脂磷壁酸(LTA):围绕在 M 蛋白外层,是该菌定居在机体皮肤和呼吸道黏膜等表面的主要侵袭因素。

2）M 蛋白:具有抗吞噬作用及抗吞噬细胞内的杀菌作用。M 蛋白与心肌、肾小球基底膜有共同抗原,能刺激机体产生特异性抗体,损伤心脏、肾脏等组织,引起超敏反应。

3）侵袭性酶:①链激酶(SK),又称链球菌溶纤维蛋白酶,能使血液中的纤维蛋白酶原转化成纤维蛋白酶,可溶解血块或阻止血液凝固,有利于细菌扩散;②链道酶(SD),又称链球菌 DNA 酶,能降解脓液中高黏性 DNA,使脓液稀薄,有利于细菌扩散;③透明质酸酶,又称扩散因子,能分解细胞间质的透明质酸,使细菌易在组织中扩散。

（2）外毒素

1）链球菌溶血素:有溶解红细胞,破坏白细胞、血小板及毒害心肌的作用,按对氧的稳定性分为溶血素 O 和溶血素 S 两种。①链球菌溶血素 O(SLO),对氧敏感,遇氧时失去溶血活性。SLO 抗原性强,85% ~90% 的链球菌感染者,于感染后 2~3 周至病后数月到 1年内可检出 SLO 的抗体,风湿热患者血清中 SLO 抗体效价明显升高。因此,测定 SLO 抗体效价可作为链球菌感染和风湿热的辅助诊断。②链球菌溶血素 S(SLS),无免疫原性,对氧稳定,血平板所见透明溶血环是由 SLS 所引起。

2）致热外毒素:又称红疹毒素或猩红热毒素,是人类猩红热的主要致病物质,属外毒素,是蛋白质,对热稳定,对机体具有致热作用和细胞毒作用,引起发热和皮疹。

2. 所致疾病　链球菌可引起人类多种疾病,其中 A 群链球菌占 90% 以上,可分为化脓性感染、毒素性疾病及超敏反应性疾病。

（1）化脓性感染:①局部皮肤及皮下组织感染,如丹毒、淋巴管炎、蜂窝织炎、痈、脓疱疮等,其特点是脓汁稀薄,病灶与周围组织界限不清,感染易扩散;②其他系统感染,如扁桃体炎、咽炎、鼻窦炎、中耳炎及产褥热等。

（2）毒素性疾病:如猩红热,是由产生致热外毒素的 A 族链球菌引起的呼吸道传染病。临床特征为发热、全身弥漫性鲜红色皮疹及皮疹退后明显的脱屑。

（3）超敏反应性疾病

1）风湿热：临床表现以关节炎、心肌炎为主。其致病机制：①链球菌的某些抗原和心肌有共同抗原，机体针对链球菌产生的抗体与其发生交叉反应，属Ⅱ型超敏反应；②M蛋白和相应抗体形成的免疫复合物沉积于心瓣膜和关节滑膜腔上造成，属Ⅲ型超敏反应。

2）急性肾小球肾炎：多见于儿童和少年，临床表现为蛋白尿、水肿和高血压。其致病机制与风湿热相同。

（三）微生物学检查法

1. 标本　根据不同疾病采取不同的标本。可取脓液、咽拭子、血液等。

2. 直接涂片镜检　脓液标本可直接涂片，革兰染色后镜检。发现典型链状排列的革兰阳性球菌可初步诊断。

3. 分离培养和鉴定　将标本接种于血琼脂平板（血液标本需先增菌），培养后挑取可疑菌落涂片染色镜检，根据菌体形态、染色性、菌落特点、溶血性及有关试验进行鉴定。

4. 血清学试验　抗链球菌溶血素O试验，简称抗O试验，用于风湿热的辅助诊断。风湿热患者血清中抗O抗体比正常人显著增高，大多在250U，活动性风湿热患者一般超过400U。

（四）防治原则

1. 讲究卫生，及时治疗患者和带菌者，控制或减少传染源。

2. 早期彻底治疗咽炎、扁桃体炎，防止风湿热、急性肾小球肾炎的发生。

3. 治疗链球菌感染的首选药物为青霉素。

考点：链球菌的生物学性状；链球菌的分类；A群链球菌的致病物质；链球菌所致疾病，抗O的全称及意义

三、肺炎链球菌

肺炎链球菌简称肺炎球菌，常寄居于正常人的鼻咽腔中，一般不致病，少数菌株可以引起大叶性肺炎等疾病。

（一）生物学性状

1. 形态与染色　菌体呈矛头状，宽端相对，尖端相背，多成双排列，在痰液、脓汁、肺组织病变中也可呈单个或短链状。在机体内或含血清培养基中可形成较厚的荚膜，此为本菌的重要特征，革兰染色阳性（图4-3）。

2. 培养特性　营养要求较高，在含血液或血清的培养基中生长，兼性厌氧。最适合生长温度为37℃，pH为7.4～7.8。在血平板上生长的菌落细

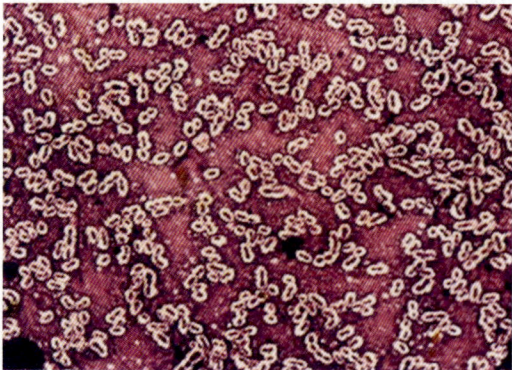

图4-3　肺炎链球菌

小、圆形、光滑、扁平、透明或半透明，直径0.5～1.5mm，菌落周围有狭窄的草绿色溶血环。

3. 抗原构造　荚膜多糖抗原和菌体抗原。

4. 抵抗力　较弱，56℃、15～30min即被杀死。对一般消毒剂、肥皂等敏感，在3%苯酚或0.1%升汞溶液中1～2min即死亡。干燥痰中抵抗力较强，在干痰中可存活1～2个

月。对青霉素、红霉素、林可霉素等敏感。

（二）致病性

1. 致病物质 本菌的致病物质主要是荚膜。此外，该菌产生的溶血素 O、紫癜形成因子及神经氨酸酶等物质也与致病性有关。

2. 所致疾病 正常寄居在上呼吸道，不致病，只有当机体抵抗力减弱时，尤其在呼吸道病毒感染后或婴幼儿、老年体弱者易引起大叶性肺炎。患者出现发热、咳嗽、胸痛、咳铁锈色痰。可继发胸膜炎、脓胸，也可引起支气管肺炎、中耳炎、乳突炎、鼻窦炎、心内膜炎、脑膜炎及败血症等。病后可建立较牢固的特异性免疫，其免疫机制是产生抗荚膜多糖抗体，增强吞噬功能。

（三）微生物学检查法

根据不同疾病采取不同标本，如痰液、脓液、血液、脑脊液等。可直接涂片镜检，如发现成双排列、有荚膜的革兰阳性球菌，即可作出初步诊断。

（四）防治原则

1. 锻炼身体，增强体质，提高机体免疫力。
2. 用荚膜多糖菌苗接种进行特异性预防。
3. 可选用青霉素、林可霉素、四环素等进行治疗。

四、脑膜炎奈瑟菌

脑膜炎奈瑟菌简称脑膜炎球菌，属奈瑟菌属，是流行性脑脊髓膜炎（流脑）的病原菌。

（一）生物学性状

1. 形态与染色 肾形或豆形，凹面相对，成双排列，有菌毛，革兰阴性。在患者脑脊液中细菌大多位于中性粒细胞内，形态典型，具有早期诊断的价值。新分离菌株多有荚膜和菌毛（图 4-4）。

2. 培养特性 营养要求高，常用巧克力培养基，在含有血清、腹水等的培养基中才能生长，分解糖类产酸，不产气。专性需氧，初次分离需 5%～10% CO_2。在巧克力平板上形成圆形、隆起、光滑、无色透明似露滴状的细小菌落。因产生自溶酶，超过 48h 即死亡。

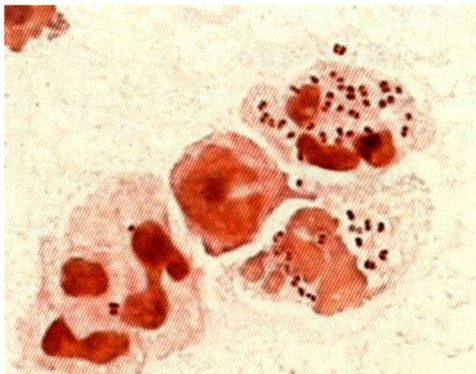

图 4-4 脑膜炎奈瑟菌

3. 抗原构造 脑膜炎球菌的抗原主要有荚膜多糖群特异性抗原、外膜蛋白型特异性抗原、脂多糖抗原和核蛋白抗原。

4. 抵抗力 很弱，对热、寒冷、干燥及常用消毒剂均敏感。室温中 3h 死亡，可产生自溶酶，所以标本应注意保温、保湿，最好床边接种。对青霉素、磺胺药均敏感，但易产生耐药性。

考点： 肺炎链球菌属细菌的形态学主要特点；肺炎链球菌感染人类可以引起的疾病

（二）致病性与免疫性

1. 致病物质

（1）荚膜：具有抗吞噬作用，能增强细菌对机体的侵袭力。

（2）菌毛：能使细菌黏附在呼吸道上皮细胞表面，有利于细菌在机体内附着、定居和繁殖。

（3）内毒素：是主要致病物质。内毒素作用于小血管或毛细血管，引起血栓、出血。

2. 所致疾病

可致流行性脑脊髓膜炎。其传染源是患者和带菌者。该菌可寄生于正常人的鼻咽腔，流行期间人群中带菌率高达 20%～70%。主要通过呼吸道或接触到被污染的物品传播，冬春季流行，易感者多为 15 岁以下儿童。脑膜炎球菌首先侵入鼻咽部繁殖。发病轻重与机体免疫力强弱有关，机体免疫力强者，多无症状或只表现上呼吸道炎症；只有少数机体免疫力低下者，细菌大量繁殖后入血引起菌血症或败血症，患者突然出现寒战、高热、恶心、呕吐、皮肤黏膜出血点或瘀斑。重者可因细菌突破血脑屏障引起脑脊髓膜化脓性炎症，出现剧烈头痛、喷射性呕吐、颈项强直等脑膜刺激症状，甚至可出现中毒性休克、DIC 或死亡。

3. 免疫性

以体液免疫为主。6 个月内的婴儿通过母体获得 IgG 抗体，很少发生感染。6 个月后来自母体的抗体水平逐渐下降，婴儿对脑膜炎球菌的易感性逐渐增强，故 6 个月~2 岁年龄组婴儿免疫力最低，且血脑屏障发育不完全，故发病率高于成人。

（三）微生物学检查法

1. 标本

可取脑脊液、血液或刺破出血瘀斑取渗出物作涂片或培养。带菌者检查可取鼻咽拭子。标本注意保暖、保湿，并立即送检，最好是床边接种。

2. 直接涂片镜检

取标本涂片，革兰染色后镜检。如在中性粒细胞内、外有革兰染色阴性双球菌时，可初步诊断。

3. 分离培养与鉴定

血液与脑脊液先增菌，再接种到巧克力平板上，置于含 5%～10% CO_2 的环境中孵育。挑取可疑菌落涂片镜检，并做生化反应及玻片凝集试验进行鉴定。

4. 快速诊断法

脑膜炎患者脑脊液及血清中存在脑膜炎奈瑟菌可溶性抗原。因此，可采用已知的抗体检测有无相应的抗原。常用对流免疫电泳和SPA协同凝集试验。

（四）防治原则

1. 对患者做到早发现、早隔离、早治疗。

2. 对易感儿童注射纯化流脑群特异性多糖菌苗，进行特异性预防。流行期间可口服磺胺药物预防。

3. 治疗流脑首选磺胺，也可用青霉素、氯霉素或氨苄西林治疗。

考点：脑膜炎奈瑟菌的抵抗力；流脑的传播季节和传播途径，脑膜炎奈瑟菌感染人类可以引起哪些疾病？

五、淋病奈瑟菌

淋病奈瑟菌简称淋球菌，属奈瑟菌属，是淋病的病原体，淋病是我国目前发病人数最多的性传播疾病。淋病奈瑟菌主要侵犯人类泌尿生殖道黏膜，引起化脓性炎症。

（一）生物学性状

案例 4-2

"一夜情"的不良后果

患者，男，35岁。自诉在出差时和一位女士在宾馆有过一次不洁性接触。1周后出现尿道不适、轻度瘙痒、尿频、尿急、尿道烧灼样疼痛等症状，自己到药店购买广告上宣传的抗感染类消炎药，服用5天，症状不见好转，反而逐渐加重，晨起尿道口有白色黏液分泌物出现，遂到医院就诊。

问题：

1. 患者有可能感染什么细菌？

2. 通过什么途径感染？

案例 4-2 分析

经分析，是淋球菌，通过接触感染。

1. 形态与染色　形态与脑膜炎奈瑟菌相似，圆形或卵圆形，常成双排列，革兰染色阴性。急性期标本中本菌常位于中性粒细胞内，慢性期则多位于中性粒细胞外。有菌毛，分离初期有荚膜（图4-5）。

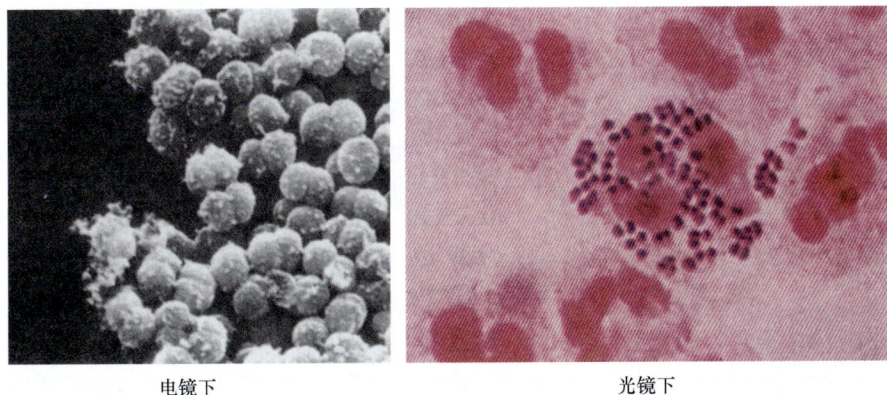

电镜下　　　　　光镜下

图 4-5　淋病奈瑟菌

2. 培养特性　营养要求高，常用巧克力培养基，专性需氧。最适生长温度为35～36℃，最适 pH7.5，初次分离需 5%～10% CO_2。在巧克力平板上形成圆形、隆起、光滑、半透明、灰白色的细小菌落。

3. 抗原构造　淋病奈瑟菌的抗原主要有菌毛蛋白抗原、脂多糖抗原和外膜蛋白抗原。

4. 抵抗力　抵抗力弱，对热、寒冷、干燥及常用消毒剂极敏感。对青霉素、磺胺和链霉素等均敏感，但耐药菌株越来越多。

（二）致病性

1. 致病物质

（1）菌毛：增强细菌与易感细胞的黏附作用。

（2）脂多糖：脂多糖可使上皮细胞坏死、脱落，引起急性炎症反应。

（3）外膜蛋白：可损伤吞噬细胞，抵抗吞噬。

（4）IgA1蛋白酶：破坏黏膜表面特异性IgA1抗体，使细菌黏附于黏膜细胞表面。

2. 所致疾病 淋病。淋病是发病率最高的性传播疾病。人是淋病奈瑟菌唯一宿主。传染源为患者和带菌者。经性接触传染,也可经患者分泌物污染的衣物、毛巾、浴盆等间接传染,引起男、女泌尿生殖道化脓性感染。潜伏期2~5天,感染初期表现为男性前尿道炎、女性尿道炎与宫颈炎,患者出现尿频、尿急、尿痛,尿道、宫颈有脓性分泌物。如不及时治疗可扩散到生殖系统,引起慢性感染和不孕症。新生儿可通过产道感染,引起淋病性眼结膜炎,有大量脓性分泌物排出,又称脓漏眼。

（三）微生物学检查法

1. 标本 采取泌尿生殖道、眼结膜脓性分泌物。淋病奈瑟菌抵抗力弱,标本采集后应注意保湿保温,并尽快检测。

2. 直接涂片镜检 标本直接涂片,革兰染色镜检。如观察到中性粒细胞内大量成双排列的革兰阴性球菌时,具有诊断意义。

3. 分离培养与鉴定 将标本划线接种于预温的巧克力色琼脂平板上,在5%~10% CO_2环境中培养24~48h,挑选可疑菌落涂片染色镜检,进一步鉴定可进行氧化酶试验、糖发酵试验、免疫荧光试验等。

4. 核酸检测 采用PCR检测淋病奈瑟菌特异的核酸序列,具有快速、敏感和特异的特点。

（四）防治原则

预防淋病应取缔娼妓,防止不正当的两性关系。婴儿出生时,不论产妇有无淋病,都应以1%硝酸银滴眼。治疗可使用青霉素、新青霉素等药物,在治疗淋病患者的同时,还应该治疗其性伙伴。因近年耐药菌株增加,须根据药敏试验来指导临床用药。

考点：淋球菌的抵抗力；淋病的传染途径；怎样防治淋病

小结

葡萄球菌是最常见的化脓性细菌。化脓性感染特点为脓汁黄而黏稠,病灶多局限,与周围组织界限明显。治疗前做药敏试验来指导临床用药。

引起化脓性感染的链球菌以A群多见。化脓性感染特点是脓汁稀薄,病灶与周围组织界限不清。抗O试验可测定近期链球菌感染。治疗首选青霉素。

肺炎链球菌可通过形态排列进行鉴别,是人类鼻咽部正常菌群,多为继发感染,主要致病物质是荚膜,是大叶性肺炎的主要病原菌。

脑膜炎奈瑟菌是流行性脑脊髓膜炎（流脑）的病原体。由呼吸道传播。特异性预防接种流脑荚膜多糖疫苗可预防流脑。

淋病奈瑟菌引起淋病,通过性接触传播,治疗首选青霉素。1%硝酸银滴眼,可预防新生儿淋病性眼结膜炎。

（潘运珍）

第二节 肠道杆菌

肠道杆菌是一大群寄居在人和动物肠道的生物学性状相似的革兰阴性杆菌。多数属肠道正常菌群,但当人体免疫力低下或细菌侵入肠道以外部位时,也可引起疾病。少数为致病菌,如伤寒杆菌、痢疾杆菌、致病性大肠埃希菌等,引起肠道疾病。

链 接

肠道杆菌

肠道杆菌数量是人体细胞的 10 倍,质量是人体体重的 1/100～1/50,多为人体肠道内的正常菌群。肠道菌群编码了上百万个与物质代谢转化有关的基因,是人体内一个不可忽视的"代谢器官",合成人类必需的一些营养物质,参与和影响人体的整体代谢。研究表明,儿童自闭症、老年痴呆、肥胖症等与肠道菌群有重要关系。

肠道杆菌具有下列共同特点。

1. 形态与结构 中等大小两端钝圆的革兰阴性杆菌。无芽胞、多数有周身鞭毛、少数有荚膜。大多数有菌毛。

2. 培养特性 兼性厌氧菌,在普通培养基上生长良好,菌落光滑、凸起、湿润,边缘整齐,灰白色,直径 2～3mm。各种菌菌落相似,在液体培养基中呈均匀混浊生长。

3. 生化反应 生化反应活泼,能分解多种糖类和蛋白质,产生不同的代谢产物,常用于鉴别不同的菌属和菌种。一般大肠埃希菌等非致病菌能分解乳糖,致病菌不分解乳糖。因此,能否分解乳糖可作为肠道致病菌和非致病菌的初步鉴别依据。

4. 抗原构造 肠道杆菌抗原构造复杂,主要有菌体(O)抗原、鞭毛(H)抗原、荚膜或包膜(K)抗原。O 抗原为耐热性菌体抗原,为细菌细胞壁的成分,化学成分是脂多糖。H 抗原存在于鞭毛中,化学成分是蛋白质,不耐热,60℃、30min 即被破坏。K 抗原位于 O 抗原外围,性质为多糖类;重要的 K 抗原有伤寒杆菌的 Vi 抗原、大肠埃希菌的 K 抗原等。

5. 抵抗力 抵抗力不强,加热 60℃、30min 即死亡。对一般消毒剂敏感。但在自然界生存力强,在水和冰中可生存数月。对氯霉素、合霉素均敏感,但易产生耐药性。胆盐、煌绿对大肠埃希菌等非致病菌有选择性的抑制作用,可制备肠道杆菌选择性培养基以分离肠道致病菌。

考点:肠道杆菌的共同特性;肠道杆菌有无致病的初步鉴定依据

一、埃希菌属

埃希菌属的细菌一般不致病,是人类与动物肠道中的正常菌群,其中以大肠埃希菌最为重要,大肠埃希菌又称大肠杆菌。

(一) 生物学性状

多数菌株有周鞭毛,能运动,有菌毛。在选择性培养基上形成有颜色、不透明、较大的菌落(图 4-6)。主要有 O、H、K 三种抗原。O 抗原为脂多糖,已有 171 种,是分群的基础。H 抗原为蛋白质,有 60 余种。K 抗原有 103 种,为荚膜多糖抗原。

(二) 致病性

大肠埃希菌在肠道内一般是不致病的,如侵入肠外组织或器官则可引起肠外感染,以化脓性炎症最为常见,如尿道炎、膀胱炎、肾盂肾炎、腹膜炎、胆囊炎、阑尾炎、手术创口感染等。在婴儿、老年人或免疫功能低下者,大肠埃希菌可引起败血症。大肠埃希菌还可引起新生儿脑膜炎。

大肠埃希菌的某些血清型能引起人类腹泻。根据其致病机制不同,分为 5 种类型。

1. 肠产毒性大肠埃希菌 是婴幼儿和旅游者腹泻的最常见病原菌。临床上可表现轻度腹泻,也可出现严重的霍乱样水泻。致病因素是不耐热肠毒素或耐热肠毒素,或两

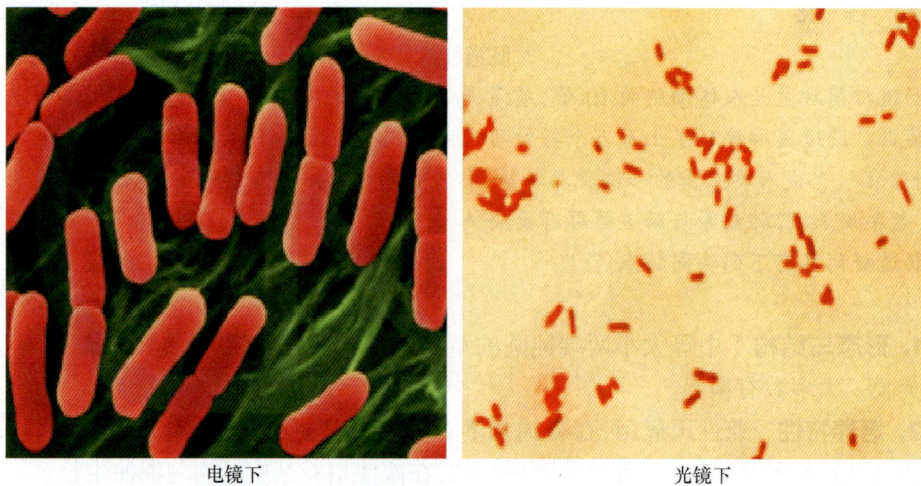

电镜下   光镜下

图 4-6   大肠埃希菌

者同时致病。有些菌株有菌毛。鉴定肠产毒性大肠埃希菌主要是测定大肠埃希菌肠毒素，血清型可供参考。

2. 肠致病性大肠埃希菌   是婴儿腹泻的主要病原菌，有高度传染性，严重者可致死，成人少见。细菌主要在十二指肠、空肠和回肠上段大量繁殖，致使黏膜上皮细胞结构和功能受损，造成严重腹泻。肠致病性大肠埃希菌不产生热敏肠毒素或耐热肠毒素。鉴定肠致病性大肠埃希菌可根据临床表现与血清型。

3. 肠侵袭性大肠埃希菌   较少见。主要侵犯较大儿童和成人。所致疾病似细菌性痢疾，故又称志贺样大肠埃希菌。肠侵袭性大肠埃希菌不产生肠毒素，但有侵袭力。能侵入结肠黏膜上皮细胞，生长繁殖产生的内毒素使细胞破坏，形成炎症和溃疡，引起腹泻，大便为黏液血性便。许多菌株无动力，生化反应和抗原结构均近似痢疾杆菌，若不注意，易误诊为痢疾杆菌。它也可引起豚鼠角膜结膜炎。临床上可借此协助鉴定肠侵袭性大肠埃希菌。

4. 肠出血性大肠埃希菌   引起散发性或暴发性出血性结肠炎，可产生志贺毒素样细胞毒素。

5. 肠集聚型大肠埃希菌   引起婴儿和旅行者持续性水样腹泻，伴脱水，偶有血便。

（三）细菌学检查

大肠埃希菌不断随粪便排出体外，污染周围环境和水源、食品等。取样检查时，样品中大肠埃希菌越多，表示样品被粪便污染越严重，故应对饮水、食品、饮料进行卫生细菌学检查。

1. 细菌总数   检测每毫升或每克样品中所含细菌数，采用倾注培养法计算。我国规定的卫生标准是每毫升饮水、汽水、果汁细菌总数不得超过 100 个。

2. 大肠菌群指数   指每升水中大肠菌群数，采用乳糖发酵法检测，凡在 37℃ 培养 24h 能发酵乳糖产酸产气者为阳性。我国的卫生标准是每升饮水中大肠菌群数不得超过 3 个，每 100ml 瓶装汽水、果汁中大肠菌群数不得超过 5 个。

考点： 大肠埃希菌细菌学检查的卫生学意义。致病性大肠埃希菌的分类

二、志贺菌属

志贺菌属是细菌性痢疾的病原菌,俗称痢疾杆菌。

案例 4-3

吃不洁食物的教训

患者,男,20 岁,发热 1 天,腹泻 6~8 次,初为稀便,后转为黏液脓血便,伴腹痛、里急后重。病前生吃过未洗的黄瓜。大便常规检查:黏液便,红细胞、白细胞满视野,可见巨噬细胞。

问题:

1. 该男性有可能感染了什么细菌?
2. 如何进一步明确病因?

案例 4-3 分析

根据饮食特点和检查结果及症状,分析该男性有可能患了细菌性痢疾。进一步明确病因,还需取黏液脓血便进行分离培养和鉴定。

(一) 生物学性状

本菌属与其他肠道杆菌所不同的是细菌无鞭毛。除宋内志贺菌能迟缓分解乳糖外,其他志贺菌均不分解乳糖,在肠道选择培养基上培养 18~24h 形成无色菌落(图 4-7)。本属菌有 O 抗原和 K 抗原。O 抗原是分类的依据。根据志贺菌 O 抗原构造的不同,可分为 4 群、39 个血清型。我国以福氏痢疾杆菌多见,其次是宋内痢疾杆菌。

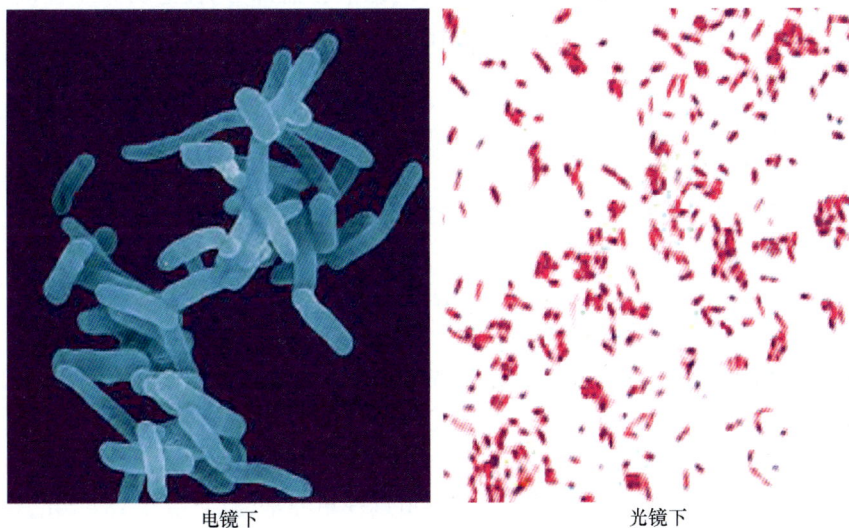

电镜下　　　　　　　　　光镜下

图 4-7　志贺菌

志贺菌属抵抗力弱,加热 60℃,10min 即可杀死。对消毒剂敏感,对酸敏感。粪便中因其他细菌产酸,志贺菌可在数小时内死亡,故采集标本应及时送检。

(二) 致病性

1. 致病物质　主要是侵袭力和内毒素,有些菌株可产生外毒素。

(1) 侵袭力:菌毛构成细菌的侵袭力,具有黏附作用。此外,具有 K 抗原的痢疾杆菌,致病力较强。

（2）内毒素：志贺菌所产生的内毒素可作用于以下部位。①肠壁黏膜,使其通透性增高,促进对毒素的进一步吸收,引起发热、意识障碍、中毒性休克等;②肠壁自主神经系统,引起肠功能紊乱,出现腹痛、里急后重等症状;③破坏肠黏膜,引起炎症、溃疡,出现典型的黏液脓血便。

（3）外毒素：A群Ⅰ型及部分Ⅱ型菌株还可产生外毒素,称志贺毒素。为蛋白质,不耐热,75～80℃、1h被破坏。该毒素具有三种生物学活性:①神经毒性,将毒素注入家兔和小鼠可使中枢神经系统受损,引起四肢麻痹、死亡;②细胞毒性,对人肝细胞、肠黏膜细胞有毒性,可使细胞变性坏死;③肠毒性,有类似大肠埃希菌、霍乱弧菌肠毒素的活性,可致水样泻。

2. 所致疾病 细菌性痢疾是最常见的肠道传染病,夏秋季多见。传染源主要是患者和带菌者,通过污染食物、饮水等经口感染。

（1）急性菌痢:其特点是起病急,有高热、腹痛、腹泻、里急后重及脓血黏液便等。

（2）中毒性菌痢:多发生于小儿,各型痢疾杆菌都可引起。发病急,常在腹痛、腹泻未出现之前,呈现严重的毒血症致使微血管收缩或舒张功能紊乱,造成微循环衰竭,导致休克。

（3）慢性菌痢:病情迁延不愈超过两个月,反复发作。部分患者可成为带菌者,带菌者不能从事饮食、保育工作。

（三）微生物学检查法

1. 标本取患者或带菌者服药前新鲜粪便的黏液脓血部分,注意粪尿不能混合,立即送检。不能立即送检的标本应保存于30%甘油盐水中。中毒性菌痢用肛拭子采集标本。

链 接

患儿,3岁,因突发高热、进行性呼吸困难入院,怀疑为中毒性菌痢。为尽早检出病原菌,护士留取大便正确的做法是

A. 标本多次采集,集中送检 B. 可用开塞露灌肠取便

C. 患儿无大便时,口服泻剂留取大便

D. 如标本难以采集,可取其隔日大便送检

E. 选取大便黏液脓血部分立即送检

分析:确诊菌痢的金标准是病原学检查,而病原菌在患者或带菌者新鲜粪便的黏液脓血便中存在最多。

考点:肠道杆菌中无动力的细菌;志贺菌的主要致病物质;志贺菌的主要传播途径及引起的疾病;送检患者标本注意事项

2. 分离培养和鉴定 标本直接接种于肠道选择培养基,37℃培养18～24h,挑取无色半透明可疑菌落,进行生化反应和血清学试验,确定菌群与菌型。

3. 快速诊断法可用荧光菌球法、协同凝集试验等免疫学方法进行诊断。

（四）防治原则

1. 早期诊断,早期隔离和早期治疗患者。

2. 加强饮水、食品卫生管理,防蝇灭蝇,是预防菌痢的重要措施。在流行季节,口服减毒活疫苗进行特异性预防。

3. 治疗用磺胺、诺氟沙星、链霉素等有较好的疗效,但易产生耐药性。

三、沙门菌属

沙门菌属,由 Salmon 于 1885 年首次分离成功,故命名沙门菌。目前已被确定的沙门菌至少有 2200 多个血清型,对人致病的主要有伤寒杆菌和甲型副伤寒沙门菌、肖氏沙门菌、希氏沙门菌,对人和动物均能致病的主要有猪霍乱沙门菌、鼠伤寒沙门菌和肠炎沙门菌。

案例 4-4

患者,男,31 岁,发热 12 天,体温 38.5～39.5℃,伴腹胀及食欲缺乏。查体:体温 39.5℃,脉率 87 次/min,腹部有红色皮疹,肝肋下 1.5cm,脾肋下 2.0cm。实验室检查:白细胞 $5×10^9$/L,中性粒细胞 0.5,淋巴细胞 0.46;肥达反应"O"1∶80,"H"1∶160;ALT200U/L(正常小于 40U/L)

问题:

1. 患者可能被什么菌感染?
2. 要确诊最好做什么检查?

案例 4-4 分析

可能是沙门菌感染。确诊需做细菌的分离培养。

(一) 生物学性状

1. 形态与染色 大小为(1.0～3.0)μm×(0.5～0.8)μm,革兰阴性杆菌。除鸡沙门菌外,绝大多数都有周鞭毛,能运动。多数有菌毛(图 4-8)。

2. 培养特性与生化反应 兼性厌氧菌,在普通培养基上形成中等大小、半透明的 S 形菌落。在肠道选择性培养基上形成无色的菌落。大多数菌种能产生硫化氢,发酵葡萄糖、麦芽糖、甘露醇,除伤寒杆菌产酸不产气外,其他沙门菌均产酸、产气。生化反应对本属菌的鉴别有重要参考价值。

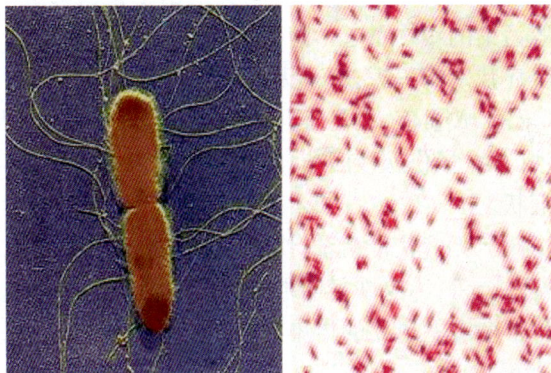

A. 电镜下　　　　B. 光镜下

图 4-8　沙门菌

3. 抗原构造 主要有 O 抗原和 H 抗原,少数菌具有 Vi 抗原。O 抗原可刺激机体主要产生 IgM 类抗体。H 抗原易被热和乙醇破坏,可刺激机体产生 IgG 类抗体。Vi 抗原又称毒力抗原,加热 60℃或苯酚处理易被破坏,Vi 抗体有助于伤寒、副伤寒带菌者的检出。

4. 抵抗力 弱,65℃15min,70%乙醇或 5%苯酚 5min 可杀死,对生石灰、氯敏感。在水中能存活 2～3 周,在粪便中 1～2 个月仍有传染性,在冰冻土壤中可过冬。对氯霉素极敏感。

(二) 致病性

1. 致病物质

(1) 侵袭力:有毒株以菌毛吸附于小肠黏膜上皮细胞表面,并穿过上皮细胞层到达黏膜下层。Vi 抗原具有抗吞噬作用。

(2) 内毒素:是沙门菌主要的致病物质。可引起宿主体温升高,白细胞下降,大量内毒素可导致中毒症状和休克。

（3）肠毒素：某些沙门菌，如鼠伤寒沙门菌可产生肠毒素，引起水样腹泻。

2. 所致疾病

（1）伤寒和副伤寒：主要由伤寒杆菌和甲型副伤寒沙门菌、肖氏沙门菌、希氏沙门菌引起。传染源为患者或带菌者。伤寒的病程一般较长，3~4周，症状较重；副伤寒病程较短，症状较轻，1~3周即愈。病菌随食物等经口侵入，若未被胃酸杀死，则抵达小肠上部，以菌毛吸附在小肠黏膜表面，而后穿入黏膜上皮细胞侵入肠壁淋巴组织，经淋巴管至肠系膜淋巴结及其他淋巴组织并在其中繁殖，经胸导管进入血流，引起第一次菌血症。此即病程的第1周，称前驱期。患者有发热、全身不适、乏力等。细菌随血流至骨髓、肝、脾、肾、胆囊、皮肤等并在其中繁殖，被脏器中吞噬细胞吞噬的细菌再次进入血流，引起第二次菌血症。此期症状明显，即病程的第2~3周，患者持续高热、相对缓脉、肝脾肿大及出现全身中毒症状，部分病例出现玫瑰疹。胆囊中的细菌随胆汁排至肠道，一部分随粪便排出体外，部分菌可再次侵入，引起已致敏的肠壁淋巴结发生迟发型超敏反应，导致局部组织坏死和溃疡，如不注意饮食易引起肠出血和肠穿孔。肾脏中的细菌可随尿排出。第4周进入恢复期，患者逐渐康复。

伤寒病痊愈后，部分患者可自粪便或尿液继续排菌3周至3个月，称恢复期带菌者。少数人可排菌达1年以上，称长期带菌者。患慢性胆囊炎者易成为长期带菌者。

（2）食物中毒（急性胃肠炎）：由于食入大量猪霍乱沙门菌、鼠伤寒沙门菌、肠炎沙门菌等污染的食物引起。潜伏期短，一般为4~24h，主要症状为发热、恶心、呕吐、腹痛、腹泻等症状。病程短，2~4天可完全恢复。

（3）败血症：多见于儿童或免疫力低下的成人，常由猪霍乱沙门菌引起。丙型副伤寒沙门菌、鼠伤寒沙门菌、肠炎沙门菌等也可引起败血症。患者表现为高热、寒战、贫血等症状。

（4）无症状带菌者：伤寒或副伤寒患者病愈后，有部分人可继续从粪便和尿中排菌3周至3个月，称为恢复期带菌者。少数人可排菌达1年以上，称为长期带菌者。

带菌者是重要的传染源，不宜从事饮食业和保育工作。

链 接

伤寒Mary——危险的带菌者

20世纪初，Mary是纽约的一名厨师，她曾被许多家庭、组织雇佣，并使多人染上伤寒。经检查发现她胆囊中含有大量的伤寒沙门菌，这些细菌不断从胆囊分泌到肠道并排出，但她本人并不发病。这使她成为"健康带菌者"，而成为危险的传染源。为了阻止她再度成为传染源，当地卫生部门对她进行隔离，隔离于3年后解除。随后，她隐姓埋名，依旧为饭店和宾馆做厨师，再次引起了多起伤寒病的发生。5年后，她再次被隔离，于1938年去世。

考点： 伤寒和副伤寒在发病的不同时期标本的采集

（三）微生物学检查法

1. 标本 伤寒和副伤寒在发病的不同时期采集的标本也不同。病程第一周，取外周血；第2~3周，取粪便，尿液；第1~3周，取骨髓。食物中毒取可疑食物或呕吐物、粪便；败血症取血液。

2. 分离培养和鉴定 将标本接种于选择或鉴别培养基上，37℃培育24h，挑选无色半透明的菌落作为可疑菌落,进行生化反应或免疫学试验加以鉴定。

3. 血清学试验 最常用的是肥达反应。用已知的伤寒沙门菌的 O 抗原、H 抗原, 甲、乙、丙型副伤寒沙门菌的 H 抗原,与患者血清做定量凝集试验,测定受检者血清中有 无相应的抗体及其效价,以辅助诊断伤寒或副伤寒。正常值一般是伤寒沙门菌 O 抗体的 凝集效价<1:80,H 抗体的凝集效价<1:160,副伤寒沙门菌 H 抗体的凝集效价<1:80。 H 与 O 抗体的诊断意义见表4-3。

分析结果还应注意动态观察,若效价逐次递增或恢复期效价为初次检查效价的 4 倍以上时可确诊。

4. 伤寒带菌者的检出 粪便中分离出病原体,血清中查出 Vi 抗体,且其效价1:10。

表4-3 H 与 O 抗体的诊断意义

O 抗体 (IgM)	H 抗体 (IgG)	意义
↑	↑	伤寒或副伤寒的可能性大
↓	↓	伤寒或副伤寒的可能性小
↑	↓	感染早期或其他沙门菌感染
↓	↑	预防接种或非特异性回忆反应

注:↑表示大于或等于标准值;↓表示小于标准值

(四)防治原则

1. 及时发现、隔离、治疗患者及带菌者,控制传染源。

2. 加强饮水和食品卫生管理,切断传播途径。接种伤寒、副伤寒疫苗为其特异性预防措施。

3. 治疗伤寒首选氯霉素,能抑制胞外菌生长,但对胞内菌无作用。对氯霉素耐药者 可用氨苄西林或复方新诺明或呋喃唑酮治疗。

考点:沙门菌的抵抗力;沙门菌属的致病物质;沙门菌属的感染途径及所致疾病。微生物学检查中标本采取的时间,肥达反应原理及意义

四、变形杆菌属

变形杆菌属为多形性的革兰阴性杆菌,有周鞭毛。广泛分布于自然界及人和动物肠 道中。在普通固体培养基上常呈扩散生长。本属菌有 O 和 H 两种抗原。本属菌中某些 特殊菌株如 OX_{19}、OX_2 及 OX_K 与某些立克次体间有共同抗原,故临床上采用这些变形杆 菌代替立克次体抗原,与斑疹伤寒、恙虫病患者血清进行凝集反应,即外斐(Weil-Felix)试 验,作为立克次体病的辅助诊断。

本属菌为条件致病菌,常引起继发感染,如泌尿系统感染、创伤感染,也可引起食物 中毒、婴幼儿腹泻。变形杆菌易形成耐药性,治疗前应作药物敏感试验。一般采用氨苄 西林、头孢霉素、庆大霉素、卡那霉素等治疗。

小结

沙门菌经消化道传播。借助菌毛及内、外毒素引起伤寒、副伤寒、食物中毒、败血症等。肥达反 应可辅助诊断伤寒和副伤寒。

志贺菌通过消化道感染,分为痢疾志贺菌、福氏志贺菌、鲍氏志贺菌、宋内志贺菌 4 群。主要以 菌毛、内毒素、外毒素等致病物质引起细菌性痢疾。

(潘运珍)

第三节 弧 菌 属

弧菌属是一大群菌体弯曲成弧状、运动活泼的革兰阴性细菌。广泛分布在自然界,

尤以水表面居多。其种类较多,但与人类感染有关弧菌主要有霍乱弧菌、副溶血性弧菌。

一、霍乱弧菌

霍乱弧菌是导致霍乱的病原菌。霍乱是一种起病急、传播快、病死率高的烈性消化道传染病,是我国法定的甲类传染病。

链接

霍乱的8次世界性大流行

自古以来,印度恒河三角洲是古典生物型霍乱的地方性流行区,有"人类霍乱的故乡"之称。从1817年至1923年的百余年间,共发生6次世界性大流行,每次大流行都曾波及我国。

自1961年起,由埃托生物型霍乱弧菌引起的霍乱开始从印度尼西亚的苏拉威西岛向毗邻国家和地区蔓延,迄今已波及五大洲140多个国家和地区,报告患者350万以上,称为霍乱的第7次世界性大流行。

1992年10月,由非O_1群的一个血清型(后来被命名为O_{139})霍乱弧菌引起的新型霍乱席卷印度和孟加拉国的某些地区,至1993年4月已报告10万余患者,现已波及许多国家和地区,包括我国,有取代埃托生物型的可能,有人将其称为霍乱的第8次世界性大流行。

(一) 生物学特性

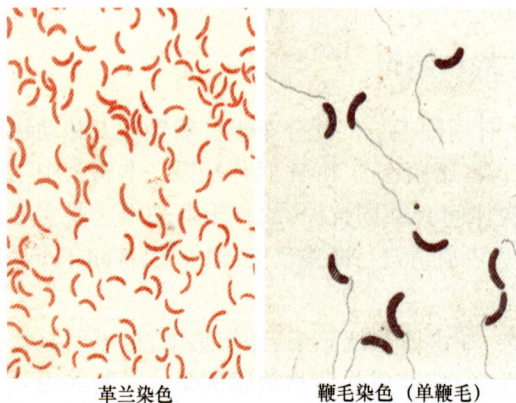

革兰染色   鞭毛染色(单鞭毛)

图4-9   霍乱弧菌

考点:霍乱弧菌最适宜的酸碱度

1. 形态与染色 霍乱弧菌呈弧形或逗点状,大小$(1\sim3)\mu m\times(0.5\sim1.5)\mu m$,有单鞭毛,有菌毛。悬滴法检查粪便标本,可见穿梭样运动。革兰染色阴性(图4-9),镜下呈鱼群样排列。

2. 培养特性 营养要求不高,专性需氧菌,基础培养基上生长良好,最适宜pH为$8.8\sim9.0$,常用碱性蛋白胨水或碱性琼脂平板培养。

3. 抗原结构与分型 霍乱弧菌有O抗原和H抗原。根据O抗原的不同将其分为200多个血清群,其中O_1群和O_{139}群能引起霍乱。O_1群因表型的不同又分为两个生物型:古典生物型和埃托(El Tor)生物型。

4. 抵抗力 对热、干燥、酸、消毒剂敏感,耐碱性强。湿热55℃15min可被杀死。在胃酸中仅能存活4min。用1∶4漂白粉水溶液对患者呕吐物或排泄物消毒需1h可达消毒目的。埃托生物型在自然界中的生存能力较古典生物型强,在河水、井水、海水中可存活两周以上。敏感的药物有四环素、多西环素、链霉素、氯霉素等。

(二) 致病性与免疫性

1. 致病物质

(1) 鞭毛和菌毛:①鞭毛。运动活泼的鞭毛有助于细菌穿过肠黏膜表面的黏液层,到达肠黏膜细胞表面。②菌毛。借助菌毛使细菌黏附在黏膜细胞表面。

（2）霍乱肠毒素：是一种外毒素，由一个 A 亚单位和 5 个 B 亚单位组成。B 亚单位与肠黏膜表面相应的受体结合后将 A 亚单位导入肠黏膜细胞内，A 亚单位被裂解为 A1 和 A2，A1 可激活腺苷环化酶，使细胞内 ATP 不断转变成 cAMP，致 cAMP 水平升高，肠黏膜上皮细胞分泌功能亢进，引起严重的腹泻、呕吐。

2. 所致疾病　霍乱。传染源是患者和带菌者，人类是霍乱弧菌的唯一易感者。霍乱弧菌由污染的食品和水经消化道感染，到达小肠后黏附在肠黏膜细胞表面，在细菌生长繁殖的过程中，产生的霍乱肠毒素引起剧烈的腹泻、呕吐。排泄物以水、电解质为主，呈"米泔水样"。由于短时间内丢失大量水和电解质，造成水、电解质、酸碱平衡紊乱，患者出现典型的脱水症状，若不能及时补充液体和电解质，可因酸中毒、微循环障碍、低血容量休克而死亡。

考点：霍乱弧菌的致病物质

考点：霍乱弧菌的感染途径及所致疾病

3. 免疫性　病后可获得持久的免疫力，以体液免疫为主，特别是肠黏膜局部免疫发挥重要作用，再感染者少见。

（三）微生物学检查

1. 标本　取患者呕吐物或粪便作标本。采集标本时要做到：粪尿不能混合，及时送检标本，或放入 Cary-Blair 保存液中，严密包装，专人运送。

2. 直接镜检　用悬滴法检查穿梭样运动的弧菌；革兰染色可见鱼群状排列的革兰阴性弧菌。

3. 分离培养鉴定　先在碱性蛋白胨水中增菌培养，再接种到 TCBS 选择培养基中分离培养，选择可疑菌落进行生化反应及免疫学试验鉴定。

（四）防治原则

1. 及时发现、隔离、治疗患者和带菌者，以控制传染源。

2. 讲究个人卫生和环境卫生，加强食品、水源及粪便管理，切断传播途径；加强海关检疫；接种霍乱死疫苗，提高人群免疫力。

3. 治疗的关键是及时大量补充液体和电解质，纠正水、电解质紊乱，同时使用四环素、多西环素、呋喃唑酮等抗生素清除细菌。

二、 副溶血性弧菌

副溶血性弧菌是一种嗜盐性弧菌，存在于近海岸的海水、海底沉积物及鱼、贝等海产品中。

本菌呈弧形、杆状、球状等多种形态，有单鞭毛，运动活泼，无芽胞和荚膜。革兰染色阴性。营养要求不高，但需在含 3.5% NaCl、pH7.5~8.5 的培养基上才能生长。对热、酸敏感，56℃5min、1% 乙酸 5min 死亡。海水中存活 47 天以上，淡水中不超过 2 天。

人类因食用本菌污染的海产品或盐腌制的食品如咸菜、咸蛋等而被感染，引起食物中毒。主要表现为腹痛、腹泻、呕吐、发热等症状，粪便多为水样或糊状。病程短，恢复快。病后免疫力不强，可重复感染。

预防要注意食品卫生，对海产品、盐腌制品应煮熟后食用，凉拌食品必须清洗干净，并用食醋调味杀菌。治疗可选用庆大霉素、诺氟沙星、磺胺等药物。

> **小结**
>
> 　　霍乱是烈性消化道传染病,其病原体霍乱弧菌为革兰阴性单鞭毛弧菌,通过消化道感染,引起严重的腹泻、呕吐,粪便呈"米泔水样"。要早发现、隔离、治疗患者和带菌者,注意饮食卫生。治疗患者需及时大量补液,纠正水、电解质、酸碱平衡紊乱,同时使用抗生素。

（张仙芝）

第四节　厌氧性细菌

　　厌氧性细菌是一大群必须在无氧环境中才能生长繁殖的细菌。分为厌氧芽胞梭菌属和无芽胞厌氧菌两大类。

　　厌氧芽胞梭菌属为革兰阳性杆菌,能形成芽胞,芽胞直径多大于菌体横径,使菌体膨大呈梭状,故又名梭菌。该菌属中,部分能产生强烈的外毒素,使人致病,并引起特定临床症状。常见的厌氧芽胞梭菌有破伤风梭菌、产气荚膜梭菌和肉毒梭菌等。

一、破伤风梭菌

　　破伤风梭菌是引起破伤风的病原菌。

(一) 生物学性状

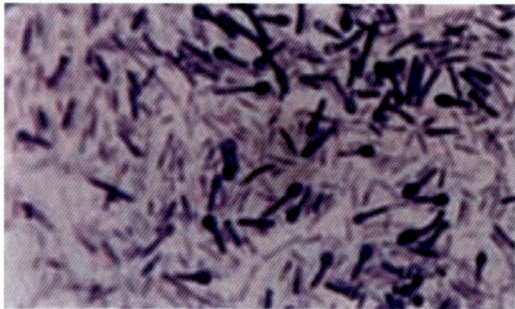

图 4-10　破伤风梭菌形态图

　　革兰染色阳性杆菌,菌体细长。芽胞圆形,直径比菌体宽,位于菌体顶端,使细菌呈鼓槌状,是本菌典型的形态特征。有周鞭毛,无荚膜(图 4-10)。

　　本菌为专性厌氧菌,常用疱肉培养基培养。本菌繁殖体的抵抗力较弱,对一般消毒剂敏感。但芽胞抵抗力强,在土壤中可存活数十年,可耐煮沸 1h,高压蒸汽灭菌可杀灭。对青霉素敏感。

(二) 致病性

考点：破伤风梭菌感染的致病条件

　　1. 致病条件　破伤风梭菌及其芽胞广泛存在土壤中,主要经伤口感染。一般是窄而深的伤口,有泥土或异物污染,易形成厌氧环境是细菌繁殖和致病的重要条件;或坏死组织、凝血块多,伴有需氧菌或兼性厌氧菌的混合感染也是厌氧环境的形成条件。

　　2. 致病物质及所致疾病　本菌能产生破伤风痉挛毒素和破伤风溶血毒素。破伤风痉挛毒素是主要致病物质,是一种神经毒素,毒性极强,化学成分为蛋白质,用甲醛脱毒后成为类毒素,可用于预防接种。痉挛毒素通过神经末梢逆行或经淋巴、血液、神经纤维间隙到达中枢神经系统,对脑干神经和脊髓前角细胞有高度的亲和性,与抑制性突触前膜的受体结合,阻止上、下神经元之间正常抑制性神经介质的释放,导致伸肌与屈肌同时强烈收缩,骨骼肌痉挛,造成破伤风特有的阵发性抽搐、牙关紧闭、苦笑面容、角弓反张等症状(图 4-11),严重者可因呼吸肌痉挛窒息而死亡。新生儿感染该菌可发生新生儿破伤风(俗称脐风)。破伤风的潜伏期平均为7~14天,潜伏期越短,病死率越高。病后可获得牢固的免疫力。

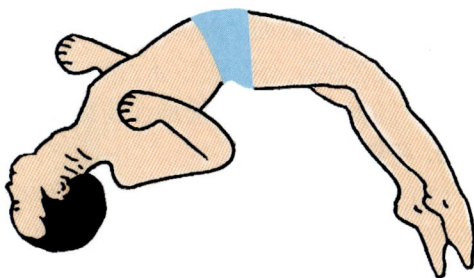

图 4-11 破伤风症状——角弓反张

案例 4-5

患者,男,45 岁,10 天前在下地干活时不慎被铁钉扎伤,当时疼痛,流血不多,未经任何处理,而后伤口红肿,近两天患者感觉乏力、头疼、两侧咬肌酸胀,颜面部分肌肉阵发性抽搐,身子不自主向后仰,送医院后经治疗无效而死亡。

问题:
1. 患者可能感染何菌引起疾病?
2. 如何预防?

案例 4-5 分析

患者所患为破伤风杆菌引起的破伤风。预防可采用注射破伤风抗毒素作紧急预防,同时注射破伤风类毒素及清理伤口等。

(三)防治原则

破伤风一旦发生,治疗效果不佳,故预防极为重要。

1. 正确处理伤口,及时清创扩创 用 3% H_2O_2 消毒伤口,并使用大剂量抗生素抑制或杀死伤口内的破伤风梭菌和混合感染的细菌,防止伤口内形成厌氧微环境。

2. 人工自动免疫 我国目前对 3~6 个月的儿童接种白百破三联疫苗(含白喉类毒素、百日咳鲍特菌死疫苗和破伤风类毒素)。对军人和其他易受伤的人群接种破伤风类毒素。

3. 人工被动免疫 注射破伤风抗毒素(TAT)。TAT 对伤口深且污染者可作紧急预防,也可用于破伤风患者的特异性治疗,原则是早期足量,注射前做皮试,以防过敏反应的发生。

二、产气荚膜梭菌

考点:破伤风的防治原则

产气荚膜梭菌广泛分布于自然界及人和动物的肠道中,是气性坏疽的主要病原菌,污染食品时可引起食物中毒。

(一)生物学性状

产气荚膜梭菌是粗大的革兰阳性杆菌,有荚膜和芽胞,无鞭毛。芽胞为椭圆形,不宽于菌体,位于菌体的中央或次极端。专性厌氧菌。能分解多种糖和蛋白质产酸产气。将其接种在含牛奶培养基中,因分解乳糖产生的酸能使其中的酪蛋白凝固,同时产生大量气体将凝固的酪蛋白冲成蜂窝状,此现象气势凶猛,称为"汹涌发酵",为培养本菌的典型特点。

(二)致病性

1. 致病物质 产气荚膜梭菌能产生多种毒素和酶,主要有以下几种。

（1）α毒素（卵磷脂酶）：毒性最强，能分解细胞膜上的磷脂，溶解红细胞或组织细胞，是引起气性坏疽的主要因素。

（2）侵袭性酶：有胶原酶、蛋白酶、透明质酸酶、DNA酶等，有助于细菌在组织中扩散。

（3）肠毒素：不耐热，能增加肠黏膜细胞的通透性，引起腹泻。

2. 所致疾病

（1）气性坏疽：多见于创伤感染，致病条件与破伤风梭菌相同。本菌在伤口中生长繁殖产生毒素和侵袭性酶类，损伤组织细胞，分解组织中的糖、蛋白质，产生大量气体，引起局部组织水肿、气肿、出血、坏死，并伴有恶臭。表现为局部组织剧烈疼痛，触之有"捻发感"。若毒性物质被吸收入血，则引起毒血症、休克、死亡。

（2）食物中毒：产生肠毒素的菌株污染食物可引起食物中毒。潜伏期短，患者表现为恶心、呕吐、剧烈的腹痛、腹胀、腹泻等，1~2天后自愈。

（三）防治原则

预防措施主要是及时清创、扩创，避免厌氧微环境的形成。治疗原则是对感染的局部尽早施行手术，清除坏死组织。使用大剂量青霉素，杀灭病原菌。有条件可使用多价抗毒血清，高压氧舱治疗。

三、肉毒梭菌

肉毒梭菌广泛分布于土壤和动物粪便中。在厌氧条件下产生肉毒毒素，食入被本菌污染食物后，可引起食物中毒，病死率极高。

（一）生物学性状

革兰阳性大杆菌，散在分布，有芽胞和鞭毛，无荚膜。芽胞椭圆形，宽于菌体，位于次极端，使菌体呈网球拍状。专性厌氧菌，常用疱肉培养基培养。本菌芽胞抵抗力强。干热180℃ 5~15min能被杀死，湿热100℃可存活5h，高压蒸汽灭菌30min可将其杀死。但肉毒毒素不耐热，煮沸1min被破坏。

（二）致病性

1. 致病物质 主要是肉毒毒素。是已知毒性最强的物质，毒性比氰化钾强1万倍，对人致死量为0.1μg。该毒素为嗜神经毒素，能选择性作用于脑神经核、神经肌肉接头处及外周神经末梢，阻碍乙酰胆碱释放，影响神经冲动传递，导致肌肉松弛性麻痹。

2. 所致疾病 食物中毒。食入被肉毒毒素污染的食物（如肉罐头、火腿、香肠、臭豆腐、豆瓣酱、豆豉、甜面酱等）后引起，起病急，以神经系统症状为主，临床表现有特征性，如斜视、复视、眼睑下垂、眼球肌肉麻痹、吞咽及咀嚼困难，严重者可因呼吸肌、心肌麻痹而死亡。婴儿食入肉毒梭菌污染的食物（如蜂蜜）后，芽胞发芽、产生毒素，可引起婴儿食物中毒，即婴儿肉毒病。表现为便闭、啼哭无力、吞咽困难，严重可致猝死。

（三）防治原则

加强食品卫生的监督和管理，食品彻底消毒是预防的主要措施。治疗应早期注射多价肉毒抗毒素血清。

四、无芽胞厌氧菌

无芽胞厌氧菌广泛分布于人体口腔、上呼吸道、肠道及泌尿生殖道等处，属于人体正常菌群,并且在数量上占绝对优势。包括革兰阳性杆菌、球菌,革兰阴性杆菌、球菌等。在一定条件下成为条件致病菌。临床上以革兰阴性无芽胞厌氧杆菌引起的感染最为多见,如脆弱类杆菌、产黑色素类杆菌及核梭杆菌等。因其感染广泛,感染类型多,对多种抗生素不敏感,细菌学诊断较困难,应给予充分的重视。

（一）致病性

1. 致病条件 ①寄居部位改变;②机体的免疫功能低下;③菌群失调;④局部厌氧微环境的形成。

2. 致病物质 主要有荚膜和菌毛,透明质酸酶、胶原酶等侵袭性酶,内毒素等。

3. 所致疾病 为内源性感染,可发生在全身各组织系统,多引起口腔、鼻窦、胸腔、腹部、女性生殖道及盆腔等的炎症,也可入血引起菌血症、败血症。

4. 感染特征 多呈慢性感染,无特定病型,大多为化脓性感染,形成局部炎症、脓肿、组织坏死;分泌物为血色或棕黑色,有恶臭;使用氨基糖苷类抗生素长期治疗无效;分泌物直接涂片可见细菌,但普通培养无细菌生长。

（二）防治原则

目前尚无特异的预防方法。外科清创引流是治疗厌氧菌感染的重要措施,手术时做好无菌操作,防止体内无芽胞厌氧菌污染创口。大多数无芽胞厌氧菌对青霉素、克林霉素、头孢菌素敏感,甲硝唑对厌氧菌感染也有很好的疗效。

> **小结**
>
> 厌氧性细菌是指必须在无氧条件下生长繁殖的细菌。包括厌氧芽胞梭菌属和无芽胞厌氧菌。其中重要的是三种厌氧芽胞梭菌,均为革兰阳性大杆菌,产生外毒素致病,引起特定的临床症状:①破伤风梭菌产生痉挛毒素,阻止抑制性介质释放,引起骨骼肌强直性痉挛;②产气荚膜梭菌产生多种外毒素及酶,破坏组织细胞,造成组织坏死崩解,引起气性坏疽;③肉毒梭菌产生肉毒毒素,引起严重的神经性食物中毒。预防破伤风可接种破伤风类毒素,破伤风抗毒素可用于紧急预防和治疗。多价抗毒素用于治疗气性坏疽、肉毒中毒。
>
> 无芽胞厌氧菌为人体正常菌群,可作为条件致病菌,引起内源性感染。其感染部位广泛,感染类型多,无特定的临床症状。

（裴 明）

第五节 分枝杆菌属

分枝杆菌属是一类菌体细长、稍弯曲的杆菌,因有分枝生长的趋势而得名。本属细菌细胞壁中含有大量脂质,革兰染色不易着色,常用抗酸染色法染色,因能抵抗盐酸乙醇的脱色作用,故又称抗酸杆菌。分枝杆菌属的种类繁多,对人有致病作用的主要有结核分枝杆菌和麻风分枝杆菌。

一、结核分枝杆菌

结核分枝杆菌俗称结核杆菌,是引起结核病的病原菌,可侵犯身体多器官,以肺部感染最为多见。结核病在今天仍是一种重要的传染病。世界卫生组织（WHO）报告,全球

2010年新发现880万结核病例,其中我国为130万,因结核病死亡人数达140万,其中我国为5.5万人,位居世界第二位。

(一) 生物学性状

1. 形态与染色 细长略带弯曲的杆菌(图4-12),(1.0~4.0)μm×(0.3~0.6)μm。生长繁殖过程中常呈分枝状,无芽胞及鞭毛,近年来在电镜下观察发现具有荚膜。结核分枝杆菌革兰染色阳性,但通常难以着色。常用齐-尼抗酸染色法染色,结核分枝杆菌染成红色,其他非抗酸菌及细胞杂质等均染成蓝色(图4-13)。

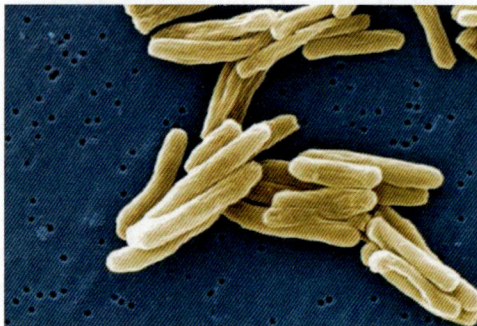

图4-12 扫描电子显微镜下的结核分枝杆菌

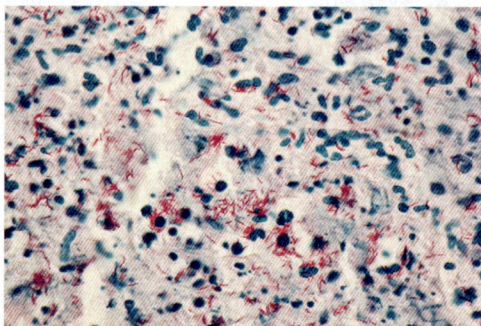

图4-13 结核分枝杆菌抗酸染色形态

图4-14 结核分枝杆菌罗氏培养基培养菌落

2. 培养特性 专性需氧,最适生长温度为35~37℃,最适 pH 为6.5~6.8。营养要求高,常用罗氏培养基培养。该菌生长速度缓慢,分裂一代需要18~24h,培养2~4周形成肉眼可见菌落。菌落干燥、表面粗糙,呈乳白色或米黄色的颗粒状或菜花状,不透明(图4-14)。液体培养基中培养1~2周后可形成菌膜。由于抗结核药物的应用,患者标本中常培养出 L 型细菌,革兰染色阳性,称为莫赫颗粒。

3. 抵抗力 结核分枝杆菌的抵抗力较强。耐干燥,在干燥的痰液中可存活6~8个月,黏附在灰尘上可保持传染性8~10天。耐酸碱,在3%盐酸溶液、6%硫酸溶液或4%氢氧化钠溶液中30min 仍然具有活力,所以常用酸、碱来处理标本中的杂菌。但结核分枝杆菌对湿热、紫外线及75%乙醇溶液等抵抗力较弱。在液体中加热60℃经过30min、日光直接照射数小时或75%乙醇溶液消毒数分钟即可被杀死。

考点:结核分枝菌的变异

4. 变异性 结核分枝杆菌因环境条件改变而易发生形态、菌落、毒力、免疫原性、耐药性等变异。卡介苗(BCG)即为牛型结核杆菌经13年230次传代,变异后获得的减毒活疫苗,广泛用于结核病的预防接种。结核分枝杆菌的多重耐药性近年来有上升的趋势。

(二) 致病性

结核分枝杆菌既不产生内、外毒素,也不产生侵袭性的酶类。其致病性主要与菌体成分的作用有关,包括荚膜、脂质和蛋白质。

1. 致病物质

（1）荚膜：主要成分是多糖。有助于细菌黏附在宿主细胞上，并有抗吞噬及保护菌体的作用。

（2）脂质：大约占细胞壁干重的 60%，主要成分有磷脂、索状因子、分枝菌酸、蜡质 D、硫酸脑苷脂等。磷脂可使结核分枝杆菌在吞噬细胞内长期存活，促进干酪样坏死及结核结节的形成；索状因子可引起慢性肉芽肿；分枝菌酸存在于细胞壁表面，与分枝杆菌的抗酸性有关，可减弱杀菌物质对结核分枝杆菌的杀伤作用；蜡质 D 可诱发机体产生迟发型超敏反应，并有免疫佐剂的作用；硫酸脑苷脂有助于细菌在吞噬细胞内长期存活。

（3）蛋白质：与致病有关的蛋白质主要是结核菌素，并与蜡质 D 结合使机体发生超敏反应，可促进结核结节的形成。免疫原性强，能刺激机体产生相应抗体。

2. 所致疾病　传染源是带菌的结核病患者。细菌主要通过呼吸道感染，也可经消化道或受损伤的皮肤黏膜等多种途径侵入机体。分别引起肺结核、肠结核、皮肤结核等，偶可引起肾、脑膜等处的结核病。在结核病中以肺结核最为多见。肺结核可分为原发感染和继发感染两类。

（1）原发感染：初次感染，多发生于儿童。结核分枝杆菌初次经呼吸道侵入肺泡后，被巨噬细胞吞噬，在其中生长繁殖，并最终导致细胞裂解，释放出的大量细菌在肺泡内形成以中性粒细胞及淋巴细胞浸润为主的渗出性炎症，称为原发病灶。初次感染的机体缺乏特异性免疫能力，原发病灶内的结核分枝杆菌可经淋巴管扩散至肺门淋巴结，引起淋巴管炎和肺门淋巴结肿大。原发病灶、淋巴管炎及肺门淋巴结肿大合称为"原发综合征"。X 线胸片显示呈哑铃状阴影。原发感染 90% 能形成纤维化和钙化而自愈。极少数患者因免疫力低下，细菌可经血液、淋巴管扩散至骨、关节、肾、脑膜等其他部位，引起全身粟粒性结核或结核性脑膜炎等。感染灶易扩散为其特点。

（2）继发感染：再次感染，多发生于成人或较大儿童。感染可由潜伏于原发病灶内的细菌（内源性感染）引起，也可为再次从外界吸入的细菌（外源性感染）引起。由于此时机体已建立了特异性的细胞免疫，病灶主要以局部组织损伤为特点，一般不累及邻近淋巴结，表现为慢性肉芽肿性炎症，形成结核结节，干酪样坏死，甚至液化形成空洞，痰中出现大量细菌，是重要的传染源。

案例 4-6

患者，女，20 岁。主诉：近 1 个多月来咳嗽，痰中有时带血丝。全身乏力，食欲缺乏，自觉午后微热。查体：体温 38℃。实验室检查：红细胞沉降率（简称血沉）为 70mm/h（正常值：女性 0~20mm/h）。X 线透视结果：右肺尖有多发小斑片状阴影，边缘模糊。结核菌素试验：红肿硬结直径 1.8cm。取清晨咳痰涂片抗酸染色结果：镜下见到红色细长略弯曲的杆菌。

问题：

引起本病最可能的病菌是什么？

案例 4-6 分析

引起本病的可能是结核杆菌。

（三）免疫性

1. 有菌免疫　结核分枝杆菌为胞内寄生菌，因此机体抗结核分枝杆菌的免疫以细胞免疫为主,也属于有菌免疫或传染性免疫,即结核分枝杆菌或其组分在体内存在时才有免疫力,一旦体内病菌或其组分消失,免疫力也随之消失。机体对结核分枝杆菌产生保护性细胞免疫的同时,也诱发机体产生了Ⅳ型超敏反应。

2. 结核菌素试验 是用结核菌素进行皮肤试验来测定机体对结核分枝杆菌是否存在Ⅳ型超敏反应的一种体内试验。用来判断受试者是否感染过结核分枝杆菌及机体免疫功能是否正常。

(1) 原理:由于结核分枝杆菌产生的免疫属于有菌免疫,感染过结核分枝杆菌的机体在注射结核菌素之后会发生Ⅳ型超敏反应,局部表现为红肿、硬结。未感染过结核分枝杆菌的机体不会发生Ⅳ型超敏反应。

(2) 试剂:常用的结核菌素有两种,一种为旧结核菌素(OT),另一种为纯蛋白衍生物(PPD)。目前主张用PPD,每0.1ml含5个单位(U)。

(3) 方法:受试者前臂掌侧皮内注射0.1ml PPD,48~72h后观察结果。注意局部有无硬结,不能单独以红肿为标准。

(4) 结果及意义:①阴性反应,注射部位红肿、硬结小于0.5cm。表明机体未感染过结核分枝杆菌,对结核分枝杆菌无免疫力。②阳性反应,注射部位红肿、硬结在0.5~1.5cm。表明机体感染过结核分枝杆菌或接种过卡介苗(BCG),对结核分枝杆菌有一定免疫力。③强阳性反应,注射部位硬结达到或超过1.5cm。表明机体可能有活动性结核,应进一步追查病灶。

(5) 应用:结核菌素试验主要用于以下几个方面。①选择卡介苗接种对象及卡介苗接种后免疫效果的测定。阴性者应补种;②婴幼儿(未接种过卡介苗)结核病的辅助诊断;③测定机体细胞免疫的功能状态;④结核病的流行病学调查。

考点:结核菌素试验的原理、方法、意义及应用的具体内容

(四) 微生物学检查

1. 标本采集和集菌 根据感染部位不同,采集不同标本,如痰、便、尿、脓汁、脑脊液、胸腔积液、腹水等。无杂菌标本直接离心沉淀集菌,有杂菌的标本须经4% NaOH溶液处理15min后离心沉淀集菌。

2. 检查方法 标本直接涂片后进行抗酸染色镜检,查找结核分枝杆菌。必要时可做人工培养、生化反应和动物试验进行鉴定。

(五) 防治原则

1. 预防 接种卡介苗是预防结核病的有效措施之一。目前,我国规定出生后24h内必须接种卡介苗,7岁时再复种一次。1周岁以上应先做结核菌素试验,阴性者均应接种。接种后免疫力可维持3~5年。

考点:卡介苗预防接种的具体内容

2. 治疗 对结核病患者治疗时采用"早期、适量、联合、全程、规律"的原则,联合用药可提高疗效并减少耐药性。目前常用药物有异烟肼、利福平、链霉素、吡嗪酰胺、乙胺丁醇等。

二、麻风分枝杆菌

麻风分枝杆菌俗称为麻风杆菌,是麻风病的病原体(图4-15)。麻风病是一种慢性传染病,全世界约有1000万麻风病患者,其中非洲约400万,印度约380万,我国病例在2000例以内。

（一）生物学特性

与结核分枝杆菌同为胞内寄生菌，在形态、染色等方面相似，但常呈束状排列。当细胞内有大量的麻风分枝杆菌存在时，细胞质呈泡沫状，称为泡沫细胞（或麻风细胞），可与结核分枝杆菌相区别。

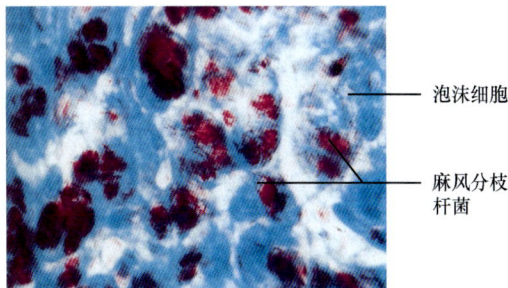

泡沫细胞

麻风分枝杆菌

图 4-15　麻风分枝杆菌抗酸染色形态

（二）致病性与免疫性

自然界中只有人类感染麻风杆菌。麻风患者是麻风病唯一的传染源。其鼻咽部的分泌物、痰、汗、泪、乳汁、精液及阴道分泌物中均可排出病菌，主要经直接接触通过破损的皮肤黏膜及呼吸道传播。呼吸道感染是一条重要传播途径。本病潜伏期长、发病慢、病程长，病菌主要侵犯皮肤、黏膜及神经末梢，严重时可侵犯深部组织和内脏器官，形成肉芽肿。在皮肤或黏膜下可见红斑或结节形成，称麻风结节。面部结节融合，表现为"狮面"。临床分为瘤型、结核样型两型。

> **考点：** 麻风的主要传播途径

（三）微生物学检查

麻风分枝杆菌尚不能进行人工培养，常用方法是从患者鼻黏膜和皮肤病变处取材，涂片后抗酸染色镜检，查找麻风分枝杆菌。活体组织切片检查也是较好的诊断方法。

（四）防治原则

麻风病目前尚无特异性预防方法。早发现、早隔离、早治疗是主要的防治措施。治疗药物主要有砜类、利福平、丙硫异烟胺、氯法齐明等，多采用 2 或 3 种药物联合应用，以减少耐药菌株的出现。

┃ 小结 ┃

结核分枝杆菌是一种抗酸染色阳性的细长杆菌，有时有分枝，营养要求高，生长缓慢，抵抗力强，耐酸碱，耐干燥。可经多种途径侵入人体，引起多种类型结核病，较常见的是经呼吸道感染引起肺结核。可接种卡介苗预防。结核菌素试验是判断受试者是否感染过结核分枝杆菌及对结核分枝杆菌是否具有免疫力的一种皮肤试验。

麻风分枝杆菌通过破损的皮肤黏膜侵入和呼吸道传播，引起麻风病。应早发现、早隔离、早治疗。

（裴　明）

第六节　其他病原性细菌

其他病原菌种类繁多，现将几种重要的病原菌归纳如下（表 4-4）：

表 4-4　其他病原性细菌

菌种	主要生物学特性	致病因素	所致疾病	防治原则
百日咳鲍特菌	G⁻短小杆菌,有荚膜和菌毛,鲍-金培养基上生长良好。抵抗力较弱	菌毛、荚膜、多种毒素	经呼吸道传播引起百日咳	人工自动免疫预防:可接种白百破三联疫苗
白喉棒状杆菌	G⁺棒状杆菌,菌体内有异染颗粒。吕氏培养基上生长良好,抵抗力较强	白喉外毒素	经呼吸道传播引起白喉	人工自动免疫预防:白百破三联疫苗或白喉类毒素;紧急预防和治疗:白喉抗毒素
嗜肺军团菌	G⁻杆菌,形态易变,有鞭毛、菌毛、微荚膜,水中存活时间长	多种酶与毒素、菌毛、微荚膜	经呼吸道传播引起军团菌病	无特异性疫苗。加强水源管理及供水系统的消毒和检查
流感嗜血杆菌	G⁻小杆菌,有菌毛、荚膜。需生长因子X、V因子。抵抗力弱	菌毛、荚膜、内毒素	原发感染以小儿多见,继发感染多见于成人,慢性支气管炎等	接种荚膜多糖疫苗进行特异性预防
铜绿假单胞菌	G⁻小杆菌,有荚膜、菌毛、鞭毛。产生水溶性绿色色素。抵抗力强,易产生耐药性	内毒素、外毒素、菌毛、荚膜	医院内感染的常见病菌,引起各种继发感染,如皮肤感染、中耳炎、败血症等	执行严格的无菌操作,防止医院内感染
幽门螺杆菌	G⁻菌体弯曲呈弧形、S形、螺形或海鸥状,有鞭毛。快速脲酶试验强阳性,为区别其他弯曲菌的重要依据	可能与脲酶、黏附素、蛋白酶、内毒素等有关	与慢性胃炎、胃溃疡、胃癌的发病有关	目前尚无有效措施,正试用重组的幽门螺杆菌疫苗
空肠弯曲菌	G⁻菌体弯曲呈弧形、S形、螺形或海鸥状,有鞭毛,抵抗力弱	黏附素、细胞毒素、肠毒素等	经接触或消化道感染引起婴幼儿细菌性肠炎、成人食物中毒	注意饮食卫生,加强粪便管理
布鲁菌属	G⁻短小杆菌,专性需氧,自然界存活时间较长	内毒素	经接触、皮肤、消化道等多途径传播,引起布鲁菌病(又称波浪热)	控制和消灭家畜布鲁菌病,切断传播途径,接种减毒活疫苗
炭疽芽胞杆菌	G⁺粗大杆菌,呈链状排列似竹节,有荚膜及椭圆形芽胞,芽胞小于菌体宽度,位于菌体中央	荚膜和炭疽毒素	经皮肤、消化道、呼吸道等多途径传播,引起炭疽病	病畜焚烧或深埋,加强动物检疫,炭疽减毒活疫苗特异性预防

续表

菌种	主要生物学特性	致病因素	所致疾病	防治原则
鼠疫耶尔森菌	G⁻卵圆形短小杆菌,有荚膜,亚甲蓝染色后两极浓染,抵抗力弱	荚膜、外膜蛋白、内毒素、鼠毒素等	鼠疫是自然疫源性疾病,鼠蚤是传播媒介,先在鼠类之间传播鼠疫,人被鼠蚤叮咬,引起人间鼠疫	灭蚤灭鼠,加强国防海关检疫,接种活疫苗

目标检测

一、名词解释

1. SPA　　2. 血浆凝固酶　　3. M 蛋白

4. 结核菌素试验　　5. BCG

二、填空题

1. 化脓性球菌主要包括革兰阳性球菌如_____、_____、_____和革兰阴性球菌如_____、_____等。

2. 病原性球菌中能引起毒素性食物中毒的是_____。

3. 按溶血现象链球菌可分为_____、_____、_____三大类。

4. 对人致病的链球菌90%属群是_____。

5. 培养脑膜炎奈瑟菌常用的培养基是_____。

6. 淋病奈瑟菌主要以_____方式传播引起淋病。

7. 霍乱弧菌的两个生物型为_____和_____,悬滴法检查霍乱标本,可见弧菌呈_____样运动。

8. 完整的霍乱肠毒素由_____与_____结合而成,其中_____是其毒性亚单位。

8. 霍乱弧菌致病因素包括_____、_____、_____;传播途径是_____。

9. 厌氧菌分为_____和_____两类。

10. 常见致病的厌氧芽胞梭菌有_____、_____和_____。

11. 破伤风梭菌的芽胞位于菌体的_____,使菌体呈_____状;肉毒梭菌的芽胞位于菌体的_____,使菌体呈_____状;产气荚膜梭菌的芽胞位于菌体_____,比菌体_____。

12. 产气荚膜梭菌在牛奶培养基中的发酵现象为_____。

13. 结核分枝杆菌革兰染色_____,但不易着色,常用_____染色。

14. 结核分枝杆菌细胞壁中含有_____,所以对外界环境抵抗力_____,耐_____,耐_____,但对_____抵抗力较弱。

15. 检测机体对结核是否具有免疫力,常用的体内试验是_____。

16. 麻风分枝杆菌的传播方式主要是_____,引起_____。

17. 大多数肠道杆菌为正常菌群,但当侵犯_____组织时可引起化脓性感染。

18. 肠道杆菌的抗原构造复杂,主要有_____、_____和_____三种。

19. 大肠埃希菌的侵袭因素是_____和_____,所产生的肠毒素可分为_____和_____两种。

20. 我国卫生标准为1000ml饮水中大肠菌群数是_____。

21. 沙门菌属中能引起食物中毒的细菌是_____、_____和_____。

22. 志贺菌属引起的细菌性痢疾可分为_____、_____和_____三型。

23. 致病性沙门菌可引起人类的_____、_____和_____等疾病。

24. 肠热症病后获得的免疫力,主要是_____;细菌性痢疾病后获得的免疫力,主要是_____。

三、选择题

1. 一般不致病且能合成维生素B、维生素K的细菌是

　　A. 变形杆菌　　　　B. 大肠埃希菌

　　C. 伤寒沙门菌　　　D. 痢疾志贺菌

E. 产气荚膜杆菌

2. 鉴别肠道致病菌和非致病菌经常选用
   A. 吲哚试验
   B. 葡萄糖发酵试验
   C. 菊糖发酵试验
   D. 乳糖发酵试验
   E. 甘露醇发酵试验

3. 下列无动力的细菌是
   A. 霍乱弧菌
   B. 伤寒沙门菌
   C. 痢疾志贺菌
   D. 大肠埃希菌
   E. 变形杆菌

4. 卫生学上检出何种细菌表示有粪便污染
   A. 葡萄球菌
   B. 变形杆菌
   C. 沙门菌
   D. 志贺菌
   E. 大肠埃希菌

5. 大肠埃希菌能合成机体所需的
   A. 抗毒素
   B. 抗体
   C. 维生素 B、K
   D. 干扰素
   E. 以上都不是

6. 我国规定的水、食品等卫生细菌学检查的指标菌是
   A. 克雷伯菌
   B. 变形杆菌
   C. 沙门菌
   D. 志贺菌
   E. 大肠埃希菌

7. 具有 Vi 抗原的细菌是
   A. 大肠埃希菌
   B. 伤寒杆菌
   C. 志贺菌
   D. 脑膜炎奈瑟菌
   E. 变形杆菌

8. 引起婴儿腹泻的主要病原体是
   A. 痢疾志贺菌
   B. 伤寒沙门菌
   C. 葡萄球菌
   D. 肠致病性大肠埃希菌
   E. 链球菌

9. 下列哪种培养基有利于霍乱弧菌生长
   A. 含有 10% ~ 15% NaCl 的培养基
   B. 含有 3% ~ 5% NaCl 的培养基
   C. 血琼脂平板培养基
   D. pH7. 2 ~ 7. 6 蛋白胨水培养基
   E. pH8. 8 ~ 9. 0 蛋白胨水培养基

10. 霍乱患者剧烈腹泻的机制是
    A. 内毒素引起肠细胞分泌功能增加
    B. 肠毒素激活腺苷环化酶引起肠细胞分泌增加
    C. 肠毒素使 cGMP 升高,引起肠黏膜细胞分泌增加
    D. 细菌产生的酶引起肠黏膜损害和炎症
    E. 细菌产生的毒素引起肠黏膜损害和炎症

11. 破伤风杆菌的特异性预防可采用
    A. 抗生素
    B. 维生素
    C. 细菌素
    D. 类毒素
    E. 抗毒素

12. 能引起气性坏疽的细菌是
    A. 沙门菌
    B. 产气荚膜梭菌
    C. 肉毒梭菌
    D. 破伤风梭菌
    E. 无芽胞厌氧菌

13. 肉毒梭菌所致食物中毒主要表现是
    A. 胃肠道症状
    B. 败血症
    C. 肌肉麻痹
    D. 肌肉痉挛
    E. 化脓性感染

14. 需在专性厌氧条件下生长繁殖的细菌是
    A. 破伤风梭菌
    B. 炭疽芽胞杆菌
    C. 葡萄球菌
    D. 志贺菌
    E. 白喉棒状杆菌

15. 下列哪种细菌不能产生肠毒素
    A. 金黄色葡萄球菌
    B. 霍乱弧菌
    C. 产气荚膜梭菌
    D. 肉毒梭菌
    E. 某些大肠埃希菌

16. 葡萄球菌引起急性胃肠炎的致病因素是
    A. 杀白细胞素
    B. 溶血毒素
    C. 肠毒素
    D. 血浆凝固酶
    E. 红疹毒素

17. 关于乙型溶血型链球菌,哪项是错误的
    A. 是链球菌属中致病力最强的
    B. 感染后易扩散
    C. 可引起超敏反应性疾病
    D. 产生多种外毒素,故可用类毒素预防
    E. 对青霉素敏感

18. 肺炎链球菌的致病因素主要是
    A. 内毒素
    B. 外毒素
    C. 荚膜
    D. 菌毛
    E. 侵袭性酶

19. 淋病奈瑟菌的主要传播途径是
    A. 呼吸道传播
    B. 消化道传播
    C. 伤口感染
    D. 性接触传播
    E. 节肢动物叮咬

20. 链球菌感染后引起的变态反应性疾病是
    A. 产褥热
    B. 风湿热
    C. 猩红热
    D. 波状热
    E. 以上都不是

21. 链球菌不能引起下列哪种疾病?
    A. 脓疱疮
    B. 猩红热
    C. 淋病
    D. 淋巴管炎
    E. 风湿热

22. 乙型溶血性链球菌感染后,病灶扩散趋势明显

主要是因为

A. 溶血毒素和杀白细胞素

B. 透明质酸酶、链道酶、链激酶

C. 红疹毒素和链激酶

D. 链激酶、溶血毒素、链道酶

E. 血浆凝固酶

23. 通过性接触传播的细菌是

A. 链球菌　　　B. 金黄色葡萄球菌

C. 肺炎链球菌　D. 脑膜炎奈瑟菌

E. 淋病奈瑟菌

24. 葡萄球菌引起的食物中毒与下列哪种毒素有关?

A. 杀白细胞素　B. 肠毒素

C. 内毒素　　　D. 毒性休克综合征毒素-1

E. 表皮剥脱毒素

25. 结核分枝杆菌最常见的传播途径是

A. 呼吸道传播　　　B. 消化道传播

C. 接触传播　　　　D. 创伤传播

E. 以上均不是

26. 结核分枝杆菌的主要致病物质是

A. 内毒素　　　B. 外毒素　　　C. 侵袭性酶类

D. 鞭毛　　　E. 菌体成分

27. 结核菌素试验发生机制是

A. Ⅰ型超敏反应　　　B. Ⅱ型超敏反应

C. Ⅲ型超敏反应　　　D. Ⅳ型超敏反应

E. 体液免疫

28. 关于结核分枝杆菌的生物学特性错误的是

A. 营养要求高　　　B. 生长繁殖速度慢

C. 菌落粗糙　　　　D. 对多种抗生素敏感

E. 革兰染色阴性

四、简答题

1. 葡萄球菌、链球菌引起的局部化脓性炎症各有何特点? 为什么?

2. 简述霍乱弧菌的形态与染色。

3. 简述霍乱弧菌的致病机制及防治原则。

4. 试述破伤风梭菌的致病条件及防治原则。

5. 简述结核菌素试验的原理、方法、结果及意义。

6. 简述白喉棒状杆菌、百日咳鲍特菌、嗜肺军团菌、鼠疫耶尔森菌、布鲁菌、炭疽芽胞杆菌的传播途径、致病物质、所致疾病及防治措施。

(张仙芝)

第五章 病毒概述

▊▊▊▊ 链接

病毒和人类

　　病毒广泛分布于自然界,可寄生于人类、动植物、细菌等生物体内,与人类关系极为密切。人类传染病约有75%是由病毒引起的。病毒性疾病传染性强,流行广泛,后遗症严重,死亡率高,而且很少有特效药物治疗,严重危害人类健康。常见的病毒有肝炎病毒、麻疹病毒、狂犬病毒等。近年流行的艾滋病、SARS、禽流感、H1N1流感、埃博拉出血热等,给人类健康和生活、经济等造成了巨大损失,这些疾病的病原体也是病毒。有的病毒与肿瘤和癌症的发生密切相关,因此,病毒学已成为医学与生命科学研究的热门学科之一。

　　病毒(virus)是一类个体微小,结构简单,只含一种核酸(DNA或RNA),必须在活的易感细胞内寄生,以复制方式增殖的非细胞型微生物。

考点:病毒的概念

第一节　病毒的基本性状

一、病毒的大小与形态

(一)病毒的大小

　　病毒个体微小,用于测量其大小的单位为纳米(nm)。各种病毒的大小相差悬殊,一般分为大、中、小三型。大型病毒,直径为200~300nm,这类病毒在光学显微镜下勉强可见,如痘类病毒;中型病毒,直径为80~150nm,如流行性感冒病毒;小型病毒,直径为18~30nm,如口蹄疫病毒与脊髓灰质炎病毒等。

　　多数病毒小于150nm,必须用电子显微镜放大数千倍至数万倍后才能看到。病毒与其他微生物及其他物质大小比较,如图5-1。

(二)病毒的形态

　　病毒的形态多种多样,大多数病毒呈球形或近似球形,少数呈砖形(痘类病毒)、弹形(狂犬病毒)、杆状(植物病毒)、蝌蚪状(噬菌体)。人类病毒多为球形。常见病毒形态如图5-2。

考点:病毒大小的测量单位及常见病毒形态

二、病毒的结构、化学组成和功能

　　病毒属于非细胞型微生物,无细胞结构,其化学成分主要由单一核酸(DNA或RNA)与蛋白质组成。其基本结构包括核心和衣壳,两者构成核衣壳,此即最简单的病毒体。有些病毒的核衣壳外面还有一层包膜,包膜上常形成一些刺状突起,称为刺突。有包膜的病毒称包膜病毒,无包膜的病毒称裸病毒(图5-3)。

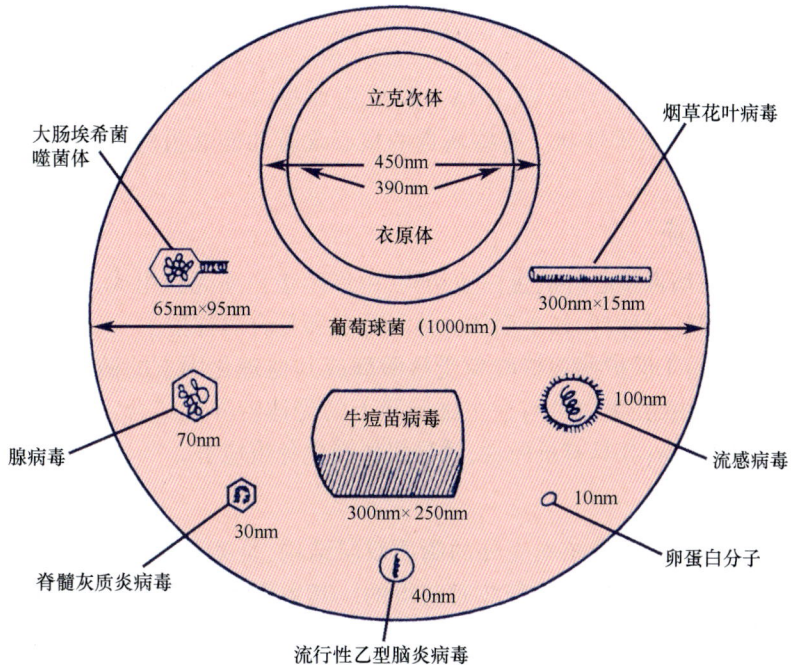

图 5-1 病毒与其他微生物及其他物质大小比较示意图

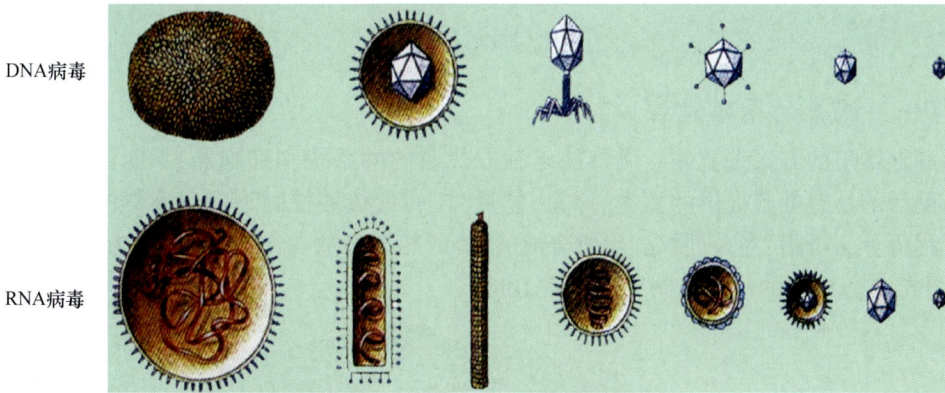

图 5-2 常见病毒的形态与结构示意图

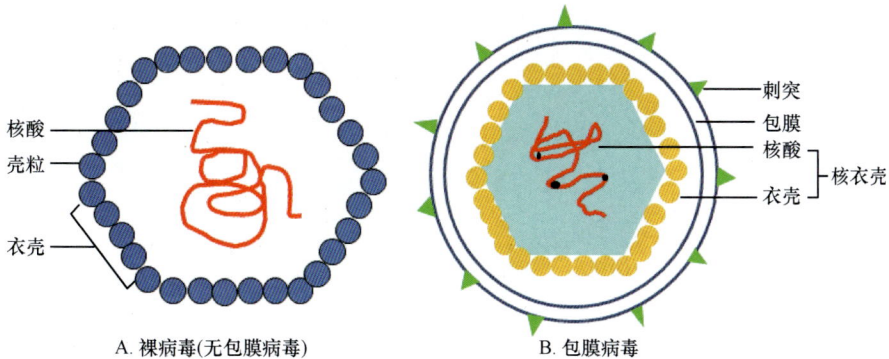

图 5-3 病毒结构模式图

裸病毒和包膜病毒都是结构完整具有传染性的病毒颗粒,统称为病毒体。

(一) 病毒核心

病毒核心为单一核酸(DNA 或 RNA),构成病毒基因组,携带病毒遗传信息,控制病毒遗传变异、复制、感染等性状。有些病毒的核心含有功能性蛋白,如 DNA 聚合酶和逆转录酶等。

(二) 病毒衣壳

衣壳是包绕在病毒核心外的蛋白质结构,由许多蛋白质壳粒组成。按其数量和排列方式不同可组成螺旋对称型、二十面体立体对称型和复合对称型。

病毒衣壳功能:①保护病毒核酸免受核酸酶或其他理化因素的破坏;②决定病毒对宿主细胞的亲嗜性,衣壳蛋白可与宿主细胞膜上的受体特异性结合,介导病毒侵入细胞内,引起宿主细胞感染;③具有抗原性,诱导机体产生免疫应答。

(三) 病毒包膜

包膜是包绕在某些病毒核衣壳外的脂质双层结构,是某些病毒在成熟过程中,穿过宿主细胞膜以出芽方式向细胞外释放时获得的。其主要成分来自宿主细胞膜的脂质双层结构及病毒编码的糖蛋白。

包膜的功能:①保护核衣壳;②与病毒吸附和穿入宿主细胞有关;③病毒糖蛋白具有抗原性,诱导机体产生免疫应答。

考点:病毒的结构、化学组成和功能

三、 病毒的增殖

(一) 病毒的增殖过程

病毒增殖的方式是复制。病毒缺乏独立代谢的酶系统和细胞器,不能独立生存,必须借助活的易感细胞提供的酶类、原料、能量,在病毒核酸控制下完成病毒的自我复制。其过程可分为吸附、穿入、脱壳、生物合成、组装成熟与释放 5 个步骤,称之为一个复制周期(图 5-4)。病毒的一个复制周期约需 10h。

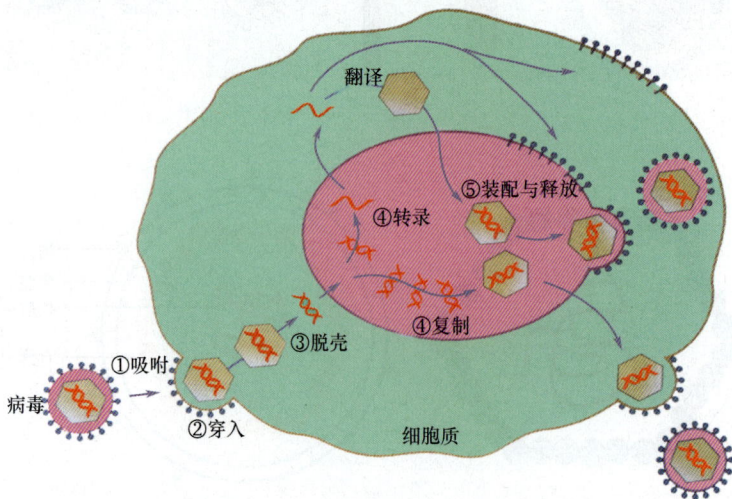

图 5-4　双链 DNA 病毒增殖过程示意图

病毒复制周期翻译出的早期蛋白为功能性蛋白,其作用主要是为病毒核酸复制提供酶类,参与调节控制宿主细胞的自身代谢。而晚期蛋白主要是病毒衣壳蛋白。

成熟病毒向细胞外释放一般有两种方式:①破胞释放,裸病毒在宿主细胞内经复制周期可增殖数百个至数千个子代病毒,致使细胞破裂,一次性将子代病毒全部释放至细胞外;②出芽释放,有包膜的病毒,在组装完成后,以出芽的方式释放到细胞外,由此而获得包膜。细胞一般不死亡,仍可照常分裂繁殖。

(二)包涵体

某些病毒在宿主细胞内增殖后,在细胞质或细胞核内可形成圆形或椭圆形,嗜碱性或嗜酸性的斑块结构,称包涵体。包涵体的本质是由病毒颗粒及未装配的病毒成分等组成,是细胞被病毒感染的指标。包涵体在光学显微镜下可见,检查包涵体可辅助诊断某些病毒性疾病,如狂犬病毒在神经细胞内增殖后形成的内基小体(图5-5)。

考点:病毒的增殖

四、 病毒的干扰现象

当两种病毒同时或先后感染同一宿主细胞时,可发生一种病毒抑制另一种病毒复制增殖的现象,称病毒的干扰现象。干扰现象可发生在异种病毒之间,也可发生在同种、同型或同株之间。病毒之间的干扰现象可使某些感染终止,宿主不发病,此外,在预防接种时,应避免同时使用具有干扰作用的两种病毒疫苗,以防降低疫苗的免疫效果。

干扰现象的发生原因可能是:①病毒诱导宿主细胞产生干扰素,抑制了被干扰病毒的生物合成;②一种病毒破坏了宿主细胞的表面受体,或改变了宿主细胞的代谢途径,消耗了宿主细胞的原料、酶和能量,影响了另一种病毒的复制;③病毒的吸附受到干扰或改变了宿主细胞的代谢途径,影响病毒的吸附与穿入的复制过程。

考点:包涵体的概念和用途

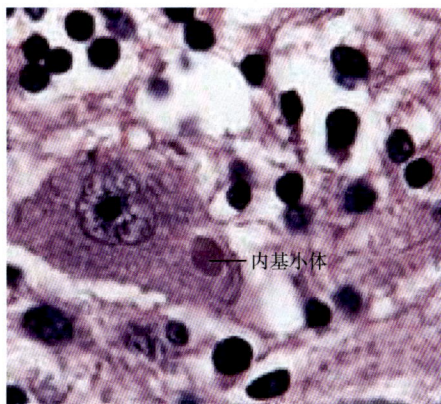

图5-5 狂犬病毒包涵体(内基小体)

五、 病毒的抵抗力

病毒受理化因素作用而失去感染性,称为病毒的灭活。

1. 温度 多数病毒耐冷不耐热,因此常用低温(−70℃)、液氮温度(−196℃)及冷冻真空干燥保存病毒。加热60℃ 30min,除肝炎病毒外,多数病毒被灭活。

2. 酸碱度 多数病毒在pH5~9存活,pH低于5或高于9可迅速灭活,但也有少数病毒如肠道病毒在pH3~5时相对稳定。

3. 脂溶剂 因病毒的包膜含脂质成分,故包膜病毒对脂溶剂如乙醚、氯仿等敏感,无包膜的病毒对脂溶剂有抗性。

4. 消毒剂 病毒对H_2O_2、乙醇、过氧乙酸、高锰酸钾、漂白粉等消毒剂敏感。

5. 抗生素 病毒对抗生素不敏感,但对干扰素敏感。

病毒对50%甘油有耐受力,常用50%甘油盐水保存送检的病毒材料。有些中草药如板蓝根、大青叶等对某些病毒有一定的抑制作用。

考点:病毒的抵抗力

链 接

病毒的变异性

病毒的变异表现在毒力变异、耐药性变异、抗原性变异、形态变异等。病毒的抗原性变异,可导致机体因对其缺乏免疫力而发生病毒性疾病的流行,如流感病毒、HIV 等。病毒的致病性降低或增强,称为毒力变异。可利用病毒毒力由强变弱制备疫苗,如狂犬疫苗,麻疹减毒活疫苗等。

第二节 病毒的致病性与感染

一、病毒的感染方式和类型

病毒感染:是指病毒侵入机体,并在易感细胞内复制增殖,与机体相互作用而引起不同程度的病理过程。

(一)病毒感染的方式和途径

1. 水平感染 指病毒在机体不同个体之间的传播,包括从动物到动物再到人的感染。其感染途径与细菌相似,主要有以下几种:①消化道感染,如甲型肝炎病毒;②呼吸道感染,如流行性感冒病毒;③接触感染,包括直接或间接接触而引起的感染,如人类免疫缺陷病毒(HIV);④血源感染,如乙型肝炎病毒(HBV);⑤媒介昆虫叮咬及动物咬伤感染,如流行性乙型脑炎病毒、狂犬病毒等。

2. 垂直感染 是病毒感染特点之一,存在于母体的病毒经胎盘或产道由亲代传播给子代的方式,称垂直感染。垂直感染可引起先天性疾病或流产、死胎等,造成严重的后果。如风疹病毒感染孕妇可致胎儿先天性耳聋、双目失明等风疹综合征,常引起垂直感染的病毒还有人类免疫缺陷病毒、乙型肝炎病毒、巨细胞病毒等。

考点:水平感染的概念

考点:垂直感染的概念、病毒的感染方式

(二)感染的类型

1. 隐性感染 病毒侵入机体后不引起明显的临床症状,称隐性感染或亚临床感染。发生隐性感染与侵入机体内的病毒数量少、毒力弱、机体抵抗力强有关。隐性感染可使机体获得特异性免疫力,但也可能成为重要的传染源。

2. 显性感染 病毒侵入机体引起明显的临床症状,称显性感染。根据症状出现早晚和持续时间长短又分为急性感染和持续性感染。

(1)急性感染:潜伏期短,发病急,病程短,数月或数周,病情较重,病愈后体内不再有病毒存在,如流行性感冒和急性甲型肝炎等。

(2)持续性感染:一般病程较长,病毒持续存在体内,可出现症状,也可不出现症状而终身携带病毒,成为重要的传染源。按病程又分为三种:①慢性感染,急性或隐性感染后,病毒未完全清除,在体内持续存在,症状时有时无,病程可达数月至数年之久,如慢性乙型肝炎;②潜伏感染,病毒感染后,病毒长期潜伏于特定的组织细胞内,不增殖,也不出现临床症状,在某些条件下,潜伏的病毒被激活增殖,急性发作而出现临床症状,如水痘-带状疱疹病毒(VZV)引起的带状疱疹,单纯疱疹病毒 1 型(HSV-1)引起的唇疱疹;③慢发病毒感染,较为少见,但后果严重。病毒感染后,经数年或数十年的潜伏期,一旦发病出现症状,多为亚急性进行性加重,最终导致死亡,如人类免疫缺陷病毒感染引起的获得性免疫缺陷综合征,麻疹病毒感染数十年后引起的亚急性硬化性全脑炎(SSPE)。

案例 5-1

患者,女,42 岁。常常在感冒、过度劳累、日晒、月经、情绪激动时,在口唇边缘、鼻孔周围及口角部位出现针头大小的成群疱疹,自觉有轻度痒和烧灼感,数日后结痂痊愈,生活中反复发作。

问题:

1. 该患者考虑什么疾病?

2. 疱诊在同一部位反复发作的机制是什么?

案例 5-1 分析

根据临床症状表现,判断为单纯疱疹病毒 1 型感染。HSV-1 型原发感染后,部分病毒未被清除,而潜伏在三叉神经节、骶神经节及自主神经内,病毒不增殖,也不引起临床症状,在某些不利因素刺激下,病毒被激活而增殖,沿传出神经在其分布支配的皮肤黏膜上引起复发感染。随着机体免疫功能的完善,唇疱疹可自愈,病毒又潜伏回原处,所以唇疱疹可以在同一部位反复发作。

链 接

抗病毒免疫

(一) 非特异性免疫

在病毒的非特异性免疫中,机体的屏障结构、吞噬细胞、补体系统、NK 细胞均有作用,但干扰素起主要作用。

(二) 特异性免疫

1. 体液免疫的保护作用 抗病毒抗体主要有 IgG、IgM、IgA 三类抗体,这些抗体能与细胞外游离的病毒结合,抑制病毒的吸附,从而终止病毒的感染,称为中和病毒。

2. 细胞免疫的保护作用 抗体一般只能清除细胞外游离的病毒,而对侵入细胞内的病毒,主要依赖于 $CD8^+$ T 细胞的直接杀伤作用和 $CD4^+$ T 细胞释放的细胞因子的作用。

二、病毒的致病机制

(一) 直接损伤宿主细胞

病毒损伤宿主细胞的方式因病毒种类不同而异。

1. 杀细胞效应 病毒在宿主易感细胞内增殖,导致宿主细胞溶解死亡。多见于裸病毒。杀细胞效应机制:①病毒感染抑制了宿主细胞核酸和蛋白质合成;②病毒蛋白发挥毒性作用,破坏宿主细胞;③破坏宿主细胞溶酶体,使细胞自溶;④损伤宿主细胞细胞器,产生非特异性杀伤作用。

2. 细胞膜改变 在病毒感染中,引起宿主细胞膜改变多见于有包膜的病毒。表现在:①感染细胞与未感染细胞融合,形成多核巨细胞;②细胞膜出现新抗原,引起免疫病理损伤;③引起细胞膜通透性改变。

3. 细胞转化 能引起细胞转化的多见于 DNA 病毒和逆转录病毒。病毒核酸整合到宿主细胞 DNA 中,引起宿主细胞遗传型和生物学性状改变,导致细胞癌变。

4. 细胞凋亡 是指在宿主细胞基因指令下发生的细胞程序性死亡过程。某些病毒感染后可诱导细胞凋亡。

（二）引起免疫病理损伤

病毒感染后往往导致宿主细胞膜改变或形成病毒特异性抗原，诱导机体产生体液免疫和细胞免疫，从而引起免疫病理损伤，通过Ⅱ型、Ⅲ型和Ⅳ型超敏反应引起机体组织损伤。

链 接

病毒与肿瘤的关系

在很长一段时间内，病毒与人类肿瘤究竟有什么关系，没有得到肯定的结果。但近十年来，流行病学调查和分子生物学的研究表明，两者之间确实存在着密切的关系。1989年，世界上一些著名的病毒学家和肿瘤学家在智利圣地亚哥举行的"DNA病毒在人类肿瘤中的作用"国际研讨会上，首次确定了至少有三种病毒与人类肿瘤的密切关系。这就是肝炎病毒（HBV、HCV）与肝细胞癌，爱泼斯坦-巴尔病毒（EBV）与伯基特（Burkitt）淋巴瘤、鼻咽癌，人乳头瘤病毒（HPV）与宫颈癌有直接关联。1980年，人们曾发现人类嗜T细胞病毒（HTLV）与人类某些淋巴细胞性白血病的关系，使人类肿瘤病毒病因学获得巨大突破。对病毒与人类肿瘤关系的研究十分重要，如能弄清肿瘤病毒的致癌机制，将有助于开辟治疗和预防肿瘤的新途径与方法。

第三节　病毒的检查方法与防治原则

一、病毒感染的微生物检查

（一）标本的采取与送检

标本正确采取和运送是病毒感染检查成功的关键。

1. 标本采取　标本采取应做到无菌操作，早期采取。依据感染部位采取不同标本，通常有鼻咽分泌物、痰液、脑脊液、血液、粪便等标本。

2. 标本送检　采集到标本应立即送检，或将标本置于含有抗生素的50%甘油盐水缓冲液中，并存放于带有冰块的保温瓶内送检，不能送检的标本应置于-70℃保存。

（二）形态学检查

1. 光学显微镜检查　仅用于大型病毒颗粒检查及某些病毒在宿主细胞内增殖后形成的包涵体检查。

2. 电子显微镜检查　早期病毒感染标本中的病毒颗粒，如甲肝患者粪便中的甲型肝炎病毒、秋季腹泻患者粪便中的轮状病毒等，均可在电镜下观察到具有特征性的病毒颗粒。

（三）免疫学检查

检测病毒抗原抗体的常用方法有：①酶联免疫吸附试验；②放射免疫测定；③免疫荧光技术。

（四）病毒核酸的检测

检测病毒核酸的方法有：①聚合酶链反应检查标本中病毒核酸复制状况，目前已广泛应用于病毒性疾病的诊断；②核酸杂交技术，用标记同位素的已知序列的单链核酸作探针，检测标本中同源或部分同源的病毒核酸。

（五）病毒的分离培养

病毒只能在活的易感细胞内复制增殖,常用的分离培养方法包括动物培养法、鸡胚培养法和组织培养法。

1. 动物培养法 最原始的病毒分离培养方法。常用的动物有小鼠、大鼠、家兔、猴子等。可根据病毒的嗜组织性选择敏感动物及接种途径,如鼻内、皮下、腹腔、脑内等。接种后常以动物是否发病或死亡作为病毒感染的指标。

2. 鸡胚培养法 鸡胚是用于分离流感病毒、疱疹病毒的理想材料。通常选用孵化9~14天的鸡胚来培养病毒。根据病毒种类选择不同接种部位,如绒毛尿囊膜接种、羊膜腔接种、卵黄囊接种等途径。根据鸡胚病变特征或死亡鉴定病毒,或收集鸡胚尿囊液进一步鉴定病毒(图5-6)。

3. 组织培养法 将离体活组织或分散的活细胞在培养瓶内加以培养形成单层细胞,用于培养病毒,称为组织培养法。病毒在组织内增殖可引起细胞病变效应(CPE),表现为细胞形态学改变,如细胞变圆、聚集、坏死、脱落、溶解形成空斑,或可使细胞融合形成多核巨细胞,还可在细胞质或核内形成包涵体。

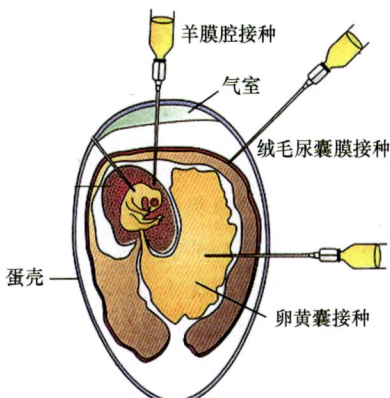

图5-6 鸡胚接种部位示意图

考点:病毒感染的微生物检查

二、病毒的防治原则

对病毒性疾病的药物治疗效果远不如对细菌性疾病的抗生素治疗的疗效,因此,预防病毒感染十分重要。

（一）病毒性疾病的预防

1. 一般性预防 冬春季节,温度降低,病毒活跃,所以病毒性疾病多发生于冬春季。预防病毒感染,首先要加强宣传活动,认识病毒性疾病对人类的危害性。其次要:①控制传染源,隔离、治疗患者;②切断传播途径;③保护易感人群。总之,不同病毒性疾病采取的预防措施不同,但最有效的预防措施还是免疫学特异性预防。

链 接

养成良好习惯,切断传播途径

切断病毒的传播途径最重要的一条就是要养成良好的生活习惯和个人卫生习惯,注意生活有规律,早睡早起,经常参加体育活动,增强体质。根据气候变化增减衣物,经常开窗开门,通风透气,勤洗手,勤洗晒被褥。在疾病多发或流行时,避免到人群密集或空气不通的场所,有助于减少疾病的发生。必要时应对居住环境进行地面和空气消毒。

2. 特异性预防

（1）人工自动免疫:接种疫苗使机体产生自动免疫,是预防和控制病毒性疾病的有效措施。常用的疫苗包括:减毒活疫苗如脊髓灰质炎疫苗、麻疹疫苗、流感疫苗等;灭活疫苗如乙脑疫苗;基因工程疫苗如乙肝疫苗。

（2）人工被动免疫:常用的生物制剂有胎盘球蛋白、丙种球蛋白、转移因子等,可用于某些病毒性疾病的紧急预防。

（二）病毒感染的治疗

1. 人工被动免疫　人工被动免疫可用于某些病毒性疾病的治疗。

2. 药物治疗　对抗病毒药物的选择，一方面要选用能穿入细胞选择性抑制病毒复制又不损伤宿主细胞的药物，另一方面选用能提高机体免疫力，促进清除病毒感染的细胞。目前抗病毒药物或制剂主要有：盐酸金刚烷胺、阿昔洛韦、阿糖腺苷等。

3. 干扰素及干扰素诱生剂　干扰素具有广谱抗病毒作用、抗肿瘤作用和免疫调节作用，可用于多种病毒感染的治疗。

链　接

干　扰　素

干扰素（IFN）是由病毒或干扰素诱生剂（如聚肌胞）诱导宿主细胞产生的具有多种生物学活性的糖蛋白。根据产生干扰素的细胞不同，可分为：①α-干扰素（IFN-α），由人白细胞产生；②β-干扰素（IFN-β），由人成纤维细胞产生；③γ-干扰素（IFN-γ），由 T 细胞产生。IFN-α和 IFN-β 属于 I 型干扰素，抗病毒作用强于免疫调节作用，IFN-γ 属于 II 型干扰素，也称免疫干扰素，主要起免疫调节作用。

干扰素作用于细胞后，诱导细胞产生抗病毒蛋白，抑制病毒的生物合成。

干扰素的生物学作用有以下几方面。

1. 广谱抗病毒作用。干扰素抗病毒无特异性，主要是通过诱导受染细胞产生抗病毒蛋白来抑制多种病毒的增殖。

2. 抗肿瘤作用。干扰素主要通过抑制肿瘤细胞增生、促进肿瘤细胞凋亡、抑制癌基因表达、抑制肿瘤转移、诱导肿瘤细胞分化等机制起抗肿瘤作用。

3. 免疫调节作用。干扰素对免疫细胞具有调节作用，它能活化 NK 细胞和 Tc 细胞，增强其杀伤靶细胞的能力。

干扰素的产生早于抗体，所以，可早期中断病毒复制，阻止病毒扩散。

4. 中草药　常用的有板蓝根、大青叶、贯众、黄芩等。目前许多专家已发现多种中草药具有很好的抗人类免疫缺陷病毒活性。

链　接

亚　病　毒

亚病毒是一类比病毒更简单，仅具有某种核酸而不具有蛋白质，或仅具有蛋白质而不具有核酸，能感染动植物的微小病原体。包括类病毒、拟病毒、朊病毒。

类病毒：无蛋白质，有单独感染性的单股环状 RNA，大小仅为最小病毒的 1/20 左右，主要引起马铃薯、柑橘等经济作物的严重病害。

拟病毒：又称卫星病毒，只有不能单独感染细胞的单链 RNA，需要依赖辅助病毒的辅助才具有感染性，可引起苜蓿等植物病害。

朊病毒：又称蛋白质感染因子，是一种只含有蛋白质而无核酸的分子生物，朊病毒对人类最大的威胁是可以导致人类和家畜患中枢神经系统退化性病变，使其最终不治而亡。如人的库鲁病、克雅病、动物的疯牛病、羊瘙痒病。WHO 将朊病毒所致病和艾滋病并列为世纪之交危害人类健康的顽疾。

小结

病毒是一类个体微小、结构简单、只含一种核酸、必须在活的易感细胞内寄生、以复制方式增殖的非细胞型微生物。人类传染病约 75% 由病毒引起。

病毒大小以 nm 为测量单位。病毒的基本结构是核心和衣壳，特殊结构是包膜；根据包膜的有无可将病毒分为包膜病毒和裸病毒。病毒化学成分主要有核酸和蛋白质。病毒的增殖过程包括吸附、穿入、脱壳、生物合成、组装成熟与释放 5 个阶段。病毒受理化因素作用而失去感染性称为灭活。

病毒感染方式包括水平感染和垂直感染。机体感染的类型有隐性感染和显性感染，而持续性感染则是病毒感染的主要特征。病毒对机体的致病作用主要表现在病毒对宿主细胞的直接损伤作用和病毒感染引起的免疫病理损伤。前者表现为杀细胞效应、细胞膜改变、细胞转化和细胞凋亡。后者表现为 Ⅱ、Ⅲ、Ⅳ型超敏反应。

微生物学检查要合理采取标本并进行形态学和免疫学、病毒核酸等检查。病毒性疾病目前还缺乏可靠的特效治疗药物，故通过预防接种提高人群免疫力，对预防和控制病毒性疾病具有重要意义。

目标检测

一、名词解释

1. 病毒　2. 水平感染　3. 垂直感染　4. 持续性感染　5. 包涵体

二、填空题

1. 病毒结构由_____和_____组成，有的病毒衣壳外还有_____。
2. 病毒化学组成主要有_____、_____等。
3. 病毒增殖周期包括_____、_____、_____、_____、_____5 个阶段。
4. 成熟病毒从宿主细胞内释放的方式有_____、_____。
5. 病毒感染方式有_____、_____，感染途径有_____、_____、_____、_____等。
6. 病毒持续性感染包括_____、_____、_____。
7. 人类传染病绝大多数由_____引起，目前对病毒性疾病尚无特异性药物治疗，故更应当注重_____。
8. 分离培养病毒的方法包括_____、_____、_____。

三、选择题

1. 测量病毒大小的单位是

A. m 　　　　　　　B. cm
C. mm 　　　　　　D. nm
E. μm

2. 病毒的增殖方式是

A. 二分裂 　　　　　B. 复制
C. 芽生 　　　　　　D. 裂殖
E. 多分裂

3. 人类病毒形态多数呈

A. 杆状 　　　　　　B. 丝状
C. 球形 　　　　　　D. 弹状
E. 砖形

4. 对抗生素不敏感的微生物是

A. 细菌 　　　　　　B. 立克次体
C. 衣原体 　　　　　D. 螺旋体
E. 病毒

5. 使用光镜辅助病毒性疾病的诊断，可检测

A. 病毒体 　　　　　B. 免疫复合物
C. 包涵体 　　　　　D. 病毒基因表达产物
E. 病毒相应抗体

四、简答题

1. 简述病毒的增殖过程。
2. 试述病毒的感染方式和感染类型。

（路转娀）

第六章 常见的病毒

第一节 呼吸道病毒

呼吸道病毒是指一大类能侵犯呼吸道引起呼吸道局部病变或以呼吸道为侵入门户，引起呼吸道外组织器官病变的病毒。呼吸道病毒中最常见的是流感病毒，另外还有麻疹病毒、腮腺炎病毒等。据统计，90%以上急性呼吸道感染由病毒引起。

一、流行性感冒病毒

流行性感冒病毒简称流感病毒，有甲（A）、乙（B）、丙（C）三型，引起人和动物的流行性感冒（简称流感）。其中甲型流感病毒是引起人类流感流行最主要的病原体。

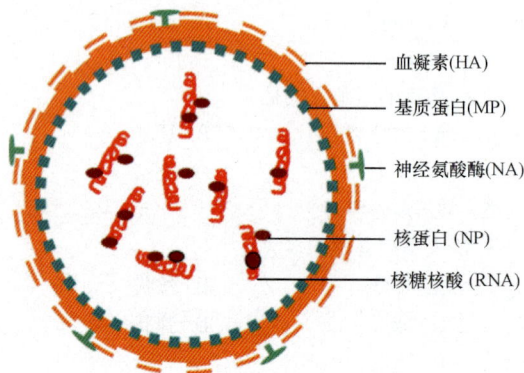

图 6-1　流行性感冒病毒示意图

血凝素（HA）
基质蛋白（MP）
神经氨酸酶（NA）
核蛋白（NP）
核糖核酸（RNA）

（一）生物学特性

1. 形态结构　流感病毒呈球形或椭圆形，也可呈丝状，球形直径 80～120nm（图 6-1）。病毒核酸为含 7 或 8 个节段的单股负链 RNA，包绕核酸的为核蛋白（NP），即衣壳，呈螺旋对称型，流感病毒包膜有两层结构，内层为病毒基因编码的基质蛋白（MP），具有保护病毒核心和维持病毒外形的作用，包膜外层为来自宿主细胞的脂质双层膜（图 6-1）。甲型和乙型流感病毒包膜上面镶嵌有两种糖蛋白刺突，即血凝素（HA）和神经氨酸酶（NA）。目前发现的 HA 有 15 种（H1～H15），NA 有 9 种（N1～N9）。HA 和 NA 是划分流感病毒亚型的依据。

2. 分型、变异　根据 NP 和 MP 蛋白抗原性的不同可将流感病毒分为甲、乙、丙三型；甲型又可根据 HA 和 NA 抗原性不同，再区分为若干亚型。乙型、丙型流感病毒至今尚未发现亚型。

流感病毒 HA 和 NA 易发生变异，HA 变异更快。流感病毒抗原变异有两种形式：①抗原漂移，其变异幅度小，HA、NA 氨基酸的变异率小于 1%，引起甲型流感周期性的局部中小型流行；②抗原转变，变异幅度大，HA 氨基酸的变异率为 20%～50%，导致新亚型的出现。由于人群完全失去免疫力，每次新亚型出现都曾引起世界性的流感暴发流行。近一个世纪，甲型流感病毒已经历过数次重大变异（表 6-1）。

3. 抵抗力　流感病毒耐冷不耐热，56℃ 30min 被灭活，0～4℃能存活数周，−70℃以下可长期保存；对干燥、紫外线、乙醚、甲醛、乳酸等均敏感。

考点：抗原漂移、抗原转变的概念，甲型流感病毒变异与流感流行的关系

表 6-1　甲型流感病毒抗原转变引起的世界性流行

病毒亚型	原甲型	亚甲型	亚洲甲型	香港甲型	香港甲型与新甲型
抗原结构	H0N1	H1N1	H2N2	H3N2	H3N2 或 H1N1
流行年代	1930~	1946~	1957~	1968~	1977~

（二）致病性与免疫性

病毒经飞沫在人与人之间直接传播，冬春季为流行季节，传染性强，病毒感染后症状轻重不等，约 50% 感染后无症状。病毒在呼吸道上皮细胞内增殖，引起细胞变性、坏死、脱落，黏膜充血水肿。潜伏期 1~4 天，突然发病，有畏寒、发热、头疼、肌痛、厌食、乏力、鼻塞、流涕、咽痛和咳嗽等症状。体温可高达 38~40℃，持续 3~5 天。病毒仅在局部增殖，一般不入血。流感具有自限性，无并发症患者 5~7 天即可痊愈。年老体弱、免疫力低下、心肺功能不全者和婴幼儿在感染后，易继发细菌性感染，特别是肺炎，可危及生命。

流感病毒感染后可产生特异性中和抗体，包括 IgG、IgM 和 sIgA。局部中和抗体 sIgA 和血清中和抗体在预防感染和阻止疾病发生中有重要作用，病后免疫力不持久，仅对同型病毒具有短暂免疫力。各亚型间无交叉免疫性。

链接

甲型 H1N1 流感

相信大家还记得 2009 年发生的那次流感流行，世界卫生组织初始将此型流感称为"人感染猪流感"，后来正名为 A 型 H1N1 流感，国内把它汉化为甲型 H1N1 流感，媒体有时则干脆简称甲型流感。这种简称极为不当。流感病毒分为甲、乙、丙（或 A、B、C）三型，其中最常见的就是甲型，每年流行的季节性流感大多是甲型流感。因此把这次特别的流感简单地称为甲型流感并不能将它与一般的流感区分开。

那次在墨西哥暴发并在全球范围内蔓延的流感是由 A 型流感病毒引起的呼吸道传染病，世界卫生组织称，这次引发的甲型 H1N1 流感是猪流感、禽流感和人流感病毒经过"洗牌效应"产生的新病毒。不同的病毒相遇后交换基因，变异为新型的混种病毒，因此人类对其缺乏免疫力。中国卫生部于 5 月 11 日上午确诊了中国内地首例甲型 H1N1 流感患者。

（三）防治原则

流行期间应尽量避免人群聚集，必要时戴口罩，保持室内通风清洁，公共场所可用乳酸加热熏蒸，能灭活空气中的流感病毒。

免疫接种是预防流感的特异性方法，但必须与当前流行株的型别基本相同，目前使用较多的为灭活疫苗。

流感尚无特效疗法，盐酸金刚烷胺及其衍生物甲基金刚烷胺可减轻全身中毒症状。此外，干扰素滴鼻及中药板蓝根、大青叶等有一定疗效。

考点：流感的预防

链接

什么是禽流感？

禽流感是由禽流感病毒引起的一种人、禽共患的急性传染病，主要发生在鸡、鸭、鹅、鸽子等禽类。在禽类中传播快，病死率高，主要传染源为感染禽流感的鸡、鸭等禽类。流行可由 H5N1、H7N7 等血清型引起。人类直接接触感染病毒的禽类及其粪便和分泌物可被感染，目前尚未发现禽流感病毒在人与人之间传播。人类患禽流感后，早期症状与其他流感相似，主要表现为高热(39℃以上)、咳嗽、咽痛、头痛、全身不适等。严重时可出现多器官衰竭，以致死亡。禽流感病毒不耐热，100℃ 1min 即可被灭活，禽肉、蛋煮熟、煮透后病毒传播的可能性极小，穿羽绒服、盖鸭绒被肯定不会传染禽流感。

二、冠状病毒

冠状病毒是引起人和动物多种疾病的一类病毒。冠状病毒只感染脊椎动物，可引起人和动物呼吸道、消化道、肝脏及神经系统疾病。

(一) 生物学特性

冠状病毒大小为 120～160nm，单股正链 RNA，核衣壳呈螺旋对称，有包膜，包膜上有排列间隔较宽的突起，使整个病毒颗粒外形如日冕或冠状而得名(图6-2)。

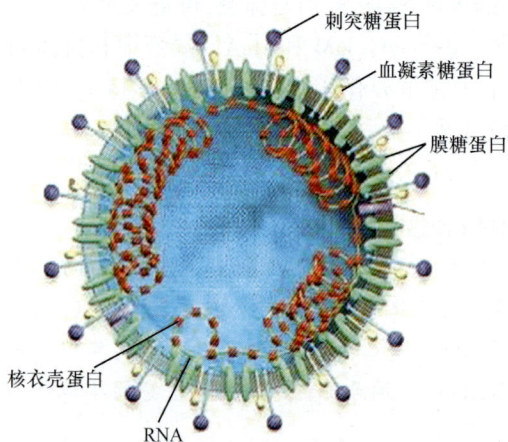

图 6-2 冠状病毒示意图

刺突糖蛋白
血凝素糖蛋白
膜糖蛋白
核衣壳蛋白
RNA

(二) 致病性与免疫性

感染源为患病的人、哺乳动物和鸟类。传染性强，好发于冬春季。冠状病毒通过飞沫经呼吸道近距离传播。病毒侵犯上呼吸道，一般引起轻型感染，冠状病毒还与人类腹泻和胃肠炎有关。

病后血清中可有抗体产生，但免疫力不强，再感染仍可发生。

(三) 防治原则

本病无特异疗法，我国对重症患者使用肾上腺皮质激素、干扰素、中医中药、适当抗生素及支持疗法等综合治疗措施，有较好疗效。

链接

SARS 冠状病毒

SARS 冠状病毒是严重急性呼吸综合征(SARS)的病原体。SARS 自 2002 年 11 月在我国广东佛山市首次报告病例后，迅速流行，涉及 32 个国家和地区，平均病死率达 11%。2003 年 4 月 16 日，WHO 正式宣布 SARS 的病原体是一种新型冠状病毒，称为 SARS 冠状病毒。其形态与普通冠状病毒相似，呈不规则形，有包膜，对热的抵抗力较普通冠状病毒强，56℃ 30min 可被灭活，在粪便和尿中可存活 1～2 天，对脂溶剂、酸、普通消毒剂敏感。

SARS 的传染源主要是患者，传播途径以近距离飞沫传播为主，也可通过接触患者呼吸道分泌物经口、鼻、眼传播，以及粪-口等其他途径传播。人群普遍易感，患者家庭成员和医护人员等密切接触者是本病高危人群。临床以发热为首发症状，体温高于 38℃，可伴有头痛、乏力、关节痛等，继而出现干咳、胸闷气短等症状，严重者出现呼吸困难和低氧血症、休克、弥散性血管内凝血(DIC)等，病死率高。病后免疫力不强，再感染仍可发生。

对 SARS 预防主要是严密隔离患者，严格消毒，注意个人卫生，切断传播途径，加强锻炼提高机体免疫力。目前尚无疫苗用于特异性预防，对患者的治疗主要采取支持疗法和对症治疗。

三、麻疹病毒

麻疹病毒呈球形,直径150nm。核心为不分节的单股负链RNA,衣壳呈螺旋对称,有包膜,包膜上有放射状排列的刺突。麻疹病毒只有一个血清型。

麻疹病毒是麻疹的病原体。麻疹多见于6个月至5岁的婴幼儿,好发于冬春季。急性期患者为传染源,主要通过飞沫直接传播,有的可通过鼻腔分泌物污染玩具、用具等感染易感人群,潜伏期9~12天,潜伏期至出疹期均具有传染性。病毒首先在呼吸道上皮细胞内增殖,然后进入血流,出现第一次病毒血症,大多数患儿口颊黏膜出现灰白色外绕红晕的黏膜斑(柯氏斑),对临床早期诊断有一定意义。病毒随血流侵入全身淋巴组织和单核吞噬细胞系统,在其细胞内增殖后,再次入血形成第二次病毒血症,临床表现除高热、畏光,还有鼻炎、眼结膜炎、咳嗽等症状,此时患者传染性最强。发病2天后,患者全身皮肤相继出现红色斑丘疹,皮疹的出现具有一定规律,先颈部,然后躯干,最后四肢。麻疹一般可自愈。抵抗力低下者,可出现并发症,常见的是肺炎,占麻疹死亡率的60%,最严重的是脑炎,极个别患者病毒可持续潜伏在脑组织,于患者恢复数年(平均7年)后,引起亚急性硬化性全脑炎(SSPE)。

考点:麻疹患者的临床表现及柯氏斑

案例6-1

患儿,男,5岁,近日高热、咳嗽、畏光。医生检查口颊黏膜有柯氏斑,继而全身皮肤出现红色斑丘疹。

问题:

1. 该患儿可能患什么病?

2. 该病最常出现的并发症是什么?

案例6-1分析

大多数麻疹患儿在口颊黏膜处会出现柯氏斑,故该患儿可能患麻疹。麻疹患者常见的并发症是肺炎,最严重的并发症是脑炎。所以要对患儿加强护理。

麻疹自然感染后可获得牢固免疫力,抗体可持续终生,经母体获得的抗体能保护新生儿。麻疹减毒活疫苗是当前最有效的预防方法。对接触麻疹患者的易感者,用丙种球蛋白或胎盘球蛋白进行人工被动免疫,可有效阻止发病或减轻症状。

考点:麻疹的预防

四、腮腺炎病毒

腮腺炎病毒是流行性腮腺炎的病原体。病毒呈球形,核心为单股负链RNA,衣壳为螺旋对称型,有包膜。

病毒通过飞沫或人与人直接接触传播。儿童为易感者,好发于冬春季节。病毒可侵入腮腺及其他器官,如睾丸、卵巢、胰腺、肾脏和中枢神经系统等。主要症状为一侧或双侧腮腺肿大,有发热、肌痛和乏力等。腮腺炎病后可获得牢固免疫力。

减毒活疫苗接种是唯一有效的预防措施,丙种球蛋白有防止发病和减轻症状作用。

案例6-2

春季,某小学四年级某班数名学生先后出现畏寒、发热、咽痛、食欲差、恶心、呕吐、全身酸痛等症状,继而出现腮腺肿大、疼痛。

问题：

1. 最大可能是什么病毒感染所致疾病？
2. 应怎样预防其他学生感染？

案例 6-2 分析

根据数名学生的症状，分析最大可能是腮腺炎病毒引起的流行性腮腺炎。对已经出现症状的学生要及时隔离治疗，避免传染给其他学生，隔离时间从腮腺出现肿痛前 3 天至腮腺完全消肿。该班教室要每天开窗对流通风，并组织学生接种腮腺炎疫苗。

五、 其他呼吸道病毒

（一）腺病毒

腺病毒，为双链 DNA 无包膜病毒。核衣壳为二十面体立体对称型，直径 70~90nm。

腺病毒主要通过呼吸道、胃肠道和密切接触传播，腺病毒主要感染儿童，大多无症状，成人感染不常见。腺病毒感染主要引起咽炎、扁桃体炎、肺炎等呼吸道疾病，以及流行性眼结膜炎、急性出血性膀胱炎和胃肠炎等多种疾病。

病后，机体产生的相应抗体对同型病毒具有持久的保护作用。

（二）风疹病毒

风疹病毒，是风疹（又名德国麻疹）的病原体。为单股正链 RNA 病毒，直径约 60nm，核衣壳为二十面立体对称型，有包膜，包膜刺突含血凝素。

病毒经呼吸道传播。表现类似麻疹样出疹，但较轻，伴耳后和枕下淋巴结肿大。成人感染症状较严重，除出疹外，还有关节炎和关节疼痛，出疹后脑炎等。

风疹病毒感染最严重的问题是能垂直传播导致胎儿先天性感染。孕妇在 4 个月孕期内感染风疹病毒对胎儿危害最大，可引起胎儿死亡或出生后表现为先天性心脏病、先天性耳聋、失明、智力低下等。

考点：风疹的垂直传播

案例 6-3

患者，女性，29 岁，怀孕 2 个月，近日出现低热、咳嗽、乏力、咽痛，耳后、枕部淋巴结肿大，伴轻度压痛。2 天后出现红色斑丘疹，医生诊断其为风疹病毒感染。

问题：

1. 孕妇感染风疹病毒能传给胎儿吗？
2. 该孕妇应该采取什么措施？

案例 6-3 分析

风疹病毒可以垂直传播，导致胎儿发生感染，出现死亡或先天性心脏病等严重的先天性疾病。孕妇在怀孕 4 个月内发生风疹病毒感染，应考虑中止妊娠。

风疹病毒自然感染后可获得持久免疫力，孕妇血清抗体有保护胎儿免受风疹病毒感染的作用。风疹减毒活疫苗接种是预防风疹的有效措施，常与麻疹、腮腺炎组合成三联疫苗（MMR）使用。我国自行研制的风疹减毒活疫苗，免疫原性良好。

除腺病毒和风疹病毒外，还有几种比较常见的呼吸道病毒见表 6-2。

表6-2　其他呼吸道病毒及其主要特性

病毒名称	形态与结构	致病性
副流感病毒	球形、单股RNA，有包膜	小儿支气管哮喘、肺炎、普通感冒等
呼吸道合胞病毒	球形、单股RNA，有包膜	婴幼儿喘息性细支气管炎、成人普通感冒等
鼻病毒	球形、单股RNA，无包膜	成人普通感冒、婴幼儿支气管炎、支气管肺炎等
呼肠病毒	球形、双股RNA，无包膜	轻度上呼吸道疾病和胃肠道疾病

小结

　　呼吸道病毒是指一大类能侵犯呼吸道，引起呼吸道局部病变或引起呼吸道外组织器官病变的病毒。呼吸道病毒中最常见的是流感病毒，另外还有麻疹病毒、冠状病毒、腮腺炎病毒等。

　　最近引起全球关注的H1N1流感病毒，还有2003年造成全球严重危害的SARS冠状病毒都是具有很强传染性的呼吸道病毒。另外还有麻疹病毒、腮腺炎病毒都可引起儿童急性呼吸道传染病，应该采取有效的预防措施。风疹病毒可引起胎儿先天性感染，所以怀孕4个月内要预防风疹病毒感染。

第二节　肠道病毒

　　肠道病毒在分类学上属于小RNA病毒科。人类肠道病毒包括：脊髓灰质炎病毒、轮状病毒、柯萨奇病毒、埃可病毒、新型肠道病毒68～71型。

　　共同特点：病毒体直径27～30nm，衣壳为二十面体立体对称型，无包膜。耐乙醚和酸，不耐热。在宿主细胞质内复制，以破胞形式释放。主要经粪-口途径传播，引起人类多种疾病，如麻痹性疾病、无菌性脑膜炎、心肌损伤、腹泻和皮疹等。

一、脊髓灰质炎病毒

　　脊髓灰质炎病毒(图6-3)引起脊髓灰质炎，是一种危害中枢神经系统的传染病，后遗症称为小儿麻痹症。多数儿童感染后为隐性感染。

(一)生物学特性

　　脊髓灰质炎病毒为球形无包膜RNA病毒，直径27～30nm。有Ⅰ型、Ⅱ型和Ⅲ型三个血清型，各型之间无交叉免疫性。病毒在外界环境中有较强的生存力，在污水和粪便中可存活数月。在酸性环境中较稳定，不易被胃酸和胆汁灭活，对紫外线、干燥、热敏感，56℃30min可被灭活。耐乙醚、耐乙醇，对各种氧化剂如高锰酸钾、过氧化氢、漂白粉等敏感。

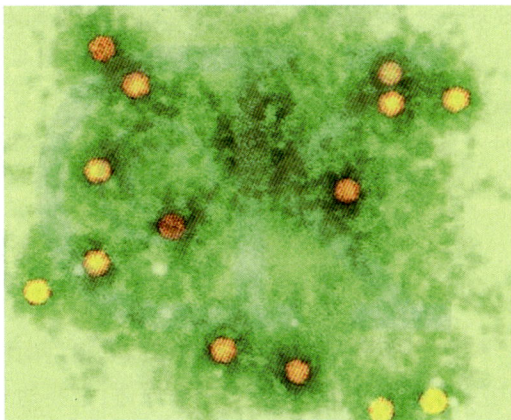

图6-3　脊髓灰质炎病毒

（二）致病性与免疫性

传染源为患者和无症状病毒携带者。病毒主要存在于粪便和鼻咽分泌物中,通过粪-口途径传播,也可通过呼吸道传播。病毒经口侵入机体后,先在咽喉部扁桃体和肠道下段上皮细胞、肠系膜淋巴结内增殖,90%以上病毒感染后,由于机体免疫力较强,病毒仅限于肠道,不进入血流,不出现症状或只有轻微发热、咽喉痛、腹部不适等,表现为隐性感染或轻症感染。只有少数感染者,病毒可入血引起第一次病毒血症,随血流扩散至带有相应受体的靶组织中进一步增殖后,大量病毒再度入血形成第二次病毒血症,导致全身症状加重。仅有1‰患者病毒可侵入脊髓前角或脑干的运动神经细胞中增殖,轻者引起暂时性肌肉麻痹,重者可造成肢体弛缓性麻痹后遗症。极个别病例发生延髓麻痹,导致呼吸循环衰竭而死亡。病后和隐性感染均可使机体获得对同型病毒的牢固免疫力。6个月以内的婴儿可从母体获得被动免疫,较少感染。

考点:脊髓灰质炎病毒的致病特点

（三）防治原则

脊髓灰质炎疫苗是预防脊髓灰质炎最有效的方法。目前常用的疫苗有:灭活脊髓灰质炎三价混合疫苗(TIPV)和减毒脊髓灰质炎三价混合疫苗(TOPV)。接种后都可获得针对三个血清型脊髓灰质炎病毒的免疫力。对未接受免疫接种又与脊髓灰质炎患者有过密切接触者,可注射丙种球蛋白作紧急预防,以阻止或减轻症状。

考点:脊髓灰质炎的预防

链接

我国消灭脊髓灰质炎

在1979年4月26日,世界卫生组织(WHO)宣布人类彻底消灭了第一个传染病——天花。与此同时,脊髓灰质炎每年仍然会给世界带来50万名残疾儿童,严重危害儿童的健康。人们有了消灭天花的成功经验,决定把脊髓灰质炎定为下一个消灭的目标。1988年,世界卫生组织在全球启动"根除脊髓灰质炎行动",加强疫情监测和普及疫苗接种。

随着脊髓灰质炎疫苗在全球的广泛应用,脊髓灰质炎发病率明显降低。在20世纪80年代,全球每年6万人以上的儿童患病,到了2004年,发病人数减少到1255例,病例数减少了99%以上,使120多万儿童免于死亡并避免了至少500多万人因感染脊髓灰质炎而造成残疾。

在我国,20世纪80年代末每年脊髓灰质炎感染病例报告超过5000例。1988年以后,我国政府积极响应世界卫生组织消灭脊髓灰质炎的号召,迅速制定了全国消灭脊髓灰质炎计划并付诸实施,把脊髓灰质炎疫苗接种纳入我国儿童的常规免疫计划中,所有儿童均按时接种疫苗。经过几年的努力,我国脊髓灰质炎发病例数逐年大幅下降。2000年7月,我国证实从1994年最后1例本土脊髓灰质炎病例后再无病例发生,提前完成了向世界卫生组织承诺"在中国消灭脊髓灰质炎"的目标。

二、轮 状 病 毒

轮状病毒是人类、哺乳动物和鸟类腹泻的重要病原体。其中A组轮状病毒是世界范围内婴幼儿重症腹泻最重要的病原体,是婴幼儿死亡的主要原因之一。

病毒为大小不等的球形颗粒,核心为双链RNA,双层衣壳,无包膜。壳粒从内向外呈放射状排列,犹如车轮辐条,故名轮状病毒。分为A～G 7个组。

病毒对理化因素有较强的抵抗力,耐酸、耐碱、耐乙醚、氯仿和反复冻融。55℃ 30min

可被灭活。在室温下相对稳定,在粪便中可存活数天到数周。

传染源是患者和无症状病毒携带者,粪-口途径是主要的传播途径,婴幼儿易感。

轮状病毒感染呈世界性分布,A 组轮状病毒最为常见,是引起 6 个月至 2 岁婴幼儿腹泻的主要病原体,是导致婴幼儿死亡的主要原因之一,好发于秋冬季。B 组可引起成人腹泻,目前仅见于我国,可引起暴发流行,无季节性。C 组引起的腹泻很少。

病后对同型病毒有一定保护作用,但由于婴幼儿免疫系统发育尚不完善,病愈后重复感染的机会较多。

一般性预防主要是控制感染源、切断感染途径、严密消毒可能传染的物品、注意洗手等。特异性疫苗正在研制中。治疗应及时输液、补充血容量、纠正电解质紊乱、防止严重脱水及酸中毒的发生,以减少婴幼儿的死亡率。

三、其他肠道病毒

其他肠道病毒主要包括柯萨奇病毒、埃可病毒和新型肠道病毒 68～72 型等,其中 72 型为甲型肝炎病毒。

柯萨奇病毒、埃可病毒、肠道病毒 68～71 型与脊髓灰质炎病毒的感染类似,主要侵犯中枢神经系统,还有心、肺、皮肤黏膜等部位,引起不同程度的临床症状(表 6-3)。

表 6-3 其他肠道病毒

病毒名称	所致疾病
柯萨奇病毒	无菌性脑炎、疱疹性咽喉炎、手足口病、心肌炎等
埃可病毒(ECHO)	婴幼儿腹泻、儿童皮疹、无菌性脑炎等
肠道病毒 68 型	小儿肺炎、支气管炎
肠道病毒 69 型	尚不清楚
肠道病毒 70 型	急性出血性结膜炎(俗称"红眼病")
肠道病毒 71 型	脑炎、脑膜炎、类脊髓灰质炎、手足口病

链　接

手足口病

手足口病是由肠道病毒引起的传染病,多发生于 5 岁以下儿童,可引起手、足、口腔等部位的疱疹,少数患儿可引起心肌炎、肺水肿、无菌性脑膜脑炎等并发症。个别重症患儿如病情发展快会导致死亡。引起手足口病的肠道病毒有 20 多种(型),柯萨奇病毒 A16 型(CoxA16)及肠道病毒 71 型(EV71)均为手足口病最为常见的病原体。

近年来,我国各地手足口病发病率不断上升,严重危害儿童的健康。

专家支招:勤洗手,多喝水。手足口病是可防可控疾病。预防手足口病需要注意个人卫生,勤洗手,保持口腔清洁,多饮白开水或清凉饮料,多吃新鲜蔬菜和瓜果;同时注意居室内空气流通、温度适宜,经常彻底清洗儿童的玩具或其他用品。在手足口病流行季节,家长应尽量少让孩子到人群拥挤的公共场所,以减少被感染机会。此外,还要注意婴幼儿的营养、休息,防止过度疲劳而降低免疫力。接触婴幼儿的家庭成员也要注意个人卫生。

小结

肠道病毒是一类主要经粪-口途径感染的病毒,在酸性环境中较稳定,不易被胃酸和胆汁灭活。主要有脊髓灰质炎病毒、轮状病毒、柯萨奇病毒、埃可病毒、新型肠道病毒等。脊髓灰质炎病毒进入人体后,主要表现为隐性感染或轻症感染。脊髓灰质炎疫苗是预防脊髓灰质炎最有效的方法。轮状病毒的传染源是患者和无症状病毒携带者,粪-口途径传播。它是婴幼儿腹泻的最重要病原体。肠道病毒还可引起人类多种疾病,如无菌性脑膜炎、心肌损伤、小儿肺炎、手足口病和皮疹等。

(路转娥)

第三节　肝炎病毒

肝炎病毒是引起病毒性肝炎的一大类病原体,目前公认的有甲型、乙型、丙型、丁型和戊型5个型别。其中甲型肝炎病毒与戊型肝炎病毒由消化道传播,引起急性肝炎,一般不转为慢性肝炎或慢性病毒携带者;乙型与丙型肝炎病毒主要经输血、血制品污染的注射器等途径传播,可引起急性肝炎与慢性肝炎,甚至发展为肝硬化及肝癌;丁型肝炎病毒为缺陷病毒,需要乙型肝炎病毒辅助才能复制,传播途径与乙型肝炎病毒相似,常在乙型肝炎病毒感染的基础上感染丁型肝炎病毒。此外,近年还发现一些新的与人类肝炎相关的病毒,如庚型肝炎病毒(HGV)和TTV(transfusion transmitted virus,TTV)等。其他还有一些病毒如EB病毒、巨细胞病毒等也可引起肝炎,但不列入肝炎病毒范畴。

一、甲型肝炎病毒

甲型肝炎病毒(HAV)是甲型肝炎的病原体,属于小RNA病毒科,嗜肝病毒属。主要经粪-口途径传播,常感染儿童和青少年。

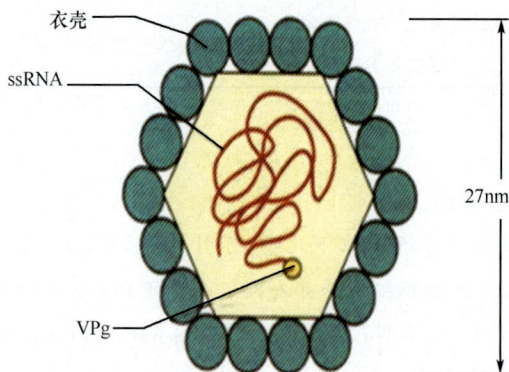

图6-4　甲型肝炎病毒示意图

衣壳
ssRNA
27nm
VPg

(一)生物学特性

甲型肝炎病毒为单股RNA球形病毒,直径为27nm,无包膜,衣壳为二十面立体对称型,衣壳蛋白由VP1、VP2和VP3多肽组成,具有抗原性,可诱导机体产生中和抗体(图6-4)。HAV只有一个血清型,抗原性稳定。

HAV抵抗力较强,加热60℃ 1h不被灭活,加热100℃能耐受5min。耐酸、乙醚和氯仿等。在海水、淡水、泥沙和毛蚶中可存活数天至数月。对甲醛、次氯酸钠和漂白粉敏感。

(二)致病性与免疫性

HAV的传染源为患者及隐性感染者,主要经粪-口途径传播,通过食入污染的食物、水源和海产品等感染,多见于儿童和青少年。甲型肝炎的潜伏期为15~45天。HAV侵入人体后,首先在肠黏膜和局部淋巴组织中增殖,然后入血而形成病毒血症,最终侵入肝脏,在肝细胞内增殖而致病。HAV在肝细胞内增殖缓慢,一般不直接造成肝细胞损害,其致病机制主要与机体的免疫应答有关。人体感染后多不出现明显的症状和体征,只有少数表现为急性肝炎,患者出现发热、肝肿大和疼痛等表现。黄疸多见并伴有血清转氨酶升高。甲型肝炎为自限性疾病,不转为慢性肝炎和慢性携带者,预后良好。

甲型肝炎病后或隐性感染后,机体都可产生IgM和IgG型抗-HAV抗体,IgM型在急性期出现,恢复期出现IgG型,并可持续多年,对病毒的再感染有持久免疫力。采用酶联免疫吸附试验(ELISA)或放射免疫测定法(RIA)检测血清中IgM型抗-HAV抗体可作为HAV感染的指标,这是目前最常用的特异性诊断方法。检测IgG型抗-HAV抗体可用于流行病学调查。

(三)防治原则

1. 一般预防 HAV主要通过粪-口途径感染,加强卫生宣传,加强饮食、水源卫生管理,是主要预防措施。对患者排泄物、食具等应进行消毒处理。

2. 特异性预防

(1)人工主动免疫:接种甲肝疫苗是目前最有效的特异性预防措施。所用疫苗有减毒活疫苗和灭活疫苗两种,适用于学龄前和学龄儿童。我国目前研制成功并获得批准使用的活疫苗有H2株和L1株。基因工程疫苗正在研究中。

(2)人工被动免疫:对HAV感染的紧急预防,可注射丙种球蛋白。

二、乙型肝炎病毒

乙型肝炎病毒(HBV)是乙型肝炎的病原体,主要经输血、注射、性行为和母婴垂直传播。据估计全世界HBV感染者约3.5亿,其中我国约1.2亿,占总人口的10%左右。感染类型多样,可表现为重症肝炎、急性肝炎、慢性肝炎或无症状携带者,有的慢性肝炎可演变成肝硬化甚至肝癌。

(一)生物学性状

1. 形态与结构 感染者血清中可见三种不同形态的HBV颗粒,即大球形颗粒、小球形颗粒和管形颗粒(图6-5)。

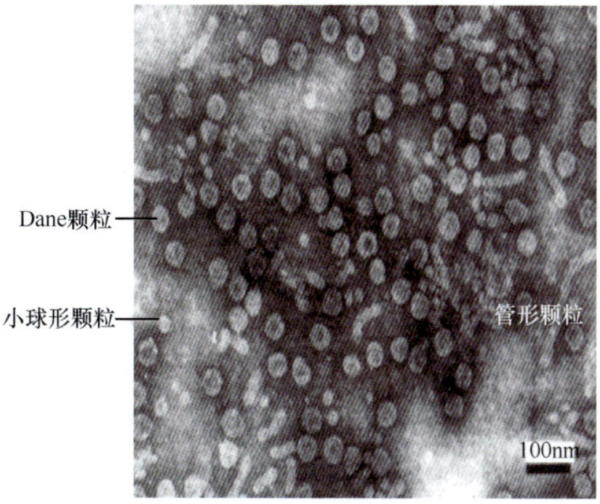

(1)大球形颗粒:又称Dane颗粒,是1970年Dane首先在乙型肝炎患者血清中发现的。Dane颗粒是发育成熟的具感染性的完整HBV颗粒,直径42nm,具有两层衣壳。外衣壳相当于一般病毒的包膜,由脂质双层和包膜蛋白组成。包膜蛋白由乙肝病毒表面抗原(HBsAg)、前S1抗原(PreS1 Ag)和前

图6-5 乙型肝炎病毒

S2抗原(PreS2 Ag)组成。去掉外衣壳后可暴露内衣壳及核心(核衣壳)结构,呈二十面立体对称型,直径约27nm。内衣壳蛋白为HBV核心抗原(HBcAg),HBcAg仅存在于Dane颗粒的核衣壳表面和感染的肝细胞内,一般在血清中检测不到。去除HBcAg后暴露出e抗原(HBeAg),HBeAg可由感染的肝细胞分泌到血清中。Dane颗粒的核心含有双

股环状的 DNA 基因组和 DNA 多聚酶。

（2）小球形颗粒：直径 22nm，主要为 HBsAg，不含 DNA 和 DNA 多聚酶，为 HBV 复制过程中过剩的 HBsAg 构成，是感染者血清中最常见的类型，无传染性。

（3）管形颗粒：直径 22nm，由小球形颗粒聚合而成，长 50~500nm，成分与小球形颗粒相同，无传染性。

2. 抗原组成

（1）表面抗原（HBsAg）：HBsAg 大量存在于感染者的血清中，是 HBV 感染的主要标志。HBsAg 具有抗原性，能刺激机体产生中和抗体（抗-HBs），是制备疫苗的主要成分。另外，PreS1 及 PreS2 抗原性更强，可刺激机体产生相应抗体，抗-PreS1 和抗-PreS2 能阻断 HBV 与肝细胞结合而起抗病毒作用。

HBV 有 adr、adw、ayr、ayw 4 种主要血清型，欧美以 adw 型为主，我国汉族以 adr 型多见，少数民族多为 ayw 型。

（2）核心抗原（HBcAg）：存在于 Dane 颗粒核衣壳表面，为内衣壳成分，其表面被 HBsAg 覆盖，不易游离在血液中，故不易在感染者血清中检测到。但 HBcAg 可表达在肝细胞表面，而且抗原性强，能刺激机体产生相应抗-HBc，其中 IgG 型抗-HBc 在血清中维持时间长，无中和作用，是 HBC 感染的标志；IgM 型抗-HBc 的存在提示 HBV 处于复制状态。肝细胞表面的 HBcAg 可作为 CTL 作用的表位而诱导机体产生免疫应答，在机体对 HBV 的清除机制中起重要作用。

（3）e 抗原（HBeAg）：HBeAg 是病毒基因转录翻译的蛋白质经加工后形成的可溶性蛋白。HBeAg 在血液中的消长与病毒体及 DNA 多聚酶的消长基本一致，阳性者标志 HBV 复制和血清具有传染性。HBeAg 具有抗原性，可刺激机体产生相应抗-HBe，该抗体可与受感染肝细胞表面的 HBeAg 结合，通过补体介导的细胞毒作用杀伤受感染肝细胞，对 HBV 感染有一定清除作用，但对病毒变异株例外。抗-HBe 阳性是患者预后良好的征象，但在变异株感染时，在抗-HBe 阳性的情况下仍大量复制，此时应检查患者血液中的病毒 DNA，以全面了解病毒的复制情况。

3. 抵抗力　HBV 抵抗力较强，对低温、干燥、紫外线均有耐受性，不被 70% 消毒乙醇灭活。高压蒸汽灭菌（121.3℃ 20min）、加热 100℃ 10min 等可灭活 HBV。5% 次氯酸钠、0.5% 过氧乙酸、3% 漂白粉液、0.2% 苯扎溴铵等能破坏 HBV 的包膜，使 HBV 失去感染性，可用于针对 HBV 的消毒。

（二）致病性与免疫性

1. 传染源和传播途径　Dane 颗粒传染性极强，主要传染源是患者和无症状 HBV 携带者，后者因无症状，不易被察觉，作为传染源危害性更大。

乙型肝炎的传播途径有以下几种。

（1）血液、血制品等传播（非胃肠道途径）：为主要传播途径，输血及血制品、注射、针刺（文身）、手术、拔牙、共用剃刀等均可传播乙型肝炎。

（2）母婴垂直传播：感染 HBV 的母亲将病毒传给胎儿和（或）婴儿的过程。宫内感染约占 10%，主要是围生期感染，分娩时母体的病毒经微小伤口进入新生儿体内感染所致。此外，HBV 也可通过哺乳传播。HBsAg 和（或）HBeAg 阳性的母亲应接种乙肝疫苗，否则婴儿被感染的机会较大。

（3）性传播：在感染者的精液、阴道分泌物中均有 HBV 存在，研究发现 HBV 可通过性接触传播,西方国家已经将乙型肝炎列为性传播疾病范畴。

2. 致病机制　HBV 的致病机制目前尚未完全清楚,除了病毒对肝细胞的直接破坏之外,主要是通过机体的免疫应答,以及病毒与机体的相互作用引起肝细胞的病理改变所致。乙型肝炎的潜伏期较长,30~160 天。HBV 侵入肝细胞,在细胞内增殖并释放出 HBsAg、HBcAg 和 HBeAg 等抗原成分,这些抗原可刺激机体产生特异性体液免疫应答和细胞免疫应答,应答的结果具有两面性:一方面可清除病毒;另一方面可造成肝细胞损伤。免疫应答的强弱与 HBV 感染后引起的临床类型、疾病转归有关。当被感染的肝细胞数量不多、机体免疫应答功能正常时,受感染肝细胞被特异性 CTL 等破坏,HBV 释放到细胞外并被中和抗体清除,临床表现为急性肝炎,并可很快痊愈。若受染肝细胞数量较多,机体免疫功能超过正常,导致肝细胞被大量破坏、肝功能衰竭时,临床表现为重症肝炎。若机体免疫功能低下或因病毒变异而发生免疫逃逸时,特异性 CTL 不能有效清除细胞内的 HBV,病毒持续存在并不断释放,反复感染其他肝细胞,造成慢性肝炎。慢性肝炎最后可发展成肝硬化。当机体免疫功能处于低水平或缺乏时,机体既不能将病毒清除,也不能杀伤带病毒肝细胞,病毒与机体之间"和平共处",机体表现为 HBV 携带者或慢性持续性肝炎。

由于 HBsAg 与抗-HBs 结合形成的免疫复合物可随血液循环存积于肾小球基底膜、关节滑膜等处,激活补体,引起Ⅲ型超敏反应,故乙型肝炎患者有的可伴有肾小球肾炎、关节炎等肝外病变。如果大量免疫复合物存积于肝内,导致肝毛细血管栓塞,引起急性肝坏死,也可表现为重症肝炎。

HBV 的 DNA 可整合到肝细胞染色体上而诱发原发性肝癌。我国 90% 以上的原发性肝癌患者感染过 HBV。HBsAg 阳性者发生原发性肝癌的危险性比正常人高 217 倍。

案例 6-4

患者,男,48 岁,因全身乏力、食欲不振、消瘦、肝区痛 18 个月,疼痛加重 3 天就诊。查体:患者皮肤、巩膜轻度黄染,肝脏轻度肿大、质地中等、有压痛和叩击痛,颈部及胸部有蜘蛛痣。实验室检查:转氨酶升高、HBsAg 阳性、抗-HBc 阳性和 HBeAg 阳性。

问题:

1. 该患者可能是什么疾病?

2. 该疾病的传播途径有哪些?

案例 6-4 分析

患者有肝炎的症状和体征:全身乏力、食欲不振、消瘦、肝区痛;皮肤、巩膜轻度黄染,肝脏轻度肿大、质地中等、有压痛和叩击痛,颈部及胸部有蜘蛛痣;病史 18 个月;实验室检查结果为转氨酶升高、HBsAg 阳性、抗-HBc 阳性和 HBeAg 阳性。根据患者症状、体征及实验室检查结果,诊断为慢性乙肝。其传播途径有血液传播、母婴垂直传播和性传播。

(三) 微生物学检查

对乙型肝炎的实验室诊断,常用血清学方法检测感染者血清中 HBV 标志物。另外,有时也用 PCR 技术对病毒 DNA 进行检查以辅助诊断。

1. HBV 抗原抗体检测　临床上常用方法有 RIA 和 ELISA,其中最常用的是 ELISA。主要检测内容有 HBsAg、抗-HBs、HBeAg、抗-HBe 和抗-HBc(俗称"乙肝两对半")。必要时也检测 PreS1、PreS2 及抗-PreS1、抗-PreS2。HBV 的血清学检测结果与临床关系复杂,应对几项检测指标综合分析,才能作出临床判断(表 6-4)。

表 6-4　HBV 抗原、抗体检测结果的临床分析

HBsAg	HBeAg	抗-HBs	抗-HBe	抗-HBc(IgM)	抗-HBc(IgG)	结果分析
+	-	-	-	-	-	无症状携带者
+	+	-	-	+	-	急或慢性乙型肝炎(俗称"大三阳")
+	-	-	+	-	+	急性感染趋向恢复(俗称"小三阳")
+	+	-	-	+	+	急性或慢性乙型肝炎,或无症状携带者
-	-	+	+	-	+	乙型肝炎恢复期
-	-	-	-	-	+	既往感染
-	-	+	-	-	-	既往感染或接种过疫苗

(1) HBsAg 和抗 HBs:血清中检测出 HBsAg 是机体感染 HBV 的重要标志之一,阳性者不能作为献血员。HBsAg 阳性见于急性肝炎、慢性肝炎及 HBV 无症状携带者。抗-HBs 为抗乙型肝炎病毒中和抗体,见于乙型肝炎恢复期、既往有 HBV 感染及乙肝疫苗接种后,标志机体对 HBV 获得特异性免疫力。

(2) HBcAg 和抗-HBc:HBcAg 位于核衣壳表面和感染的肝细胞中,血清中不易查到,故不做常规检查。抗-HBc 有 IgM 型和 IgG 型。IgM 型抗-HBc 阳性表示体内有 HBV 复制,可见于急性乙型肝炎和慢性乙型肝炎急性发作期,前者血清中效价较高,后者血清中效价较低;IgG 型抗-HBc 阳性表示感染呈慢性或感染过 HBV。血清中出现高效价 IgM 型抗-HBc 标志体内有 HBV 复制。

(3) HBeAg 和抗-HBe:HBeAg 常与 Dane 颗粒、HBV 的 DNA 多聚酶在血中的动态消长一致,因此 HBeAg 阳性标志体内有 HBV 复制及血清有较高传染性。感染者 HBeAg 转阴的同时抗-HBe 开始出现,表明机体获得一定免疫力,预后良好,血清传染性减弱。但是,当 HBV 有变异时,虽然血清中 HBeAg 及抗-HBe 阳性,但 DNA 检测阳性,表明体内有 HBV 复制。

2. 血清中 HBV DNA 检测　应用斑点杂交法、常规 PCR 技术、定量 PCR 技术检测血清 HBV DNA,是 HBV 存在和复制的最可靠指标,特别是定量 PCR 能测出 DNA 复制数量,有利于观察 DNA 的动态变化。HBV DNA 检测可应用于临床诊断和作为药物疗效考核标准。

(四) 防治原则

1. 一般预防　严格管理传染源和切断传播途径。严格筛选献血员,加强对血液和血制品的管理;提倡使用一次性注射器及输液器;严格消毒医疗器械;对乙肝患者及无症状携带者的血液、分泌物和用具进行严格消毒。

2. 主动免疫　接种乙肝疫苗是预防乙型肝炎最有效的措施。目前常用的是 HBV 基因工程疫苗。我国规定新生儿和易感人群全面接种乙肝疫苗。新生儿接种疫苗三次(出生后 0 个月、1 个月、6 个月)后,可获得高达 90% 的抗-HBs 阳性率。HBsAg 阳性母亲的婴儿,接种疫苗后保护率可达 80% 以上。治疗性乙肝疫苗正在研究。

3. 被动免疫　含高效价抗-HBs 的人乙肝免疫球蛋白(HBIg)可用于以下情况作紧急预防:①被乙肝患者血液污染伤口者;②母亲为 HBsAg、HBeAg 阳性的新生儿(先注射 HBIg,1～2 周后再接种乙肝疫苗,可降低母婴传播率);③HBsAg、HBeAg 阳性者的性伴侣;④误用 HBsAg 阳性的血液或血制品者。

4. 药物治疗　目前尚无治疗乙型肝炎的特效药物。现在使用抗病毒、调节免疫功能和改善肝功能的药物联合治疗,有一定效果。常用的有干扰素、阿昔洛韦和拉米呋啶等。

三、其他肝炎病毒

(一)丙型肝炎病毒

丙型肝炎病毒(HCV)是丙型肝炎的病原体。HCV呈球形,大小为50~60nm,是一类具有包膜的RNA病毒,核心含单股RNA。HCV对氯仿、甲醛、乙醚等有机溶剂敏感,加热100℃ 5min、20%次氯酸、紫外线照射处理均可将HCV灭活。

丙型肝炎病毒的传染源主要是患者和HCV阳性血制品。HCV主要经血传播,因此也称为输血后肝炎,同性恋者、静脉药瘾者及接受血液透析的患者是高危人群。此外,HCV也可经性接触、母婴传播和家庭内密切接触传播。丙型肝炎病毒感染潜伏期一般为2~17周,平均10周。HCV的致病机制有病毒对肝细胞的直接损害、免疫病理损伤及细胞凋亡导致肝细胞破坏。HCV感染者可表现为急性肝炎,但症状较轻,易转为慢性,多数可不出现症状,发现时已经呈慢性过程,约20%可发展为肝硬化甚至肝癌。

HCV感染后,患者体内先后出现IgM型和IgG型抗-HCV,出现时间较晚,约在感染后82天才出现。由于HCV基因变异性大,不断出现HCV的免疫逃逸株,因此抗-HCV免疫保护作用不强。丙型肝炎患者恢复后免疫力较弱,容易再次感染。

抗-HCV的检测是诊断HCV感染最常用的方法,也可作疗效评价和筛选献血员,常用ELISA法及RIA法检测患者血清中的抗-HCV。必要时可用RNA定量PCR法检测HCV的RNA,以提高诊断率及对药物疗效进行评估。一般预防与乙型肝炎相似,目前尚无特异性预防措施。临床药物治疗常用干扰素、利巴韦林及免疫抑制剂等。

(二)丁型肝炎病毒

丁型肝炎病毒(HDV)是丁型肝炎的病原体。丁型肝炎病毒为球形,直径为35~37nm,核心为单股RNA,核衣壳呈二十面立体对称型,衣壳上有HDV抗原(HDAg),核衣壳外包以来自HBV的HBsAg组成的包膜。丁型肝炎病毒不能独立复制,必须在乙型肝炎病毒或其他嗜肝病毒的辅助下才能复制,成为具有传染性的完整病毒颗粒,因此丁型肝炎病毒是一种缺陷病毒。

因为丁型肝炎病毒的包膜是来自乙肝病毒的HBsAg,所以灭活乙型肝炎病毒的措施也能灭活丁型肝炎病毒。加热100℃ 10min或高压蒸汽灭菌法均可将其灭活。

HDV主要通过输血或血制品传播,也可以通过密切接触或母婴垂直传播。由于HDV是一种缺陷病毒,因此必须在同时感染HBV或其他嗜肝病毒的条件下,HDV才能复制增殖。HDV的感染有两种形式:①同时感染。同时感染HBV和HDV,同时发生急性乙型肝炎和急性丁型肝炎。这是HBV呈一过性复制,使HDV的复制受到限制,故多数同时感染者的病程具有自限性,转为慢性者较少。②重叠感染。在感染HBV的基础上再感染HDV。多数重叠感染者转为慢性肝炎,则往往导致原有的症状加重或恶化,诱发重症肝炎,甚至死亡。故对重症肝炎患者,应注意是否有HDV共同感染。

用ELISA法或RIA法检测血清中HBsAg或抗-HDV有助于丁型肝炎的诊断。检测出IgM型抗-HDV具有早期诊断意义;检测到IgG型抗-HDV持续升高,可作为慢性丁型肝炎的诊断依据。

HDV与HBV有相同的传播途径,预防乙型肝炎的措施同样适用于丁型肝炎。由于HDV是缺陷病毒,凡能抑制HBV复制的药物,也能抑制HDV。接种乙肝疫苗可预防HDV感染。

(三) 戊型肝炎病毒

戊型肝炎病毒(HEV)是戊型肝炎的病原体。戊型肝炎病毒呈球形,核心为单股RNA,无包膜,直径32～34nm,有实心和空心两种颗粒。实心颗粒为HEV完整结构;空心颗粒的核心为不完整HEV基因。

戊型肝炎病毒不稳定,对高盐、氯仿等敏感。在液氮中保存稳定。

戊型肝炎病毒的传染源为潜伏期和急性期的患者。主要经粪-口途径传播。病毒在感染者肝内增殖后释放入血及胆汁,随粪便排到外界,污染水源或食品,经消化道感染。潜伏期10～60天,平均40天。

HEV侵入机体后,通过病毒对肝细胞的直接破坏和免疫病理损伤作用,引起炎症或坏死。感染者表现有临床型和亚临床型两类,成人多表现为临床型,儿童则多为亚临床型。临床型表现包括急性戊型肝炎、重症肝炎和胆汁淤滞型肝炎。临床上多数患者出现黄疸,一般不发展为慢性。孕妇感染HEV后病情较重,尤其怀孕6～9个月者最为严重,病死率可高达10%～20%。

临床采用ELISA法等检测患者血清中抗-HEV有助于诊断HEV感染。检测到IgM型抗-HEV可作为HEV急性感染的诊断指标。

戊型肝炎病毒的预防同甲型肝炎病毒相似,以切断传播途径为主,应加强水源和食品卫生管理,注意个人卫生和环境卫生。目前尚无疫苗作特异性预防,注射丙种球蛋白无紧急预防作用。

考点:乙型肝炎病毒的抗原组成、实验室检测;甲型肝炎病毒及乙型肝炎病毒的传染源、传播途径、防治原则

▌小结

肝炎病毒是引起病毒性肝炎的一大类病原体,目前公认的有甲型、乙型、丙型、丁型和戊型5个型别。

甲型肝炎病毒是甲型肝炎的病原体,属于小RNA病毒。只有一个血清型。传染源为患者及隐性感染者,主要经粪-口途径传播,儿童和青少年易感。甲型肝炎为自限性疾病,少数表现为急性发病,不转为慢性肝炎和慢性携带者,预后良好。

乙型肝炎病毒(HBV)是乙型肝炎的病原体,其形态有Dane颗粒、小球形颗粒和管形颗粒。Dane颗粒是完整的乙型肝炎病毒结构,核心含双股DNA。乙肝传染源主要是患者和无症状感染者。传播途径有血液传播、性传播和母婴垂直传播。主要预防措施是接种乙肝疫苗,目前尚无治疗乙型肝炎的特效药物。

丙型肝炎病毒是丙型肝炎的病原体,核心含单股RNA。

丁型肝炎病毒是丁型肝炎的病原体,核心为单股RNA。丁型肝炎病毒是一种缺陷病毒,必须在乙型肝炎病毒或其他嗜肝病毒的辅助下才能复制。

戊型肝炎病毒是戊型肝炎的病原体,核心为单股RNA。主要经粪-口途径传播。感染者表现有临床型和亚临床型两类,一般不发展为慢性。

(陈应国)

第四节 人类免疫缺陷病毒

人类免疫缺陷病毒(HIV)属于逆转录病毒科、慢病毒属,是获得性免疫缺陷综合征(AIDS)的病原体,艾滋病即AIDS的音译。HIV有两型,HIV-1和HIV-2。世界上的艾滋病大多由HIV-1型引起;HIV-2型主要在西非流行。

案例 6-5

患者,男,32 岁,因持续性发热,伴咳嗽、持续性腹泻、便血 2 周就诊。患者有 7 年吸毒史。查:体温 38.7℃;耳前淋巴结和腋窝淋巴结肿大、肝脾肿大;右下肢可见紫红色的斑疹和浸润性肿块。实验室检查:抗-HIV 阳性、蛋白印迹法确认阳性。

问题:

1. 该患者可能是什么疾病?

2. 引起该疾病的病原体是什么?其传播途径是什么?

案例 6-5 分析

患者有艾滋病的症状和体征等:吸毒史;发热,伴咳嗽、持续性腹泻、便血;肝脾、淋巴结肿大、斑疹和肿块;抗-HIV 阳性、蛋白印迹法确认试验阳性。根据病史、症状、体征和实验室检查结果,患者诊断为艾滋病。引起该疾病的病原体是 HIV,其传播途径有血液传播、性传播和母婴垂直传播。

一、 生物学特性

HIV 呈球形,直径为 100~120nm,核心为两条单股正链 RNA 和逆转录酶,属于逆转录病毒。HIV 具有双层衣壳,内层衣壳蛋白(P24)形成圆柱状核心,外层衣壳蛋白(P17)的外面包被有类脂成分的双层包膜,包膜上有刺突,由蛋白 gp120 及 gp41 组成(图 6-6)。

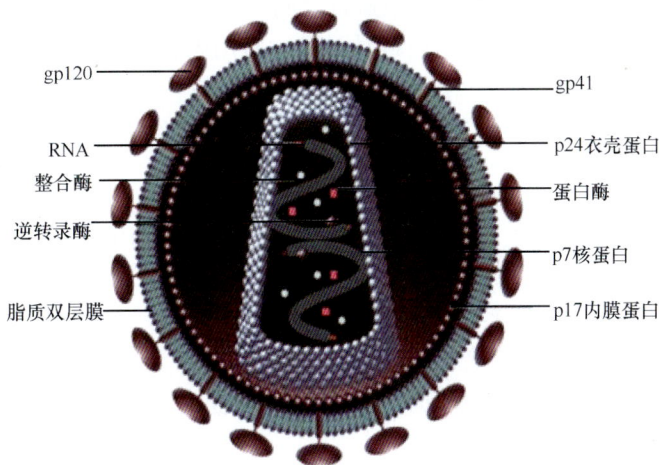

图 6-6 HIV 结构示意图

HIV 抵抗力较弱,加热 56℃ 30min 即被灭活。0.5% 次氯酸钠、70% 乙醇或 5% 来苏儿处理 10min 对该病毒均有灭活作用。对紫外线有耐受性。

二、 致病性与免疫性

艾滋病的传染源有 HIV 感染者和艾滋病患者。在其血液、精液、阴道分泌物、乳汁、唾液、脑脊液及中枢神经组织等标本中,均可分离出病毒。其传播途径主要有三种:①性传播。可通过同性或异性间性行为传播。目前,性传播已经成为我国 HIV 传播的主要途径。②血液传播。通过输注带 HIV 的血液、血制品、器官移植等方式传播。③母婴垂直传播。与 HIV 感染者日常接触(如握手等)及节肢动物叮咬是否会被感染,目前尚无证据。

艾滋病的潜伏期很长,一般为半年至十年。由于 CD4 是 HIV 的刺突成分 gp120 的受体,因此,HIV 进入人体后选择性侵入带 CD4 的 $CD4^+$ T 细胞、单核吞噬细胞和小胶质细胞中,并在其中大量增殖,造成 $CD4^+$ T 细胞大量减少,引起机体免疫功能缺陷等,使感染者出现相应病变。

HIV 感染者在感染过程中可经历原发感染期、无症状潜伏期、AIDS 相关综合征和典型 AIDS 4 个阶段。在原发感染期,80% 以上会表现原发感染某些症状,如皮疹、恶心、疲劳及盗汗等,持续 1~2 周;潜伏期可无症状或仅有无痛性淋巴结肿大;AIDS 相关综合征表现为发热、盗汗、慢性腹泻及全身淋巴结肿大等;典型 AIDS 期患者的临床特点是出现各种严重机会感染和罕见的恶性肿瘤。常见的机会感染有卡氏肺孢子虫肺炎、白色念珠菌感染、隐孢子虫腹泻及弓形体感染等。恶性肿瘤以恶性淋巴瘤和卡波西肉瘤多见。另外,40%~90% 艾滋病患者会有神经系统病变,表现出外周神经炎、无菌性脑膜炎及 AIDS 痴呆综合征等。患者常于出现症状后 1~3 年内死亡。

HIV 侵入人体后,能刺激机体产生相应抗体,如包膜蛋白抗体、核心蛋白抗体等。但这些抗体无病毒清除作用。

三、 微生物学检查

艾滋病的微生物学检查,常以检测 HIV 抗体作为感染的标志,常用方法是 ELISA,敏感性超过 98%。由于 HIV 与其他反转录病毒之间有交叉反应性,因此 ELISA 法只能作为 HIV 感染的筛选试验,阳性者必须进行确认试验。常用确认试验是蛋白印迹法,检测 p24 的抗体和 gp120 的抗体等。也可用 PCR 法检测病毒核酸。

四、 防治原则

1）加强卫生宣传,取缔娼妓,严禁性滥交和吸毒。

2）加强血液制品的检测,严格筛选献血员,确保输血和血液制品的安全性。防止医源性感染。

3）建立 HIV 感染的监测系统,掌握流行动态。

4）严格管理并积极治疗患者及 HIV 感染者。自 1996 年临床上开始采用"鸡尾酒疗法"治疗 AIDS 患者以来,很多患者免疫功能得到一定程度恢复,抗感染能力增强,生命得以延长。HIV 疫苗尚在研究中。

考点:HIV 的形态结构、传染源、传播途径、致病机制和所致疾病

╟ 小结 ╢

HIV 是 AIDS 的病原体,有两型:HIV-1 和 HIV-2。HIV 呈球形,核心为两条单股正链 RNA 和逆转录酶,属于逆转录病毒。包膜上有刺突,由蛋白 gp120 及 gp41 组成。传染源有 HIV 感染者和艾滋病患者。传播途径主要有三种:①性传播;②血液传播;③母婴垂直传播。潜伏期一般为半年至十年。感染过程中可经历原发感染期、无症状潜伏期、AIDS 相关综合征和典型 AIDS 4 个阶段。患者常于出现症状后 1~3 年内死亡。目前尚无理想治疗药物,HIV 疫苗尚在研究中。

（陈应国）

第五节 其他病毒

对人致病的其他病毒包括狂犬病毒、埃博拉病毒、人类疱疹病毒、虫媒病毒及人乳头

瘤病毒等。

一、狂犬病毒

（一）生物学性状

狂犬病毒呈弹头状，长 130～300nm，宽 60～85nm，核心为单股 RNA，有包膜及刺突（图 6-7）。只有一个血清型。狂犬病毒在中枢神经细胞中增殖后，可在细胞质中形成一种特异而具诊断价值的嗜酸性包涵体，称为内基氏小体（Negribody）。抵抗力弱，经 56℃ 30min 或 100℃ 2min 可灭活。乙醇、乙醚、肥皂水及去垢剂也能将其灭活。

（二）致病性

狂犬病毒引起人或动物狂犬病。传染源主要是病犬，其次是病猫。传播途径主要是被传染源咬伤或抓伤。潜伏期一般 3～8 周，短者 10 天，长者可达数年。患者的特征性表现是吞咽困难及恐水，因此狂犬病又称为"恐水症"。患者一旦发病，死亡率几近 100%。

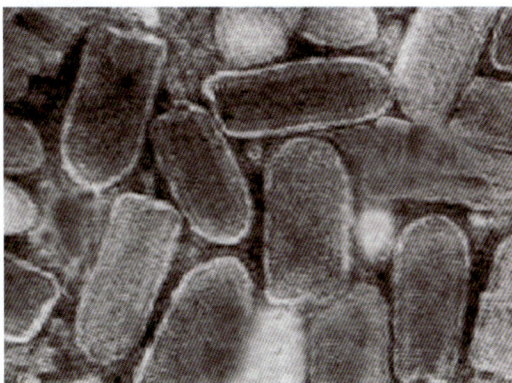

图 6-7 狂犬病毒示意图

（三）防治原则

一般性预防：使用 20% 肥皂水清洗伤口，再用 70% 乙醇或碘伏涂伤口。特异性预防：接种狂犬疫苗作主动免疫或必要时注射抗狂犬病患者免疫球蛋白作被动免疫。

二、埃博拉病毒

埃博拉（Ebola virus，EBV）是一种引起埃博拉出血热（EBHF）的病毒。1976 年，在苏丹南部和扎伊尔北部的埃博拉河流域首次暴发流行，"埃博拉"由此而得名。埃博拉出血热死亡率高达 50%～90%，是当今世界上最致命的病毒性出血热，生物安全等级为 4 级（SARS 为 3 级）。WHO 将其列为对人类危害最严重的病毒之一，即"第四级病毒"。

（一）生物学性状

埃博拉病毒属丝状病毒科，呈长丝状，大小为 100nm×（300～1500）nm，核心含单股负链 RNA，外有包膜，形状宛如中国古代的"如意"（图 6-8）。已确定埃博拉病毒有 4 个亚型，即埃博拉-扎伊尔型（EBO-Zaire）、埃博拉-苏丹型（EBO-Sudan）、埃博拉-莱斯顿型（EBO-R）和埃博拉-科特迪瓦型（EBO-CI）。

EBV 在常温下较稳定，对热有中等强度抵抗力，56℃ 不能完全灭活，60℃ 30min 方能破坏其感染性；紫外线照射 2min 可使之灭活。对化学药品敏感，乙醚、去氧胆酸钠、甲醛、次氯酸钠等消毒剂可以完全灭活病毒。-70℃ 条件可长期保存。

（二）致病性

埃博拉病毒主要通过患者的血液、唾液、汗液等传播。潜伏期为 2～21 天。感染者突然出现高烧、头痛、咽喉疼、虚弱和肌肉疼痛等，然后出现呕吐、腹痛、腹泻。发病后的两星期内，病毒外溢，导致人体内外出血，血液凝固，坏死的血液很快传及全身的各个器官，患者最终出现口腔、鼻腔和肛门出血等症状,患者可在 24h 内死亡。致死原因主要为脑卒中、心肌梗死、低血容量休克或多发性器官衰竭。

(三)微生物学检查

埃博拉病毒的传染性极强,对患者标本的采集和处理必须在严格安全防护的实验室内进行。

病原检测　可在电镜下直接检查患者血清、尿液、组织中的病毒颗粒。也可用 PCR 技术检测病毒的 RNA。

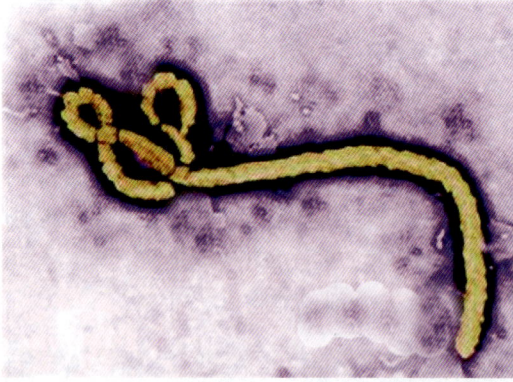

图 6-8　埃博拉病毒电镜图

血清学诊断　可用 ELISA 检测特异性 IgG 抗体(出现 IgM 抗体提示感染);也可用 ELISA 检测血清中的抗原。

病毒的分离培养　可通过细胞培养或豚鼠接种分离病毒。

(四)防治原则

对感染者目前尚无有效治疗方法,埃博拉病毒疫苗正在研究中。目前主要采取综合性预防措施,包括及时发现可疑患者并及时隔离,严格消毒患者接触过的物品、排泄物、血液等,对尸体采取深埋或火化处理。加强海关检疫。

链　接

埃博拉病毒的主要流行史

1976 年 6~11 月在苏丹南部,共发病 284 例,死亡 151 例,病死率为 53%;9~10 月在民主刚果,发现 318 个病例,280 例病死,病死率 88%。

1995 年 4 月在民主刚果,发病 315 例,死亡 245 例,病死率 77%。

2000 年 8 月~2001 年 1 月在乌干达北部,共发病 425 例,死亡 224 例,病死率 53%。

2014 年,西非国家几内亚、利比里亚、塞拉利昂的埃博拉病毒蔓延速度惊人。至 12 月 24 日世界卫生组织公布的最新数据显示,暴发于西非国家的埃博拉疫情已导致 19 497 人疑似或确诊感染,其中 7588 人丧生。

三、人类疱疹病毒

疱疹病毒呈球形,大小为 120~200nm,核心含双股 DNA,衣壳为二十面立体对称型,有包膜及刺突。分为 α、β、γ 三个亚科 100 多种,其中人类疱疹病毒有 8 种,分别是:单纯疱疹病毒 1 型(HSV-1)、单纯疱疹病毒 2 型(HSV-2)、水痘-带状疱疹病毒(VZV)、EB 病毒(EBV)、人巨细胞病毒(HCMV)、人疱疹病毒 6 型(HHV-6)、人疱疹病毒 7 型(HHV-7)、人疱疹病毒 8 型(HHV-8)。

人类疱疹病毒所致疾病分别是:HSV-1 经直接接触或间接接触传播,引起唇疱疹、角膜炎、疱疹性脑膜炎等;HSV-2 经性接触传播,引起生殖器疱疹、新生儿疱疹等;水痘-带状疱疹病毒经呼吸道飞沫传播或接触传播,引起儿童或成人水痘,部分水痘患者痊愈后,病毒可潜伏在神经根里,当机体免疫力低下时,病毒可再次激活,引起带状疱疹;

EB 病毒经唾液的接触或性接触感染,引起传染新单核细胞增多症、非洲儿童恶性淋巴瘤、鼻咽癌等;人巨细胞病毒经接触传播、性传播或胎盘传播等,引起先天性巨细胞包涵体病等;HHV-6 主要经唾液传播,引起幼儿急疹;HHV-7 主要经唾液传播,与疾病的关系有争议;HHV-8 传播途径未明确,性接触可能是主要传播途径,与 Kaposi 肉瘤的发生相关。

四、虫媒病毒

虫媒病毒是一类通过吸血的节肢动物叮咬易感的脊椎动物而传播疾病的病毒。其中,在我国引起疾病流行的主要是黄病毒科的流行性乙型脑炎病毒和登革病毒。

(一) 流行性乙型脑炎病毒

流行性乙型脑炎病毒(简称乙脑病毒),属于黄病毒科、黄病毒属,是乙型脑炎的病原体。

乙脑病毒呈球形,大小为 30~40nm,核心含单股 RNA,有包膜,核衣壳呈二十面立体对称型。乙脑病毒只有一个血清型,故疫苗预防效果良好。主要的抗原成分为包膜上所含的 E 蛋白,可诱导机体产生特异性中和抗体。经 56℃ 30min 或 100℃ 2min 可灭活。对酸、乙醚、氯仿等脂溶剂及多种化学消毒剂敏感。

所致疾病为流行性乙型脑炎(乙脑)。传染源主要是幼猪,传播途径是蚊叮咬。三带喙库蚊是我国乙脑的主要传播媒介。感染者多数为隐性感染,少数出现脑实质和脑膜炎症,表现为高热、头痛、呕吐、惊厥、抽搐、脑膜刺激征等。易感人群是幼儿。死亡率达 10%,约 20% 幸存者留下严重后遗症,出现痴呆、失语或瘫痪等。乙脑病后或隐性感染后可获得持久而牢固的免疫力。

应用 ELISA 法检测患者血清或脑脊液中特异性 IgM 可用于乙脑的早期快速诊断。近年来广泛应用 PCR 技术检测病毒核酸进行乙脑早期快速诊断。

预防措施:防蚊、灭蚊和接种疫苗。目前尚无特效药物治疗。

(二) 登革病毒

登革病毒属黄病毒科、黄病毒属,形态结构与乙脑病毒相似,病毒呈球形,大小为 45~55nm,核心含单股 RNA,衣壳为二十面立体对称型,有包膜及刺突。有 4 个血清型(DEN1~DEN4)。

登革病毒的传染源主要是患者和隐性感染者。经蚊虫叮咬传播,主要传播媒介是伊蚊。所致疾病是登革热、登革出血热/登革休克综合征(DHF/DSS),登革热的典型症状有发热、头痛、全身肌肉酸痛、淋巴结肿大及皮疹等。DHF/DSS 的初期表现同登革热,之后发展为出血性休克,死亡率高。

应用 ELISA、胶体金免疫实验、间接荧光免疫实验等方法检测血清中特异性抗体或应用 PCR 技术检测病毒核酸可获得早期诊断。

防蚊、灭蚊是主要预防措施,疫苗还在研究中。目前尚无特效治疗方法。

五、人乳头瘤病毒

人乳头瘤病毒(HPV)是一类无包膜的小 DNA 病毒,属于乳多空病毒科。HPV 主要侵犯人的皮肤和黏膜,导致不同程度的增生性病变,为 DNA 肿瘤病毒。根据核酸序列不同,现已经发现的 HPV 有 100 多个型。宫颈癌、尖锐湿疣、寻常疣等病变与 HPV 某些型的感染密切相关。

HPV 呈球形,直径 52~55nm,衣壳为二十面立体对称型,无包膜,核心为一双股环状 DNA。

表 6-5 HPV 型别与人类疾病的关系

部位	相关疾病	型别
皮肤	跖疣	1、4
	寻常疣	2、4、7、29、54
	扁平疣	3、10、28、41
	疣状表皮增生异常	5、8、9、12、14、15、17、19~25、36
黏膜	尖锐湿疣	6、11
	宫颈上皮肉瘤、宫颈癌	16、18

HPV 具有严格的宿主和组织特异性,只感染人类的皮肤和黏膜上皮组织,人类是其唯一宿主。HPV 的传播途径有直接接触或间接接触传播,生殖道感染主要经性接触传播。病毒感染后只局限于皮肤黏膜细胞中,不引起病毒血症。不同型别的 HPV 侵犯的部位和所致疾病不同(表 6-5)。机体感染 HPV 后产生特异性中和抗体的能力较弱,对预防再感染的意义不大。

对典型病例易于诊断,必要时可作血清学检查,检测血清中特异性 HPV 抗体;通过 PCR 技术等检测标本中的 HPV DNA,对感染的早期诊断及性别鉴定有意义。HPV 的常规细胞培养尚未成功,目前还无法做病毒的分离鉴定。

加强性教育和社会管理对控制 HPV 经性传播途径感染,减少生殖器疣和宫颈癌的发生具有重要意义。最理想的预防方法是接种疫苗,相关疫苗目前还处于临床试验阶段。对尖锐湿疣的治疗可采用激光、冷冻、手术等方法去除疣体,局部涂擦 5-氟尿嘧啶(5-FU),对根除组织中的病毒较难,易复发。

考点: 狂犬病毒的主要生物学性状、致病性及防治原则。乙脑病毒的致病性

小结

狂犬病毒呈弹头状,核心为单股 RNA。狂犬病毒主要是被传染源咬伤或抓伤引起人或动物狂犬病。狂犬病又称为"恐水症",患者的特征性表现是吞咽困难及恐水。对受伤处的紧急处理方法是使用 20% 肥皂水清洗伤口,再用 70% 乙醇或碘伏涂伤口。特异性预防主要是接种狂犬疫苗。

埃博拉病毒呈长丝状,核心含单股负链 RNA,外有包膜。主要通过患者的血液、唾液、汗液等传播。引起埃博拉出血热,传染性强,死亡率高,WHO 将其列为"第四级病毒"。对感染者目前尚无有效治疗方法,埃博拉病毒疫苗正在研究中。

疱疹病毒呈球形,核心含双股 DNA,有包膜及刺突。人类疱疹病毒有 8 种。可通过直接接触、性接触或飞沫等方式传播,引起不同病变。

乙脑病毒呈球形,核心含单股 RNA,有包膜。传染源主要是幼猪,蚊是其传播媒介。感染者多数为隐性感染,少数出现脑炎表现。主要预防措施是防蚊、灭蚊和接种疫苗。

登革病毒呈球形,核心含单股 RNA,有包膜及刺突。传染源主要是患者和隐性感染者。主要传播媒介是伊蚊。所致疾病是登革热等,主要预防措施是防蚊、灭蚊。

目标检测

一、名词解释

1. 抗原漂移　2. 抗原转变　3. 柯氏斑
4. Dane 颗粒　5. 乙肝两对半　6. 内基小体
7. 虫媒病毒

二、选择题

A 型题

1. 引起亚急性硬化性全脑炎的病原体是
　　A. 风疹病毒　　　　　B. 麻疹病毒

C. 轮状病毒　　　　　D. 埃可病毒

E. 流感病毒

2. 25 岁女性,妊娠 15 周,近日出现全身粟粒大小红色丘疹,伴耳后淋巴结肿大,初步诊断为风疹。该病最严重的危害是

　A. 潜伏感染　　　　　B. 诱发肿瘤形成

　C. 造成免疫低下　　　D. 导致胎儿畸形

　E. 形成慢性感染

3. 不属于轮状病毒特点的是

　A. 为 RNA 病毒

　B. 电镜下呈车轮状形态

　C. 主要经粪-口途径传播

　D. 可引起急性出血性结膜炎

　E. 可引起婴幼儿腹泻

4. 甲型肝炎病毒感染后的结局是

　A. 多转为慢性肝炎

　B. 病毒长期潜伏在肝细胞内

　C. 一般不会再感染该病毒

　D. 体内不产生中和抗体,无特异性免疫力

　E. 感染者多数出现明显临床表现

5. 人体感染 HBV 后,很难在其血清中查出的抗原是

　A. HBsAg　　　　　　B. HBcAg

　C. HBeAg　　　　　　D. PreS1

　E. PreS2

6. 甲型肝炎病毒主要传播途径是

　A. 呼吸道　　　　　　B. 消化道

　C. 节肢动物叮咬　　　D. 注射

　E. 垂直传播

7. 下列属于缺陷病毒的是

　A. 甲型肝炎病毒　　　B. 乙型肝炎病毒

　C. 丙型肝炎病毒　　　D. 丁型肝炎病毒

　E. 戊型肝炎病毒

8. 下列属于 DNA 病毒是

　A. 甲型肝炎病毒　　　B. 乙型肝炎病毒

　C. 丙型肝炎病毒　　　D. 丁型肝炎病毒

　E. 戊型肝炎病毒

9. 乙型肝炎病毒主要传播途径不包括

　A. 输血、注射或针刺　B. 性接触

　C. 垂直传播　　　　　D. 公用剃刀

　E. 消化道

10. 接种乙肝疫苗也能预防下列哪种病毒的感染

　A. 甲型肝炎病毒　　　B. 丙型肝炎病毒

　C. 丁型肝炎病毒　　　D. 戊型肝炎病毒

E. 以上都不能

11. 乙型肝炎患者血清检出成分中,提示病毒大量复制,传染性极强的是

　A. HBsAg　　　　　　B. HBeAg

　C. 抗-HBc　　　　　　D. 抗-HBs

　E. 抗-HBe

12. HIV 可与 T 淋巴细胞表面的 CD4 分子结合的是

　A. 逆转录酶　　　　　B. P17

　C. P24　　　　　　　D. gp120

　E. gp41

13. HIV 的传播途径不包括

　A. 输血　　　　　　　B. 性接触

　C. 垂直传播　　　　　D. 握手

　E. 静脉注射毒品

14. HIV 的主要致病机制是

　A. 破坏肝细胞,造成肝功能降低

　B. 杀伤 $CD4^+$ T 细胞,使机体免疫功能降低

　C. 抑制骨髓造血功能,使免疫细胞生成减少

　D. 杀伤 B 淋巴细胞,使抗体合成减少

　E. 杀伤中性粒细胞,降低机体免疫功能

15. 下列哪个不是预防 HIV 感染的手段

　A. 严格筛选献血员

　B. 杜绝娼妓

　C. 使用一次性注射器

　D. 避免与患者交谈、握手

　E. 严禁吸毒

16. 在神经细胞内发现"内基小体",有助诊断的疾病是

　A. 肾综合征出血热　　B. 乙脑

　C. 麻疹　　　　　　　D. 狂犬病

　E. 登革热

17. 目前认为与宫颈癌的发生有关的病毒是

　A. 单纯疱疹病毒 1 型　B. 单纯疱疹病毒 2 型

　C. EB 病毒　　　　　　D. 脊髓灰质炎病毒

　E. 人乳头瘤病毒 16 型、18 型

18. 下列疾病以蚊作为传播媒介的是

　A. AIDS　　　　　　　B. 脊髓灰质炎

　C. 乙脑　　　　　　　D. SARS

　E. 风疹

19. 下列生物安全级别最高的病毒是

　A. SARS 病毒　　　　　B. 流感病毒

　C. 乙肝病毒　　　　　D. 埃博拉病毒

　E. 人类乳头瘤病毒

20. 下列关于乙脑病毒叙述错误的是

    A. 传染源主要是幼猪

    B. 传播媒介是蚊

    C. 感染者多表现为隐性感染

    D. 易感人群是成年人

    E. 死亡率高达 10%，幸存者常留下严重后遗症

B 型题

    A. 甲型肝炎病毒   B. 乙型肝炎病毒

    C. 丙型肝炎病毒   D. 丁型肝炎病毒

    E. 戊型肝炎病毒

1. 感染后不能单独复制的是

2. 对感染者常需要查"两对半"的是

3. 被称为"输血后肝炎"的是

4. 注射丙种球蛋白可紧急预防感染的是

5. 与甲型肝炎病毒一样主要经消化道传播的是

    A. gp41   B. gp120

    C. P17   D. P24

    E. 抗-gp120

6. 通过与 CD4 结合促使 HIV 侵入细胞的是

7. 通过蛋白印迹法检测结果为阳性，可作确认 HIV 感染的是

8. 与 gp120 共同构成 HIV 刺突的是

9. 构成 HIV 内层衣壳的是

10. 构成 HIV 外层衣壳的是

    A. 狂犬病毒   B. 埃博拉病毒

    C. EB 病毒   D. 水痘带状疱疹病毒

    E. 乙脑病毒

11. 被称为"第四级病毒"的是

12. 引起恐水症

13. 与鼻咽癌有关

14. 常潜伏在脊神经根

15. 我国以三带喙库蚊为主要传播媒介

三、简答题

1. 简述流感病毒抗原结构与病毒分型的关系。

2. 分析流感病毒的变异性与流感流行的关系。

3. 简述 HIV 的主要传播途径有哪些。

4. 艾滋病的防治原则是什么？

（陈应国）

第七章　其他微生物

第一节　衣　原　体

链　接

汤飞凡:第一个发现沙眼衣原体的人

中国微生物学家汤飞凡(1897~1958),湖南醴陵人。1955年,汤飞凡教授在世界上首次分离培养出了沙眼衣原体,成为世界上第一个分离培养出沙眼衣原体的人,他的成功结束了持续半个多世纪的沙眼病原学的争论,在全世界引起了巨大的反响。这一研究成果推动了世界范围的沙眼研究工作,他所发表的沙眼衣原体分离培养方法被世界各国纷纷仿效,中国提供的沙眼衣原体 TE55 株,被用作国际标准参考株。汤飞凡的沙眼衣原体的分离培养成功,被作为1958年世界医学界十大事件之一而载入世界科技史册。国际沙眼防治协会于1981年授予汤飞凡一枚金质奖章。外国许多学者称沙眼衣原体为"汤氏病毒",以赞誉汤飞凡教授的杰出贡献。英国著名的中国科技史专家李约瑟博士曾评论汤飞凡说:"在中国,他将永远不会被忘记!"

衣原体是一类能通过细菌滤器,严格细胞内寄生,具有独特的发育周期的原核细胞型微生物。衣原体广泛寄生于人类、鸟类及哺乳动物,对人致病的衣原体主要有沙眼衣原体、肺炎衣原体、鹦鹉热衣原体等。

考点:衣原体的独特发育周期

一、生物学性状

衣原体在宿主细胞内生长繁殖,有独特的发育周期(图7-1)。光镜下可观察到两种不同的形态:一种是小而致密的直径为 $0.2\sim0.4\mu m$ 呈球形颗粒性结构,Giemsa 染色呈紫红色,无繁殖能力,有高度感染性的原体;另一种是大而疏松的网状体结构,Giemsa 染色呈深蓝色,以二分裂方式繁殖,无感染性,称为始体。

衣原体为专性细胞内寄生,多数衣原体能在鸡胚卵黄囊、小白鼠腹腔和 HeLa 细胞组织培养物等活体内以二分裂方式生长繁殖。衣原体耐冷不耐热,56~60℃仅能存活 5~10min,在-60℃可保存 5 年,液氮内可保存 10 年以上。2%氢氧化钠或1%的盐酸 2~3min,75%乙醇溶液 1min 即可灭活。紫外线照射可迅速灭活,用 0.1%甲醛溶液或 0.5%苯酚溶液经 24h 可被杀死。对四环素、氯霉

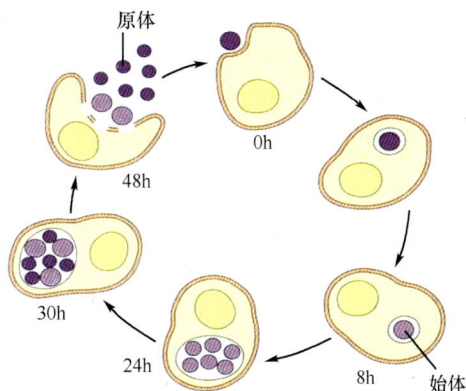

图7-1　衣原体的生活周期示意图

素、多西环素和红霉素等抗生素敏感。

二、致病性与免疫性

考点:沙眼的传播途径及临床表现

致病物质是外膜蛋白、毒性代谢产物和内毒素样物质。衣原体能产生类似革兰阴性菌内毒素样物质,其表面脂多糖和蛋白质促进其吸附于易感细胞,促进易感细胞对衣原体的内吞作用,并能阻止吞噬体和溶酶体的融合,从而使衣原体在吞噬体内繁殖并破坏细胞,受衣原体感染的细胞代谢被抑制,最终被破坏。

衣原体引起的疾病主要有以下 5 种。

1. 沙眼　主要通过眼-眼或眼-手-眼传播。沙眼衣原体感染眼结膜上皮细胞后,在其中生长繁殖并在细胞质中形成包涵体,引起局部炎症。早期的症状表现为流泪、黏液脓性分泌物、结膜充血、滤泡增生、乳头增生,晚期最终出现结膜瘢痕、眼睑内翻、倒睫等(图7-2);可引起角膜血管翳导致角膜损害、失明。据统计沙眼居致盲病因的首位。

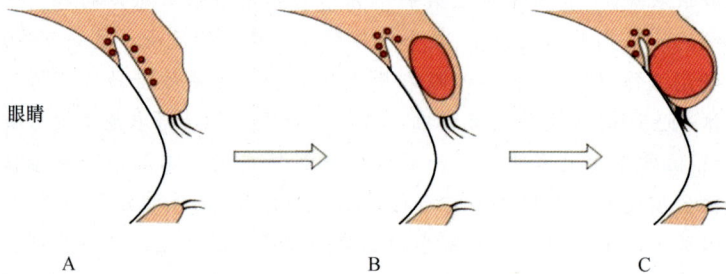

图 7-2　沙眼的病理过程示意图
A. 衣原体感染眼结膜上皮细胞引起炎症;B. 结膜充血、滤泡增生;C. 结膜瘢痕致眼睑内翻、倒睫

2. 包涵体结膜炎　包括婴儿结膜炎及成人结膜炎两种,前者为新生儿经产道感染,引起急性化脓性结膜炎(包涵体脓漏眼),不侵犯角膜,能自愈。后者可经两性接触、经手-眼途径或污染的游泳池水感染,引起滤泡性结膜炎,又称游泳池结膜炎。病变类似沙眼,但无结膜瘢痕,一般经数周或数月痊愈,无后遗症。

3. 泌尿生殖道感染　经性接触传播,由沙眼衣原体变种 D-K 血清型引起。男性多表现为非淋菌性尿道炎,不经治疗可缓解,但多数转变为慢性,周期性加重。可侵犯腹股沟淋巴结,合并成附睾炎、直肠炎等。女性也可引起尿道炎、宫颈炎、输卵管炎等,可导致女性的不孕不育或宫外孕等严重并发症。

4. 性病淋巴肉芽肿　由沙眼衣原体变种 LGV 生物型引起。人是 LGV 的自然宿主。主要通过两性接触传播。衣原体侵犯男性腹股沟淋巴结,引起化脓性淋巴结炎和慢性淋巴肉芽肿,常形成瘘管;女性可侵犯会阴、肛门、直肠,引起会阴-肛门-直肠组织狭窄。

5. 呼吸道感染　由肺炎衣原体及鹦鹉热衣原体引起。肺炎衣原体在人与人之间经飞沫或呼吸道分泌物传播,引起急性呼吸道感染,易引起肺炎、支气管炎、咽炎和鼻窦炎等。鹦鹉热衣原体主要经呼吸道吸入鸟粪便、分泌物或羽毛的气雾或尘埃而感染,也可经破损皮肤、黏膜或眼结膜感染。临床表现多为非典型性肺炎,以发热、头痛、干咳为主要症状,并可并发心肌炎。

三、防治原则

沙眼衣原体的预防重点是注意个人卫生,避免直接或者间接的接触传染。泌尿生殖道衣原体应广泛开展性传播疾病防治知识的宣传,鹦鹉热衣原体应加强鸟类与禽类的管理与检疫。目前衣原体尚无疫苗可预防,常用抗生素治疗。治疗可用多西环素、罗红霉素、阿奇霉素等。

第二节　支　原　体

支原体(mycoplasma)是一类缺乏细胞壁、呈高度多形性,能通过细菌滤器,在无生命人工培养基中生长繁殖的最小原核细胞型微生物。

一、生物学特性

支原体菌体一般为 0.3~0.5μm,因其无细胞壁,形态呈高度多形性,有球形、丝状和分枝状等(图 7-3),革兰染色为阴性,但不易着色,一般以 Giemsa 染色为佳,染成淡紫色。对营养物质的要求高于一般细菌,大部分的支原体适宜的 pH 为 7.6~8.0,低于 7.0 易死亡。在含 10%~20% 人或动物血清培养基中生长缓慢,典型的"油煎蛋样"菌落(图 7-4)。在 37℃ 微氧环境中生长最佳。对热、干燥的抵抗力弱,对化学消毒剂敏感,但对结晶紫、乙酸铊有抵抗力,且对影响细胞壁合成的抗生素如青霉素类天然耐受,对干扰蛋白质合成的抗生素如多西环素、交沙霉素、左旋氧氟沙星、红霉素等敏感。

考点:支原体的形态特征及抵抗力特点

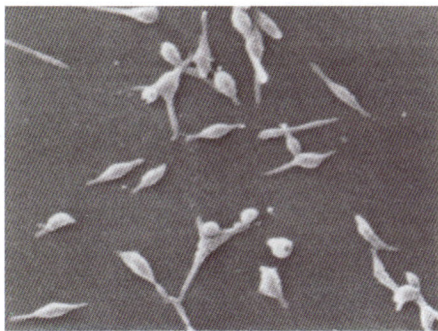

图 7-3　支原体电镜图

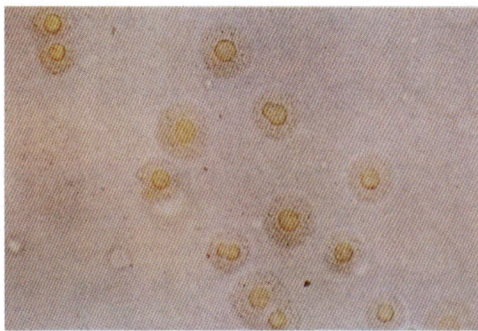

图 7-4　支原体的"油煎蛋样"菌落

二、致病性与免疫性

支原体在呼吸道或泌尿生殖道上皮细胞黏附并定居后,通过获取细胞膜上的脂质与胆固醇,释放神经毒素、过氧化氢等引起细胞损伤。

案例 7-1

支原体肺炎

患儿,女,11岁,既往体质尚好,无反复呼吸道感染史。间断发热 1 周,伴咳嗽 3 天。患儿于入院 1 周前受凉后发热,体温最高 39℃,病程 1 周时拍胸片提示:双肺纹理增粗,右上肺片影。双侧扁桃体无明显肿大,右肺呼吸音减低,左肺部呼吸音清晰,未闻及干湿啰音,心音有力,心律齐,心前区未闻及杂音,腹平触软,肝脾不大,肠鸣音活跃,神经系统查体无异常。

问题：

分析患儿所患何种疾病，如何临床用药？

案例7-1 分析

患儿所患为肺炎支原体肺炎。除一般治疗外，凡能阻碍微生物细胞壁合成的抗生素如青霉素等对支原体无效，因此，治疗支原体感染，应选用能抑制蛋白质合成的抗生素，包括红霉素、四环素、氯霉素等。

支原体在自然界分布广泛，种类多。与人类感染有关的主要是肺炎支原体和溶脲脲原体。

1. 肺炎支原体　引起间质性肺炎，有时并发支气管肺炎，称为原发性非典型性肺炎。传染源是患者或带菌者，主要经飞沫传播，多发生于夏末秋初，青少年多见。临床表现为头痛、咽痛、发热、咳嗽、淋巴结肿大等，重者可出现心血管、中枢神经系统症状。呼吸道分泌的 sIgA 对再感染有一定防御作用。治疗可选用红霉素、氯霉素等。

2. 溶脲脲原体　通过性接触传播，引起非淋菌性尿道炎。治疗首选阿奇霉素，也可用罗红霉素、强力霉素等。

案例7-2

张先生，36岁，在一次出差时与一位女性在宾馆有过不洁的性接触。时间过去了一周，他感觉下体不适，尿频、尿急、轻度瘙痒、尿道烧灼样疼痛等症状，于是自己到药店购买抗感染类消炎药，服用了5天，症状不但不见好转，反而有逐渐加重现象，晨起尿道口有白色黏液分泌物出现。

问题：

考虑此人所得疾病，并阐述可能继发的疾病。

案例7-2 分析

非淋菌性尿道炎。其感染途径以性接触传播为主，也可通过污染的手、物品或游泳池等传播。非淋菌性尿道炎典型时有尿频、尿急、尿痛、尿道口流出少许分泌物等症状，但大多数患者并没有明显的不适，病原体可以长期存在并向上蔓延。在男性，可引起前列腺炎、附睾炎、睾丸炎等，造成精液质量异常，从而导致不育；在女性，则可引起宫颈炎、输卵管炎及盆腔炎，造成输卵管阻塞和粘连而致不孕。此外，支原体、衣原体感染女性后，还可以造成体内生殖免疫功能的紊乱，如产生抗精子抗体等，从而导致不孕或流产。

第三节　立克次体

立克次体(rickettsia)是一类以节肢动物为传播媒介、严格细胞内寄生的原核细胞型微生物。立克次体多为人畜共患的病原体，以节肢动物为传播媒介。由于传播立克次体的节肢动物的地理分布不同，各种立克次体病的流行也有明显的地区性。我国较常见的立克次体病有流行性斑疹伤寒、地方性斑疹伤寒、恙虫病等。

一、生物学特性

形态多样，以球杆状或杆状为主；有细胞壁，革兰染色阴性；常用 Giemsa 染色法呈紫色或蓝色(图7-5A)；以二分裂方式增殖；专性细胞内寄生(图7-5B)，在细胞内可观察到包涵体。抵抗力较弱，在56℃ 30min 即可灭活，0.5%苯酚溶液及75%乙醇中数分钟即可杀灭。在干燥虱粪中能保持传染性半年左右。对四环素和氯霉素敏感。但磺胺类药物可促进其生长繁殖。

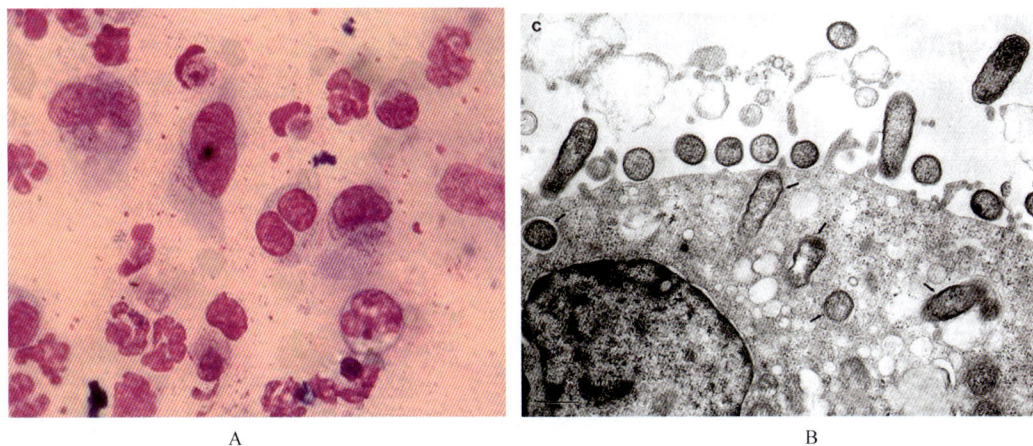

图 7-5　立克次体形态图
A. 普氏立克次体(Giemsa 染色);B. 细胞内寄生的立克次体(电镜片)

案例 7-3

一位 65 岁住院患者,新近从苏丹移民。高热、前额及肌肉剧痛、咳嗽、肺部啰音、腹泻、躯干出现斑丘疹并向周围扩散,逐渐发展为昏迷,极度低血压,常规血培养呈阴性,脊椎抽液未见脑脊液异常。

案例 7-3 分析

流行性斑疹伤寒由胞内寄生菌普氏立克次体引起,经体虱传染给人类。非洲多见,美国也有报道,患者常出现皮疹,起初见于躯干,后向周围扩散。其他症状有:血管通透性增高,血液浓缩,外周血管萎陷。

二、致病性和免疫性

立克次体以节肢动物作为传播媒介或储存宿主,啮齿类动物等为寄生宿主和储存宿主。大多为人兽共患性疾病,为自然疫源性疾病,其临床表现以发热、头痛、皮疹、肝脾肿大等为特征。致病物质是内毒素和磷脂酶 A。立克次体主要通过虱、蚤、螨、蜱等节肢动物的叮咬及其粪便传播,主要感染的靶细胞是血管内皮细胞。对人致病的主要有普氏立克次体、莫氏立克次体、恙虫病立克次体。常见对人致病的立克次体分类见表 7-1。

表 7-1　常见对人致病的立克次体分类

科	属	病原体	媒介昆虫	传播方式	所致疾病	临床表现
立克次体科	立克次体属	普氏立克次体	人虱	人虱叮咬	流行性斑疹伤寒	高热,肌肉痛,皮疹,伴神经系统、心血管系统或其他实质脏器损害的症状
		莫氏立克次体	鼠蚤	鼠蚤叮咬	地方性斑疹伤寒	与流行性斑疹伤寒相似,但症状较轻,病程较短
	东方体属	恙虫病东方体	恙螨	恙螨幼虫叮咬	恙虫病	高热、叮咬部位有焦痂,皮疹、全身淋巴结肿大、心血管系统及肝、脾、肺等损害症状

立克次体病后多可获得持久的免疫力,以细胞免疫为主。

用已知变形杆菌的某些菌株代替立克次体作抗原,与患者血清作定量凝集反应,测定患者血清中相应的抗体及其含量,这种交叉凝集试验称为外斐反应,可辅助诊断立克次体病。

考点:外斐反应及临床意义

预防立克次体病的关键是灭虱、灭蚤、灭鼠、灭螨。注意个人卫生,改进环境卫生,加强防护。斑疹伤寒可接种精制鼠肺疫苗进行特异性预防,免疫力维持一年左右。治疗用氯霉素、四环素等。

第四节　螺　旋　体

考点:螺旋体的概念

螺旋体是一类细长、柔软、弯曲呈螺旋状、运动活泼的原核细胞型微生物。其生物学地位介于细菌与原虫之间。根据螺旋数目、规则程度和间距,对人致病的螺旋体分为如下三个属:钩端螺旋体属,如钩端螺旋体;密螺旋体属,如梅毒螺旋体;疏螺旋体属,如回归热螺旋体。

一、　钩端螺旋体属

钩端螺旋体,简称钩体,是全球性分布的人畜共患病,我国除新疆、西藏等几个省市尚未肯定有钩端螺旋体病流行外,其余地区均有流行。该病目前是我国重点防控的 13 种传染病之一。

（一）生物学性状

1. 形态与染色　菌体纤细,一端或两端弯曲成钩状,使菌体呈 S、C 或者 8 字形。螺旋细密而规则,在暗视野显微镜下可见形如细小闪亮的珍珠串,运动活泼（图 7-6A）。常用 Fontana 镀银染色法将菌体染成金黄色或者棕褐色（图 7-6B）。

2. 培养特性　需氧或微需氧。营养要求较高,常用含有 10% 兔血清的柯氏培养基培养或无血清的 EMJH 培养基培养。对热和酸均敏感,最适 pH 为 7.2~7.4. 最适生长温度为 28~30℃,生长缓慢,在液体培养基中分裂一次约需 8h。

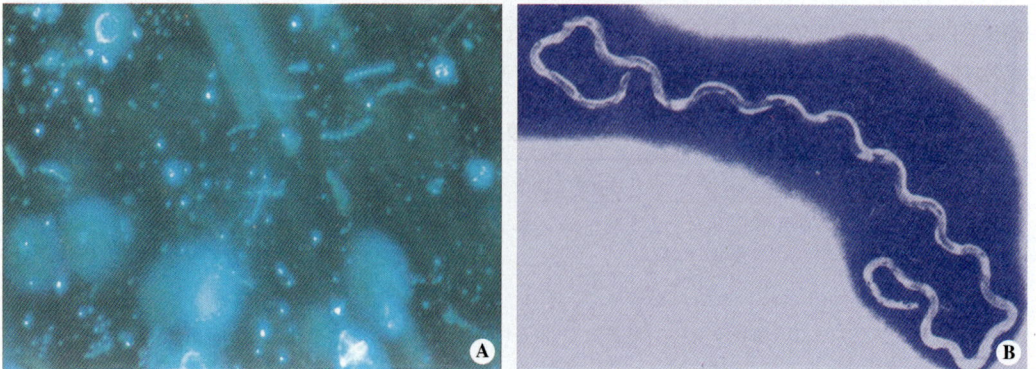

图 7-6　钩端螺旋体形态图
A. 暗视野显微镜下的螺旋体;B. 钩端螺旋体（电镜图）

3. 抵抗力 抵抗力较弱,60℃ 1min 即死亡。对青霉素敏感,0.2%甲酚皂、1%苯酚、1%漂白粉处理 10~30min 被杀灭。在酸碱度适中的湿土或水中可存活数月,因此在我国洪涝、地震等自然灾害中钩端螺旋体病是重点监控的 4 种传染病之一。

案例 7-4

一位 18 岁农民入院前 4 天在田间劳动时,突然头痛、发烧、周身不适,小腿酸痛。入院前 3 天开始咳嗽、痰中带血,症状逐日加重。病前曾参加稻田抢收,同村有 5 人患同样症状疾病。体温 41℃,脉搏 132 次/min,呈急性重病容,腹股沟淋巴结肿大、有压痛,腓肠肌压痛阳性,右肺有少许湿性啰音。X 线胸片,两肺布满模糊之絮状斑影。

案例 7-4 分析

钩端螺旋体病的特点是起病急、高热、乏力、全身酸痛、眼结膜充血、腓肠肌压痛、表浅淋巴结肿大等。重者可有明显的肝、肾、中枢神经系统损害,肺大出血,甚至死亡。钩体对青霉素高度敏感,临床应用庆大霉素、四环素、多西环素、白霉素均有很好的疗效。

(二)致病性和免疫性

致病物质:目前倾向于内毒素是钩端螺旋体主要的致病物质,近年发现,黏附素和溶血素也在钩端螺旋体致病过程中发挥作用。

所致疾病:钩端螺旋体病(leptospirosis)为人畜共患传染病,患者主要是疫区的农民、渔民、屠宰工人及进入疫区工作或旅行的人群。钩端螺旋体能迅速通过破损或完整的皮肤、黏膜侵入人体,经淋巴系统或直接进入血流引起钩端螺旋体病,出现如发热、头疼、肌痛、眼结膜充血、浅表淋巴结肿大等中毒性败血症症状。继而钩端螺旋体随血流侵入人体的肝、脾、肾淋巴结和中枢神经系统,引起相关脏器和组织的损害。由于钩端螺旋体血清型、毒力和数量不同,以及宿主的免疫力存在差异,因此临床症状及表现也有很大的差异。轻症者似感冒,重症可有明显的肺、肝、肾及神经系统损害,出现肺出血型、肾衰竭型等病例,并有眼血管膜炎、视网膜炎、脑膜炎等并发症。

免疫性:主要为特异性体液免疫。发病后 1~2 周,机体可产生特异性抗体,可防止再感染和清除体内的钩端螺旋体。感染后,钩端螺旋体可获得对同一血清型钩端螺旋体的持久免疫力,但不同血清群间无明显的交叉保护作用。

> **考点:**钩端螺旋体的致病特点

链 接

钩端螺旋体病临床诊断的助记顺口溜

寒热"三痛"爬不起,拒绝检查腓肠肌。眼红出血淋巴肿,流行多在夏秋季。

(三)微生物学检查

1. 标本采集 病原学检查时,于发病 7~10 天取外周血,第 2 周以后取尿,脑膜脑炎型则取脑脊液进行检查。血清学检查时,可采取单份血清,如一周可取单份,3~4 周取双份。

2. 病原学检查

(1)直接镜检:用暗视野显微镜检查或用镀银染色后镜检,也可用免疫荧光法或免疫酶染色法检查。

（2）分离培养：将标本接种至 Korthof 或者 EMJH 培养基 28℃培养 2 周，再用暗视野显微镜镜检。或用凝集试验进行血清群、型的鉴定。

用 ELISA 或显微镜凝集试验检查患者血清抗体进行诊断。

（四）防治原则

做好防鼠、灭鼠工作，加强对带菌家畜的管理，保护好水源。夏季和早秋是钩端螺旋体病流行的季节，应避免或减少与疫水接触。钩端螺旋体病发展快，对有接触疫水的人出现感冒样症状时，要早诊断、早治疗，以防发展成严重症状。易感人群可进行多价外膜钩体死疫苗接种，治疗首选青霉素，如过敏可选用庆大霉素或多西环素。

二、密螺旋体属

密螺旋体属分为致病性与非致病性两大类，梅毒螺旋体是苍白密螺旋体苍白亚种，是引起人类梅毒（syphilis）的病原体。梅毒是性传播疾病中危害性较严重的一种。

（一）生物学性状

1. 形态与染色　菌体细长，有 8～14 个致密而有规则的螺旋，两端尖直（图 7-7A、B），运动活泼。革兰染色阴性，但不易着色，用 Fontana 镀银染色法染成棕褐色。常用暗视野显微镜悬滴法检查。

2. 培养特性　人工培养较困难且易失去毒力，不能在无生命的人工培养基上生长繁殖。抵抗力极弱，用动物接种或细胞培养在微需氧条件下，33℃培养可保持毒力并生长繁殖。

3. 抵抗力　极弱。对冷、热、干燥均敏感，离体后干燥 1～2h 或 50℃加热 5min 即可死亡，血液中 4℃3 天即失去感染性，故在血库冷藏 3 天以上的血液无传染梅毒的危险。对一般消毒剂敏感，1%～2%的苯酚溶液处理数分钟即可死亡。对青霉素、四环素、红霉素等敏感。

考点：梅毒螺旋体的抵抗力

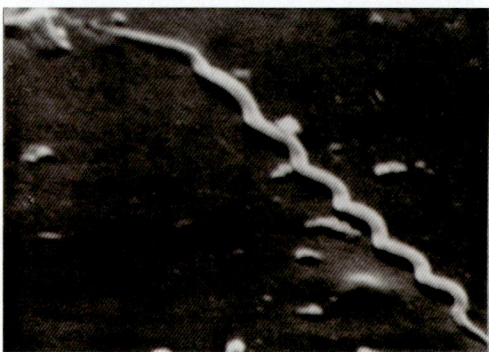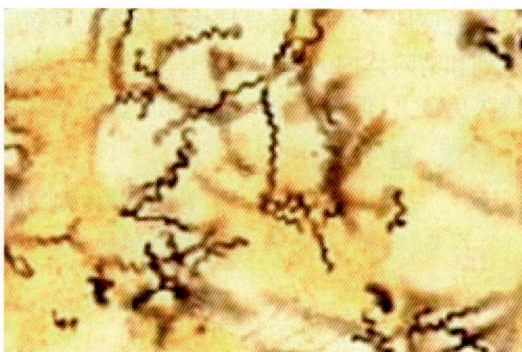

A　　　　　　　　　　　　B

图 7-7　梅毒螺旋体形态图

A. 梅毒螺旋体（电镜图）；B. 梅毒螺旋体（镀银染色法）

（二）致病性和免疫性

致病物质：梅毒螺旋体具有较强的侵袭力，其主要致病物质为荚膜样物质（菌体表面的黏多糖和唾液酸）、黏附因子、透明质酸酶等。

所致疾病:梅毒螺旋体只引起人类疾病,梅毒患者是唯一的感染源。一般梅毒分为两种:一种为后天获得性,即通过性接触传染;一种为先天性,即从母体通过胎盘传给胎儿,引起先天性梅毒,又称胎传梅毒。

获得性梅毒的病程在临床上可以表现为三期,即发作、潜伏和再发作。

考点:梅毒的传播途径及疾病发展

1. Ⅰ期梅毒 梅毒螺旋体经皮肤黏膜感染后 2～10 周,常在患者外生殖器出现无痛性硬下疳及溃疡,称硬下疳(图 7-8A),其溃疡渗出液中含有大量梅毒螺旋体,传染性极强。此期持续 1～2 月后,硬下疳常可自然愈合,进入血液的梅毒螺旋体潜伏于体内,经2～3 个月无症状的潜伏期后进入第Ⅱ期。

2. Ⅱ期梅毒 患者全身淋巴结肿大,全身皮肤及黏膜出现铜红色皮疹,即梅毒疹(图 7-8B),多见于躯干及四肢。在梅毒疹和淋巴结中有大量梅毒螺旋体。但经 3 周～3 个月后上述体征消退,其中多数患者发展成Ⅲ期梅毒。Ⅰ、Ⅱ期梅毒称早期梅毒,传染性强,但组织破坏性较小。

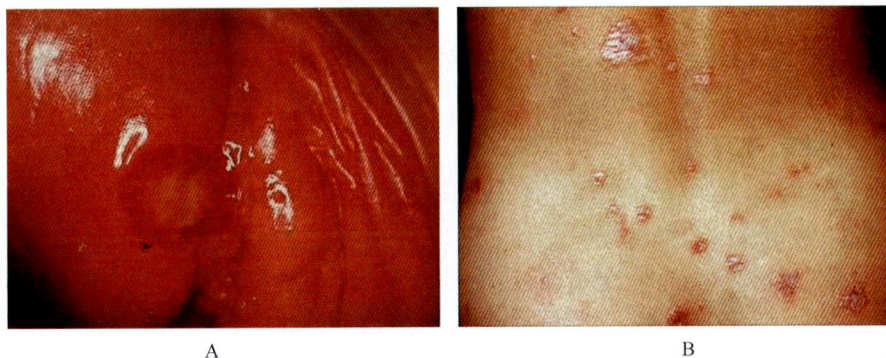

图 7-8 梅毒患者典型症状
A. 冠状沟处硬下疳;B. 梅毒疹

3. Ⅲ期梅毒 又称晚期梅毒,此期病变表现为全身组织和器官多为慢性炎症损伤、皮肤黏膜的溃疡性损害或内脏器官的肉芽肿样病变(如梅毒瘤)。重者经 10～15 年后引起心血管及中枢神经系统损害,导致动脉瘤、脊髓痨及全身麻痹等,危及生命。此期病灶内梅毒螺旋体少,传染性小,但是破坏性大,病程长,疾病损害呈交替出现。

先天性梅毒:患梅毒孕妇体内的病原体可经胎盘进入胎儿血流引起全身感染,可导致流产、早产或死胎;或生出的患儿有皮肤病变、马鞍鼻、锯齿形牙、间质性角膜炎、先天性耳聋等特殊体征症状,俗称梅毒儿。

梅毒的免疫为传染性免疫或有菌免疫,即感染梅毒螺旋体的个体对梅毒螺旋体的再感染有抵抗力,若梅毒螺旋体被清除,免疫力即也消失。主要以细胞免疫为主。

(三)微生物学检查法

1. 病原学检查 最适的标本为Ⅰ期梅毒患者取下疳渗出物,其次为Ⅱ期梅毒患者取皮疹、脓疱病灶组织渗出液,直接用暗视野显微镜观察活动的梅毒螺旋体,也可组织切片标本镀银染色后镜检。

2. 血清学试验 有非梅毒螺旋体抗原试验和梅毒螺旋体抗原试验。

(1)非螺旋体抗原试验:用正常牛心肌的心脂质作为抗原,测定患者血清中的反应素(抗脂质抗体)。但一些非梅毒疾病也可出现假阳性结果,必须结合临床资料进行判断和分析。

（2）螺旋体抗原试验：采用梅毒螺旋体 Nichols 株或 Reiter 株作为抗原，检测患者血清中特异性抗体，特异性高，用于梅毒确诊，但成本较高。

考点：真菌的具体形态

由于新生儿先天性梅毒易受过继免疫的抗体干扰，患儿有的不产生特异性抗体，使诊断较为困难。但当脐血特异性抗体明显高于母体、患儿有较高特异性抗体的效价持续上升时，具有辅助诊断价值。

（四）防治原则

加强性卫生教育是减少梅毒发病的有效措施，梅毒应早发现，早彻底治疗，青霉素是治疗梅毒最好的药物，如苄星青霉素、普鲁卡因青霉素。如对青霉素过敏者可用盐酸四环素和强力霉素。血清反应素抗体阴性为治愈指标，且治疗结束后要定期复查。目前尚无疫苗预防。

三、疏螺旋体属

疏螺旋体属的螺旋体有 3~10 个稀疏且不规则的螺旋。对人致病的主要有伯氏疏螺旋体、回归热疏螺旋体、奋森螺旋体。

（一）伯氏疏螺旋体

伯氏疏螺旋体是莱姆病的主要病原体，莱姆病是 1977 年在美国康涅狄格州莱姆镇首次发现的，故被命名为莱姆病。

伯氏疏螺旋体两端尖直，螺旋疏松，运动活泼，革兰染色阴性。营养要求较高，微需氧或需氧，5%~10% CO_2 培养。抵抗力弱，60℃加热 1~3min 即死亡，0.2%甲酚皂或 1%苯酚溶液处理 5~10min 即被杀灭，对青霉素等敏感。

莱姆病是自然疫源性传染病。储存宿主主要是鼠、兔等野生动物及家畜。主要传播媒介是硬蜱，通过叮咬的方式传播给人，经过 3~30 天的潜伏期，在叮咬部位出现一个或数个慢性移行性红斑（ECM），伴有头痛、发热、肌肉和关节痛等症状。

（二）回归热螺旋体

考点：放线菌的概念

回归热螺旋体是一种以反复周期性急起急退的高热为临床特征的急性传染病。根据回归热病原体及其传播媒介昆虫的不同，可分为两类：一类为虱传回归热，也称流行性回归热，其病原体为回归热疏螺旋体；另一类为蜱传回归热，也称地方性回归热，其病原体为杜通疏螺旋体等。

第五节 放 线 菌

放线菌是一类丝状或链状、呈分支生长的单细胞原核细胞型微生物。放线菌具有菌丝和孢子，在固体培养基上生长状态与真菌相似，但结构与化学组成与细菌相同。在自然界中其分布广泛，种类繁多，绝大多数放线菌为有益菌，至今已报道过的近万种抗生素中，约 70% 由放线菌产生，如链霉素、红霉素、卡那霉素等，致病性放线菌主要有放线菌属和诺卡菌属（表 7-2）。

表 7-2　放线菌与诺卡菌属的比较

特征	放线菌属	诺卡菌属
分布	寄生在人和动物口腔、上呼吸道、胃肠道、泌尿生殖道	存在于土壤等自然环境中,多为腐生菌
培养特性	厌氧或微需氧 35~37℃生长,20~25℃不生长	专性需氧 37℃或 20~25℃均生长
抗酸性	无抗酸性	弱抗酸性
感染性	内源性感染	外源性感染
代表菌种	衣氏放线菌、牛型放线菌	星形诺卡菌、巴西诺卡菌

对人致病的放线菌主要是衣氏放线菌,常寄生于人和动物口腔、上呼吸道、胃肠道和泌尿生殖道,属正常菌群。为无芽胞、无荚膜的革兰染色阳性菌(图 7-9A)。其培养比较困难,生长缓慢,厌氧或微需氧,初次分离加 5% 的 CO_2,可促进其生长。在人体抵抗力减弱、口腔卫生不良、拔牙或黏膜受损时引起内源性感染,导致软组织的化脓性炎症,若无继发感染则多呈慢性肉芽肿。感染多是慢性无痛性过程,并常伴有多发性瘘管形成,脓液中可找到肉眼可见的黄色小颗粒,称为硫磺样颗粒,实为放线菌在组织中形成的菌落。将颗粒压片革兰染色镜检,呈放射状排列的菊花状(图 7-9C),作为放线菌病辅助诊断的指标。放线菌在电镜下的形态如图 7-10。

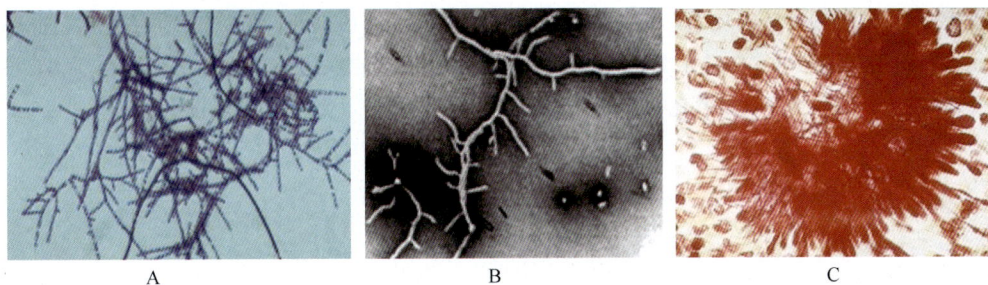

图 7-9　放线菌形态图
A. 放线菌(革兰染色);B. 放线菌菌丝;C. 硫磺样颗粒(H-E 染色)

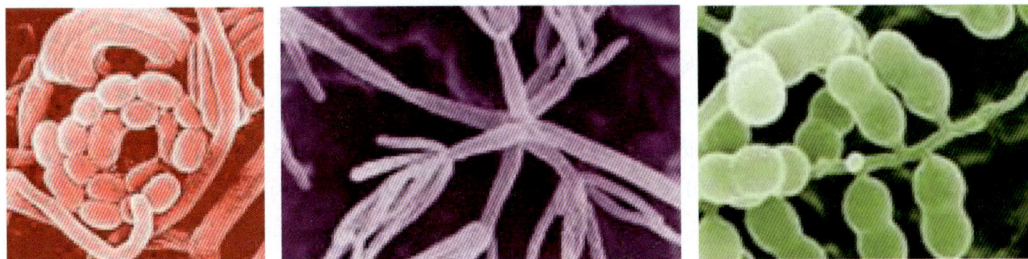

图 7-10　放线菌电镜形态图

考点：放线菌在药学上的应用

放线菌患者血清中可检测到多种无免疫保护作用的特异性抗体,但机体对放线菌的免疫主要靠细胞免疫。

注意口腔卫生,及时治疗口腔疾病是预防放线菌病的主要方法。对放线菌患者的治疗可采取外科手术切除脓肿瘘管,同时用大剂量青霉素、红霉素、克林达霉素或磺胺药做较长时间治疗。

第六节 真 菌

真菌是具有高度分化的细胞核,有核膜和核仁,细胞质中有完整细胞器的一大类真核细胞型微生物。

考点:真菌的具体形态

真菌不分根、茎、叶,不含叶绿素,少数为单细胞,多数为多细胞结构。以腐生或寄生方式生存,按有性或无性方式繁殖。真菌在自然界分布广泛,种类繁多,目前已经有1万个属、10万余种。绝大多数真菌对人类不仅无害,甚至有益,如酿酒、制醋、生产抗生素、酶制剂等。少数对人及动植物致病,与人类疾病有关的真菌有400余种,常见的有50~100种,可引起人类感染性、中毒性及超敏反应性疾病。近年来,由于抗生素及抗肿瘤药物、免疫抑制剂等药物的使用,器官移植、介入性治疗技术的发展,以及艾滋病、糖尿病、恶性肿瘤等引起的机体免疫功能低下等原因,导致条件性真菌感染明显上升。

链 接

人类发现的第一种抗生素——青霉素(盘尼西林),是英国微生物学家亚历山大·弗莱明于1928年偶然发现的,但当时并没有提纯出有效成分及分析化学结构。他从被霉菌污染的葡萄球菌培养皿中,观察到霉菌附近的细菌都无法生长,推测霉菌中可能有杀菌的物质,1929年,弗莱明将这个发现发表在《英国实验病理学期刊》,但没有得到重视。直到1939年,牛津大学的佛罗雷(Howard Florey)和钱恩(Ernst Chain)想开发能医治细菌感染的药物,才在联络弗莱明取得菌株后,成功提纯出青霉素。弗莱明、佛罗雷与钱恩因此于1945年共同获得诺贝尔生理学或医学奖。

一、生物学性状

(一)形态与结构

真菌形态多样,大小不一,具有典型的细胞核结构和完整的细胞器,按形态与结构可分为单细胞真菌和多细胞真菌两类。

1. 单细胞真菌 呈圆形或卵圆形,以出芽方式繁殖,其芽生孢子成熟后,脱离母细胞又成为一个新的个体,如酵母菌和类酵母型真菌。酵母型真菌没有菌丝,类酵母型真菌具有假菌丝。

2. 多细胞真菌 又称丝状菌或霉菌,由菌丝(hypha)和孢子(spore)组成,如皮肤癣菌。各种丝状菌长出的菌丝和孢子形态不同,是鉴别真菌的重要标志。

(1)菌丝:真菌的孢子在适宜的环境条件下长出嫩芽,称为芽管,芽管逐渐延长呈丝状,称菌丝。菌丝又可长出许多分枝并交织成团,称菌丝体。菌丝在一定的间距形成横隔,称为隔膜。隔膜将菌丝分成一串细胞,隔膜中间有孔,使细胞质任意流入另一个细胞,根据隔膜的消长,分为有隔菌丝和无隔菌丝。绝大多数的致病菌为有隔菌丝。生长在培养基上的菌丝,如深入到培养基中,吸取营养,称营养菌丝;露出于培养基表面,则称气中菌丝;气中菌丝中能产生孢子的称生殖菌丝。

菌丝有多种形态,如鹿角状、螺旋状、球拍状、结节状、梳状等,可作为鉴别与分类的依据(图7-11)。

(2)孢子:孢子是真菌的繁殖结构,是由生殖菌丝生产的圆形或卵圆形结构。可分

| 螺旋菌丝 | 鹿角菌丝 | 结节状菌丝 | 球拍状菌丝 | 梳状菌丝 |

图 7-11 真菌的菌丝

有性孢子与无性孢子两类。有性孢子是由两个细胞融合形成,如接合孢子、子囊孢子及担(子)孢子。有性孢子大多数为非致病性真菌具有。无性孢子是指菌丝上的细胞分化生成,不经过两性细胞的配合而产生的孢子。致病性真菌多为无性孢子如叶状孢子、分生孢子、孢子囊孢子(图 7-12)。

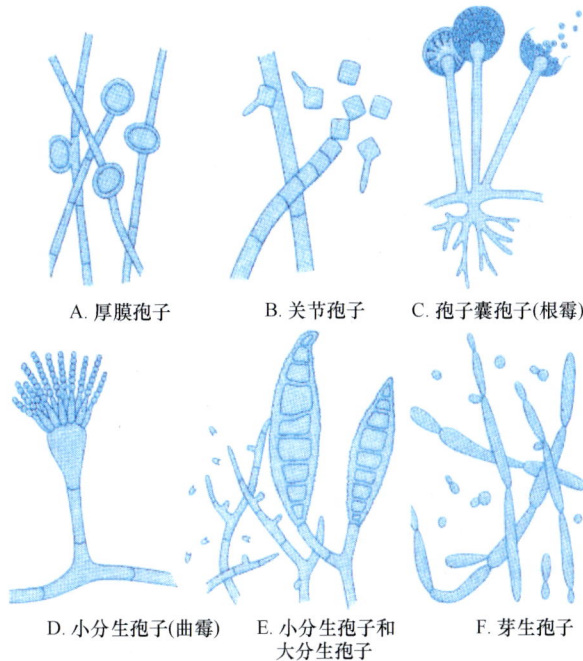

| A. 厚膜孢子 | B. 关节孢子 | C. 孢子囊孢子(根霉) |
| D. 小分生孢子(曲霉) | E. 小分生孢子和大分生孢子 | F. 芽生孢子 |

图 7-12 真菌的无性孢子(引自郭晓奎,2007)

(二)培养特性与繁殖

真菌营养要求不高,常用沙保(SDA)培养基(含 4% 葡萄糖、1% 蛋白胨、2% 琼脂、0.5% NaCl)培养,多数病原性真菌生长缓慢,培养 1~4 周才出现典型的菌落,其最适 pH4.0~6.0;需较高的湿度与氧,浅部真菌最适温度为 22~28℃,但深部真菌则以 37℃ 为宜。

真菌的繁殖方式分为有性繁殖和无性繁殖两种。无性繁殖是真菌的主要繁殖方式,其主要形式有芽生、裂殖、芽管、隔殖。

在 SDA 培养基上,真菌菌落可分为以下三类。

1. 酵母型菌落 酵母型菌落(yeast type colony)是单细胞真菌的菌落形式,与一般细菌菌落相似,菌落柔软致密、光滑湿润。在显微镜下观察可见芽生孢子,无菌丝。如新生隐球菌的菌落。

2. 类酵母型菌落　单细胞真菌如白假丝酵母菌出芽后,芽管延长呈藕节状细胞链的假菌丝,伸入培养基内,外观与酵母型菌落相似,称类酵母型菌落或酵母样菌落(yeast-like type colony)。

3. 丝状型菌落　丝状型菌落(filamentous type colony)是多细胞真菌的菌落形式,由疏松的菌丝体和孢子组成。菌落呈棉絮状、绒毛状或粉末状,菌落正反面可呈现不同的颜色。丝状型菌落的这些特征,是真菌鉴定与分类的依据。

（三）抵抗力

真菌对干燥、日光、紫外线及一般消毒剂有较强的抵抗力。但对热抵抗力不强,孢子不同于细菌芽胞,60℃ 1h 菌丝与孢子均被杀死。对 2% 苯酚、2.5% 碘酊、1% 升汞及 10% 甲醛等较敏感。对常用的抗生素均不敏感。灰黄霉素、制霉菌素、二性霉素 B、克霉唑、酮康唑、伊曲康唑等对多种真菌有较强的抑制作用。

案例 7-5

一个 27 岁 AIDS 患者剧烈头痛已有 2 个月,目前出现发热、恶心,说话含糊不清,颈项强直。脑脊液中含淋巴细胞和有荚膜酵母菌。

案例 7-5 分析

新生隐球菌的主要传染源是鸽子,人因吸入鸽粪污染的空气而感染,特别是免疫低下者,可发生血行播散而累及中枢神经系统,主要引起肺和脑的急性、亚急性或慢性感染。白假丝酵母菌和卡氏肺孢菌也是 AIDS 患者常见的机会致病菌,前者主要引起口腔念珠病,后者主要引起间质性肺炎。

二、致病性与免疫性

（一）致病性

目前发现对人具有致病性的真菌已经超过 100 多种。其中,由致病性真菌和机会致病性真菌引起感染,并表现临床症状者称为真菌病。

真菌可通过以下几种形式致病。

1. 致病性真菌感染　致病性真菌包括球孢子菌、组织胞浆菌等可引起原发性感染。但真菌感染多为继发性感染,由机会致病性真菌引起。多为外源性真菌感染,可引起皮肤、皮下和全身各组织器官病变。如皮肤癣菌易在角质层内繁殖,通过机械刺激和代谢产物作用,引起局部炎症病变,如体癣、头癣、甲癣等。皮肤癣菌经直接或间接接触传播。深部真菌被吞噬细胞吞噬,在细胞内繁殖,引起组织慢性肉芽肿性炎症及组织坏死。

2. 条件致病性真菌感染　主要为内源性真菌感染。①白假丝酵母菌(白色念珠菌),为革兰阳性,卵圆形,大小不一,有假菌丝的单细胞真菌(图 7-13)。这类真菌在正常情况下不致病,但在长期使用广谱抗生素、激素、免疫抑制剂或放射治疗后造成菌群失调或机体免疫力下降的情况下,则可造成感染,如白色念珠菌引起的鹅口疮、阴道炎、甲沟炎、肺炎、脑膜炎等。②新生隐球菌(又称新型隐球菌,溶组织酵母菌),为革兰阳性圆形,有宽大荚膜的单细胞真菌(图 7-14)。常用墨汁染色观察其形态。该菌一般是外源性感染,主要传染源是鸽子,人因吸入鸽粪污染的空气而感染。主要引起肺炎或慢性脑膜炎等。

3. 真菌超敏反应性疾病　各种真菌的孢子及其代谢产物污染空气、食物和水源,过敏体质的人吸入、食入或皮肤黏膜接触可引起哮喘、荨麻疹、接触性皮炎等各种超敏反应性疾病。

考点:常见的致病性真菌的种类

图 7-13　白假丝酵母菌形态图　　图 7-14　新生隐球菌形态图

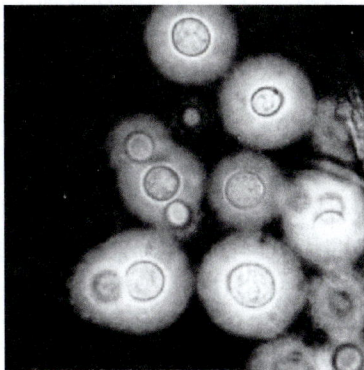

4. 真菌毒素　是真菌在其代谢过程中产生的,可污染农作物、食物或饲料。例如,镰刀菌等在粮食或饲料上生长产生毒素,人、畜误食后可导致急性或慢性中毒。黄曲霉菌,可产生黄曲霉毒素,人进食该毒素污染的食物,如发霉的花生、玉米及大米等,可引起中毒性肝炎和肝硬化。另外,有些真菌的毒素与致癌有关。已经证明黄曲霉毒素有致癌作用,其毒性很强,小剂量即有致癌作用,可引起原发性肝癌。除此之外,如棒状曲霉、黑曲霉、烟曲霉等也可产生类似黄曲霉毒素的致癌物质。

(二) 免疫性

在真菌感染,特别是深部真菌感染过程中,人体非特异性免疫在抗感染中起到一定作用,同时机体也可产生特异性免疫。

1. 非特异性免疫　人体对真菌感染有较强的天然免疫力。主要包括皮肤分泌短链脂肪酸和乳酸的抗菌作用,血液中转铁蛋白扩散至皮肤的角质层的抑真菌作用,黏膜的机械屏障、正常菌群的拮抗作用、中性粒细胞和单核细胞的吞噬作用。且许多真菌病受生理状态影响。例如,皮脂腺分泌的不饱和脂肪酸有抗真菌作用,学龄前儿童皮脂腺发育尚未完善,故易患头癣。

2. 特异性免疫　真菌侵入机体,可刺激机体的免疫系统,产生适应性免疫应答。细胞免疫是机体排菌杀菌及复原的关键,T 细胞分泌的细胞因子可加速表皮角化和皮屑形成、脱落,将真菌排除;以 T 细胞为主导的迟发型超敏反应也可引起免疫病理损伤和消灭真菌。真菌感染也能刺激机体产生相应抗体,因此体液免疫对部分真菌感染有一定的保护作用。例如,特异性抗体可阻止真菌转为菌丝,以提高吞噬细胞的吞噬率。

链　接

真菌与药学之间的关系

真菌中的霉菌类所产生的霉毒类物质,如青霉素,提纯后作为药物应用;真菌中的酵母类,其蛋白质片段可作为生物合成工具,在药学中应用;少数真菌本身具有药用成分;很多致病性真菌是药物研究的重点对象。

三、 微生物学检查

(一) 标本采集与镜检

1. 对各种癣症患者取其皮屑、指(趾)甲屑或病发放于玻片上,滴加 10% 氢氧化钾,微加热后镜检,若观察到菌丝或孢子即有诊断意义。

2. 对疑似白色念珠菌感染者可取阴道分泌物、痰、脑脊液等标本做涂片,染色后镜检。镜下可见菌体呈圆形或卵圆形,革兰染色阳性。菌体以出芽繁殖芽生孢子,孢子伸长成芽管,不与母菌体脱离,发育成假菌丝。在玉米粉培养基上可长出厚膜孢子。假菌丝和厚膜孢子有助于鉴定。

3. 对疑似新生隐球菌感染者可取痰、脑脊液等标本经墨汁负染后镜检,镜下可见黑色的背景中有圆形或卵圆形的透亮菌体,外包一层肥厚透明的荚膜。

(二)分离培养

直接镜检不能确诊时,可用沙保培养基培养、观察,以进一步鉴定。

四、防治原则

考点:真菌感染的防治原则

真菌性疾病目前尚无特异性预防方法。皮肤癣菌感染的预防主要是注意皮肤卫生,保持皮肤清洁、干燥;保持皮肤黏膜完整性;避免直接或间接与患者接触,以切断传播途径。预防深部真菌感染,首先要除去诱因,合理使用抗生素。

癣病治疗以局部治疗为主,可用克霉唑软膏、5%硫磺软膏等外用药。疗效不佳或深部真菌感染的治疗常用药物如二性霉素 B、制霉菌素等。

重要致病性真菌形态结构特点与致病性见表7-3。

表7-3 重要致病性真菌形态结构特点与致病性

名称	形态结构	致病性
皮肤癣真菌	多细胞真菌	主要侵犯皮肤、毛发、指(趾)甲,引起癣病。如体癣、头癣等
白假丝酵母菌(白色念珠菌)	单细胞真菌呈圆形或卵圆形,有假菌丝及厚膜孢子	内源性条件致病性真菌。通常存在于人的口腔、上呼吸道、肠道及阴道黏膜上,在免疫力下降或菌群失调等情况下可引起皮肤黏膜、内脏器官感染。如婴儿的鹅口疮、念珠菌性阴道炎等
新生隐球菌	单细胞真菌,圆形或卵圆形,外周有厚荚膜	主要经呼吸道感染,引起肺或脑急性、亚急性或慢性感染
黄曲霉菌	多细胞真菌	污染花生、玉米、大米等,产生黄曲霉毒素,被人误食后可引起中毒性肝炎、肝硬化、肝癌等

小结

衣原体是一类严格细胞内寄生,具有独特发育周期,并能通过细菌滤器的原核细胞型微生物。主要病原性衣原体有沙眼衣原体和肺炎衣原体等,能引起沙眼、包涵体结膜炎、泌尿生殖道感染、性病淋巴肉芽肿等,沙眼是致盲的首位病因。

支原体能在无生命培养基上生长繁殖,是最小的原核细胞型微生物。因其没有细胞壁具有高度的多形性。肺炎支原体引起原发性非典型性肺炎。溶脲脲原体通过性接触传播引起非淋菌性尿道炎。

立克次体是一类以节肢动物为传播媒介,严格细胞内寄生的原核细胞型微生物。立克次体病以虱、螨、蜱等节肢动物为传播媒介,多数引起自然免疫性疾病。

螺旋体是细长、柔软、弯曲呈螺旋、运动活泼的原核细胞型微生物。对人致病的螺旋体有三个属,其中钩端螺旋体引起人畜共患钩体病,梅毒螺旋体引起后天梅毒和胎传梅毒。

放线菌介于细菌和真菌之间,75%抗生素由放线菌产生。衣氏放线菌属条件致病菌,可引起软组织慢性炎症。

真菌是不含叶绿素、不分根茎叶的真核细胞型微生物,可分为单细胞(酵母菌)和多细胞(霉菌)两大类,后者由菌丝和孢子组成。常用沙保弱培养基培养,致病真菌主要以芽生、裂殖等无性方式繁殖,对常用抗生素不敏感。

病原性真菌分浅部真菌和深部真菌。前者又称皮肤丝状菌(皮肤癣菌),引起各种癣症。后者如白假丝酵母菌,多为内源性感染侵犯皮肤、黏膜和内脏,新生隐球菌主要经呼吸道感染引起慢性脑膜炎等,黄曲霉菌可产生黄曲霉毒素,可引起中毒性肝炎,并有致癌作用。

目标检测

一、名词解释

1. 衣原体　2. 支原体　3. 立克次体　4. 螺旋体
5. 真菌　6. 外斐试验

二、填空题

1. 肺炎支原体主要通过_____传播。

2. 支原体与 L 型细菌的区别是_____。

3. 可用于立克次体感染的血清学诊断方法是_____。

4. 梅毒螺旋体的传染源是_____。

5. 衣原体有特殊生活周期,有_____和_____两种形式。其中有感染性的是_____。无感染性但有繁殖能力的是_____。

6. 能在人工培养基上生长的最小原核细胞型微生物是_____。

7. 梅毒螺旋体抵抗力极弱,对_____、_____、_____抗生素均很敏感。

8. 钩体病是_____。其传染源和储存宿主_____引起疾病的病原体是_____。

9. 梅毒螺旋体的传播方式_____。

10. 致盲的首位原因是_____,其传播方式为_____和_____。

三、选择题

A 型题

1. 主要以虱作为传播媒介在人群间相互传播,引起的立克次体病是
   A. 流行性斑疹伤寒　B. 地方性斑疹伤寒
   C. 恙虫病　　　　　D. Q 热
   E. 北亚蜱传立克次体病

2. 下列为密螺旋体属代表菌的是
   A. 钩端螺旋体　　　B. 梅毒螺旋体
   C. 回归热螺旋体　　D. Lyme 螺旋体
   E. 奋森螺旋体

3. 钩端螺旋体的传染途径主要为
   A. 呼吸道　　　　　B. 节肢动物媒介
   C. 皮肤黏膜　　　　D. 性传播
   E. 食入

4. 经胎盘传播引起胎儿先天性疾病的螺旋体是
   A. 钩端螺旋体　　　B. 奋森螺旋体
   C. 梅毒螺旋体　　　D. 回归热螺旋体
   E. 伯氏螺旋体

5. 立克次体与细菌的主要区别是
   A. 有细胞壁和核糖体
   B. 含有 DNA 和 RNA 两种核酸
   C. 严格的细胞内寄生
   D. 以二分裂方式繁殖
   E. 对抗生素敏感

6. 与立克次体有交叉抗原的肠杆菌科细菌是
   A. 沙门菌的某些菌株
   B. 志贺菌的某些菌株
   C. 埃希菌的某些菌株
   D. 变形杆菌的某些菌株
   E. 克雷伯菌的某些菌株

7. 梅毒螺旋体最敏感的药物是
   A. 庆大霉素　　　　B. 青霉素
   C. 红霉素　　　　　D. 氯霉素
   E. 四环素

8. 检查梅毒最好采集什么标本
   A. 血液　　　　　　B. 淋巴液
   C. 下疳渗出液　　　D. 梅毒疹渗出液
   E. 局部淋巴穿刺液

9. 首先成功分离培养出沙眼衣原体的学者是
   A. 汤飞凡　　　　　B. 郭霍
   C. 巴斯德　　　　　D. 李斯德
   E. 琴纳

10. 新型隐球菌常用的染色方法是
    A. 革兰染色　　　　　B. 抗酸染色
    C. 镀银染色　　　　　D. 墨汁染色
    E. 瑞氏染色

11. 具有特殊发育周期的病原体是
    A. 肺炎支原体　　　　B. 肺炎衣原体
    C. 恙虫病立克次体　　D. 肺炎链球菌
    E. SARS 冠状病毒

12. 由黄曲霉菌和寄生曲霉菌所产生的黄曲霉素损害人体的主要器官是
    A. 肾脏　　　　　　　B. 肝脏
    C. 造血器官　　　　　D. 中枢神经系统
    E. 肺

13. 在我国,列入法定管理和重点防治的性传播疾病有 8 种,其病原体可能是下述哪一组
    A. 淋病奈瑟菌、梅毒螺旋体、乙型肝炎病毒、白假丝酵母菌
    B. 人类免疫缺陷病毒、乙型肝炎病毒、沙眼衣原体血清型 D~K、杜克嗜血杆菌
    C. 梅毒螺旋体、单纯疱疹病毒、皮肤癣菌、人乳头瘤病毒
    D. 巨细胞病毒感染、皮肤癣菌、人类免疫缺陷病毒、梅毒螺旋体
    E. 淋病奈瑟菌、梅毒螺旋体、单纯疱疹病毒、沙眼衣原体血清型 D~K

14. 白假丝酵母菌引起的最常见的疾病
    A. 阴道炎　　　　　　B. 肺炎
    C. 脑膜炎　　　　　　D. 鹅口疮
    E. 以上都可

15. 抗生素中约85%来自
    A. 细菌　　　　　　　B. 放线菌
    C. 青霉　　　　　　　D. 真菌
    E. 病毒

16. 下列微生物染色方法正确的是
    A. 新生隐球菌-革兰染色
    B. 钩端螺旋体-镀银染色
    C. 立克次体-碘液染色
    D. 结核杆菌-Giemsa 染色
    E. 沙眼衣原体感染标本直接涂片-抗酸染色

17. 新型隐球菌致病物质主要是
    A. 荚膜多糖　　　　　B. 芽生孢子
    C. 细胞壁　　　　　　D. 假菌丝
    E. 侵袭性酶

18. 硫磺样颗粒是以下哪种微生物感染形成的?
    A. 放线菌　　　　　　B. 立克次体
    C. 螺旋体　　　　　　D. 衣原体
    E. 支原体

　　一位 22 岁女子主诉:咽喉痛、鼻塞、头痛、寒战、干咳和发热(体温 38.5℃),已持续 8 天。近期不间断地咳痰,并伴有无胸膜胸痛。胸部有啰音,X 线胸透显示支气管肺炎浸润但无实变。常规血和痰液培养 2 天后未见细菌生长,抗 O 型红细胞抗体冷凝集试验阳性。

19. 引起该病最可能的病原体是
    A. 肺炎链球菌　　　　B. 肺炎克氏菌
    C. 肺炎衣原体　　　　D. 肺炎支原体
    E. 嗜肺军团菌

20. 对该患者最有效的药物是
    A. 阿莫西林　　　　　B. 阿莫西林+克拉维酸
    C. 青霉素　　　　　　D. 第三代头孢菌素
    E. 阿奇霉素

B 型题
    A. 蚊　　　　　　　　B. 蜱
    C. 蚤　　　　　　　　D. 虱
    E. 螨

1. 伯氏疏螺旋体的传播媒介是
2. 斑疹伤寒立克次体的传播媒介是
3. 恙虫病立克次体的传播媒介是
4. 普氏立克次体的传播媒介是
    A. 衣原体　　　　　　B. 噬菌体
    C. 支原体　　　　　　D. 螺旋体
    E. 霉菌
5. 只有一种类型核酸的微生物是
6. 缺乏细胞壁的原核细胞型微生物是
7. 培养时可形成油煎蛋状菌落的是
8. 属于真核微生物的是

四、简答题

1. 衣原体分为哪三个种,各引起哪些部位感染?举例说明。
2. 简述梅毒的传播方式、病程及防治原则。
3. 试述致病性支原体有哪几种,其传播方式及引起疾病。
4. 试述我国常见的对人致病的立克次体有哪些,其传播媒介和所致疾病。
5. 真菌的生物学特性有哪些?
6. 常见的致病性真菌有哪些?其引起何种疾病?

(徐立丽)

第八章 微生物与药物变质

微生物广泛分布于自然界,因此在药物的原料阶段,以及生产、运输和贮存过程中均有可能被微生物污染,在合适的条件下,这些微生物能生长繁殖,从而使药物发生变质。这不但影响了药物的质量甚至使药物失效,而且可以引起患者的不良反应,导致继发性感染甚至危及生命。所以我们要重视微生物引起的药物变质问题。

第一节 药物中微生物污染的来源

微生物的污染及预防是药物制剂在生产过程中的重要问题。药品的微生物学质量,从原料、生产到药物贮存等,都受到外界环境的影响,各个环节均存在微生物污染的可能性。所以在药物生产中应予以重视,应在药物的质量管理中严格进行药物的微生物学检验,以保证药物制剂达到卫生学标准。药物中微生物的主要来源如下。

一、药物原材料

药品中微生物是天然来源未经处理的药物原料,如植物来源的阿拉伯胶、琼脂、中药材,动物来源的明胶、脏器,生化制剂原料等,常含有各种各样的微生物,只要条件适宜,药材中所含的微生物极易大量繁殖,如植物来源的原料有可能被多种细菌、霉菌、酵母所污染,动物来源的原料有可能被动物病原微生物所污染,如沙门菌等肠道细菌及其他微生物。生化制剂原料如胃酶、淀粉酶等,含有丰富的微生物繁殖的营养物质,如果被细菌、真菌等微生物污染,只要有适宜的温度、湿度,它们极易大量繁殖。因此既要选用含微生物少的原料,又要对其原材料进行消毒、灭菌处理,减少微生物污染。大多数化学合成的原料,由于生产工艺上多用有机溶剂处理,可以防止被微生物大量污染,加之这类药物缺少微生物生长繁殖的营养物质,因此含菌数量很少。但有些化学合成的原料如滑石粉、乳酸钙、磷酸钙等常有微生物污染,因此,也不容忽视。

二、制药用水

在制药工业中,水是不可缺少的,水也是药品中微生物的重要来源。在配制各类制剂、中药材的炮制、物品的洗涤及冷却等过程中都必须选用天然水、自来水、蒸馏水及去离子水等。水中微生物种类很多,如细菌、病毒、真菌等,是药物制剂污染的重要来源。天然水中固有的微生物类群,土壤、污水、粪便的污染,甚至是病原微生物。自来水正常情况下是不易受外来微生物污染的,如果输水管道破损或管道内出现负压,可导致管道外微生物侵入自来水中,使微生物数剧增。蒸馏水、去离子水可因冷却系统和储水管道等缺点或保存不当、时间过长,也容易被微生物污染。水中微生物的数量及种类主要取决于水的来源,因此,用于制药的各种水都必须定期进行水质检测。不同水源受微生物污染的因素不同,应针对各种原因采取相应措施,防止水中微生物污染药物。因此,用于生产的水必须符合水质的卫生标准。

三、空　气

空气虽然不是微生物生长繁殖的良好环境,但空气中仍含有相当数量的各种微生物,如细菌、霉菌、酵母菌等,其中常见微生物有葡萄球菌、链球菌、棒状杆菌等。空气中微生物的数量、种类随环境条件不同而变化。室内空气中微生物含量与室内清洁度、温度、湿度,以及人员在室内活动情况有关。空气中含有的微生物来自于灰尘颗粒、操作材料、人的皮肤、衣服,清扫、搬动原材料和机械震动都可以使飞沫、尘埃、原材料粉尘悬浮于空气中,成为空气中微生物气溶胶。例如,环境中有开动的机器,工作人员的谈话、咳嗽、打喷嚏都能增加空气中微生物的含量,如果不采取适当的措施,当这些带有微生物的微粒落下时便可污染药物。所以药物制剂生产环境的空气要求洁净,药品的类型不同,对生产场所空气中含有微生物数量的限度也不相同。特别是生产注射剂或眼科用药等操作区的空气,微生物的含量必须非常低,即空气中微生物菌落数的含量每立方米不得超过10个以上的细菌,此即"无菌操作区",如生产口服及外用药物的操作区,仅要求洁净。

四、操作人员

在药物制剂的生产过程中,操作人员若不按正规操作规程操作或个人卫生状况欠佳时,就有可能将手、衣服、头发等人体体表及与外界相通的各种腔道中寄居的微生物带入药物制剂中去,因此,为了保证药物制剂的质量,要求操作人员健康无传染病,还必须保持良好的个人卫生习惯。操作前清洗和消毒双手,穿专用的工作服,在制药过程中要求戴工作帽和口罩,操作时减少流动和说话以减少微生物污染。

五、制药设备及包装容器

药物在生产中所用的容器、包装纸、运输纸箱、生产工具、设备等都可能有微生物滞留或孳生,特别是设备中不易清洗的死角,常常是微生物繁殖的场所,生产过程中药物接触了这些工具、容器上的微生物就会被污染。因此,要求结构简单的制药设备,生产前后便于清洁和消毒。药品包装是产品出厂前最后一道工序,包装材料不清洁,会使药物制剂重新遭受微生物的污染。因此药品包装材料应按不同要求考虑是否需要消毒、如何合理封装。原则是尽量减少微生物污染。

案例8-1

刺五加事件

2008年10月6日,云南省红河哈尼族彝族自治州6名患者使用了某品牌刺五加注射液,出现严重的不良反应,其中有3例死亡。10月7日卫生部通知停用该注射液。湖北累计有150人发生不良反应。

案例8-1分析

该药业公司生产的刺五加注射液部分药品在流通环节被雨水浸泡,受到细菌污染后,被更换包装标签并销售,由于药品被污染,属于不合格产品,因此属于药品不良事件。

第二节　微生物引起的药物变质

(一)药物中微生物的限定标准

药物中微生物的污染主要来源于原、辅料和生产过程,由于它们对营养要求不高,适应性和抵抗力也较强,各类药物的原材料来源不同和生产工艺的差别,药物中的微生物种类和数量也有很大差异。所以在不易去除微生物的制剂的原料中应考虑设立微生物限度检查项目,并在品种项下予以规定。一般将药物受微生物污染的限度划为以下两大类。

1. 规定灭菌药物 规定用无菌法制备或制备后经无菌处理不含活的微生物的药物。包括注射剂、输液剂及用于无菌体腔、烧伤、眼科外伤用药等制剂。都应达到无菌要求。在输液或注射液中出现浑浊、沉淀、云雾状改变或产气现象,坚决不能使用。

2. 非规定灭菌药物 包括各类口服药剂、外用制剂和消毒剂与抗生素制剂,这类药物因原料来源、剂型、制备方法及保存条件等原因,不可能达到完全无菌要求,但对污染菌的数量和种类有相应卫生标准。

世界卫生组织(WHO)对药物制剂染菌限度评定标准见表8-1。

表8-1 WHO对药物制剂染菌限度评定标准

类别	制剂	限度
1	注射用制剂	按药典规定条件下灭菌
2	眼科类制剂、用于正常无菌体腔、用于严重烧伤和溃疡面的制剂	不得有活菌
3	用于局部和受伤皮肤的制剂,供耳、鼻、喉等用的制剂(高危险区的制剂)	活菌数 10^2 个/g(或120个/ml),同时不得含有肠杆菌、绿脓杆菌、金黄色葡萄球菌
4	其他制剂	活菌数 10^3 个/g(或 10^3 个/ml),同时不得含有肠杆菌、绿脓杆菌、金黄色葡萄球菌,活的霉菌和酵母菌的限度为 10^2 个/g(或 10^2 个/ml)

我国卫生部于1986年颁布了《药品卫生标准》,对药品生产企业、医院制剂部门的文明生产起到了积极的促进作用,药品的卫生质量得到普遍提高。在颁布的《药品卫生检验方法》中对各类药物制剂的染菌限制和不得检出的特定菌种作出了明确的规定(表8-2)。

表8-2 我国药品卫生标准对药品中微生物的限定

药品类型	染菌数		特定菌
	细菌数 /[个·g^{-1}(ml^{-1})]	霉菌数 /[个·g^{-1}(ml^{-1})]	
中药			
口服药	1 000	100	1g或1ml不得检出大肠杆菌,含动物药及脏器的药品同时不得检出沙门菌,不得检出活螨
不含生药原料制剂			
含生药原粉制剂	10 000	500	
片剂	50 000	500	
丸剂	100 000	500	
散剂	100	100	
液体制剂			
外用药品		不得检出	1g或1ml不得检出绿脓杆菌、金黄色葡萄球菌
眼科用药	100	(含酵母菌)	

续表

药品类型	染菌数		特定菌
	细菌数 /[个·g^{-1}(ml^{-1})]	霉菌数 /[个·g^{-1}(ml^{-1})]	
阴道、创伤、溃疡用药	1 000	100	不得检出破伤风杆菌,不得检
生药原粉(表皮、黏膜完整)	50 000	500	出活螨
化学药及生化药			
口服药	1 000		1g 或 1ml 不得检出大肠杆菌,
化学药制剂	1 000	100	含脏器生化制剂不得检出
生化药制剂	5 000	100	沙门菌,不得检出活螨
胃酶、肝浸膏、酵母胎盘片、力勃隆片	10 000	100	
胰酶、胖得生、胃得宁、甲状腺粉	50 000	100	
多酶片(含淀粉酶)	100 000	100	
淀粉酶、复合磷酸酯酶、胃膜素、菠萝酶	100	100	
液体制剂		100(含酵母菌)	
外用药品			1g 或 1ml 不得检出绿脓杆菌、
眼科手术、创伤、溃疡、止血药	无菌	无菌	金黄色葡萄球菌
一般滴眼剂、眼膏剂	100	不得检出	

因此,根据药物的不同类型,各种微生物数量应该在规定限制内。如出现下列的情况之一,就可认为药物已被微生物污染。

1)规定灭菌药物,如注射剂、输液制剂、眼科手术制剂及其他无菌制剂中发现有活的微生物存在。

2)非规定灭菌药物中,微生物总数超过了规定的限量。

3)药物中发现病原微生物或某些类型药物中不得检出特定菌种存在。

4)药物中有微生物毒性代谢产物如热原质等存在。

案例 8-2

克林霉素事件

2006 年 7 月,黑龙江省哈尔滨医科大学附属第二医院治疗了 9 例因使用某药业有限公司生产的克林霉素后,出现了严重不良反应的患者,他们的年龄为 20~75 岁,均在当地医院、社区医院或药店中购买克林霉素,在诊所静脉输液后,9 名患者均出现了寒战、发冷、发热、恶心、呕吐等症状,其中 5 例伴有低血压性休克,4 例出现意识障碍。严重的患者甚至出现了死亡。

案例 8-2 分析

该公司 2006 年 6~7 月生产的克林霉素磷酸葡萄糖注射液,未按国家批准的工艺参数灭菌,擅自降低灭菌温度、缩短灭菌时间、增加灭菌柜装载量,影响了灭菌的效果。这是导致该药品在使用过程中发生严重后果的主要原因。

经中国药品生物制品检定所对相关样品进行检查,结果表明,无菌检查和热原检查均不符合规定,属于药品不良事件。

(二)药物受微生物污染后理化性质的改变

药物被微生物污染后,能引起药物理化性质的改变,主要决定于被污染药物本身的一些特点,如化学结构、物理性质,以及微生物的污染程度等。

1）药物的物理性质包括外观、颜色、气味、硬度、黏性、澄清度等,是药物的质量指标之一。如液体制剂受微生物污染后,药物会出现混浊、沉淀、菌膜等改变。片剂、丸剂等固体制剂被微生物污染后,表面可有潮解、粘连、丝状物、变色、斑点等变化。

2）污染药物的微生物,可使药物的化学结构发生改变。有机物均可被微生物降解而引起药物化学性质的变化,造成气味的改变,如泥腥味、乙醇味、酸味、苦味、芳香味等,当条件适宜时还可在药物中产生气体,使塑料包装膨胀甚至引起安瓿或玻璃容器爆炸。

(三)变质药物对人体健康的危害

药物被微生物污染后,不但会引起药物变质失效,造成经济损失,更为严重的是微生物或其他代谢产物可引起药源性疾病、过敏反应、细菌感染等,对人体健康造成危害。如灭菌的注射剂、输液剂等,被 G^- 菌污染后,虽经高压蒸汽灭菌或过滤除菌,也不能完全除去污染菌产生的热原质,大量输入人体内,根据污染程度或给药途径不同,可引起局部感染,轻者引起患者发热、休克,重者可导致患者全身感染甚至死亡。眼药制剂如眼药水、眼药膏的 pH 及渗透压近似人的眼泪,适合微生物生长,易被微生物污染,患者使用被微生物污染,尤其是绿脓杆菌污染的眼部用药制剂,可引起眼部疾病,甚至失明。此外,被污染的软膏和乳剂、粉剂能引起皮肤病和烧伤患者的感染,消毒不彻底的冲洗液能引起尿路感染等。

(四)影响药物变质的因素

微生物对药物的损坏作用受多方面的影响,其中主要的因素有以下几点。

1）污染数量:对于规定灭菌的药物制剂,注射剂、输液剂等无菌制剂除了必须保证绝对无菌外,还不能含有热原质,否则输入人体内将会发生严重后果。其他药物只要微生物的数量和种类能控制在规定允许的范围之内,并保证不含有特定致病菌,一般对药物质量影响不大。因此,应控制微生物数量在药典规定允许的范围内。

2）营养因素:药物中往往含有微生物生长所需要的碳源、氮源或无机盐类,能支持微生物生长繁殖。

3）药物的含水量:固态药物含水量超过 10%～15%,遇到适宜的温度,对微生物的生长繁殖影响较大,可引起药物变质。

4）pH:pH 影响药物中微生物的生长繁殖。各种微生物最适宜 pH 不同,中性最适合细菌生长,酸性条件利于酵母菌、霉菌生长,过酸过碱对微生物生长繁殖都不利,因而可引起药物变质。

5）湿度:微生物生长所需的湿度各不相同,所以一定的环境湿度是微生物生长、繁殖的必要条件。

6）贮藏温度:微生物引起药物变质的温度为-5～60℃范围内,因此,在药物制剂生产过程中,可采用高温杀死其中的微生物,药物应贮藏在阴冷、干燥的地方来抑制微生物的生长。

第三节 防止微生物污染药物的措施

为了防止微生物污染药物,提高药物的稳定性与质量,我国制定了"药物生产操作规程",实行严格的科学技术管理,采取各种积极有效的防护措施,使药物生产、管理符合药品生产质量管理规范(GMP)和药品经营质量管理规范(GSP)标准。主要的措施和方法如下。

一、 加强药物生产的技术管理

（一）药物生产的环境应符合卫生要求

药厂生产厂区应选择周围环境和水质较好、空气也符合药物生产卫生条件的环境。药厂必须有整洁的环境，生产车间的建筑结构、装饰和生产设备应便于反复清洗和消毒，尽量减少微生物对药物污染的机会。例如，无菌制剂车间应采用封闭式建筑，采取过滤通风装置，进行必要的消毒、灭菌和卫生检验。

（二）控制原材料的质量

药物生产的原材料及生产用水，都应按卫生标准规定检验并进行消毒处理。合格的方可投产，不合格坚决弃投。

（三）合理的包装设计和贮存

药品的包装是产品出厂前的最后一道工序，应采用符合卫生标准的包装材料用于包装。包装一方面是包裹药物，另一方面是防止外界微生物进入药物中。对已经制备的药物应及时地按不同药物种类的要求进行包装，装注射剂的安瓿和玻璃瓶应绝对无菌。对易污染的药物制剂应采用一次服用剂量为一个包装的方法来降低微生物污染的机会。为保证药品的质量合格，必须要有科学的贮存方法和条件，如活菌制剂应冷藏，一般的药物应贮藏在干燥、冷暗处。

二、 加强卫生管理措施

（一）加强药品卫生质量的宣传教育

药品质量不仅依赖于药品生产过程中的先进工艺、良好的设备和环境条件，还必须建立健全各项卫生制度，对从事药品生产和行政管理的人员要经常进行药品卫生质量的宣传教育，提高对药品卫生质量重要性的认识。

（二）建立健全各项卫生制度

对直接接触药品的人员应进行健康监督管理，建立健康档案，严格执行每年一次统一体检，确保身体合格者上岗，凡患有传染性疾病者或带菌者，以及有皮肤伤口、化脓感染的人员不得直接从事接触药品生产的工作，以防造成药品的污染和人员之间的交叉传染。工作人员上班前应搞好个人清洁卫生，穿戴好符合本区域要求的防护性工作衣帽或手套。搞好厂区和车间的卫生，定期进行清扫和消毒。

（三）加强卫生监督和产品检验

药品质量的好坏直接影响到人们自身用药安全，药厂应设置药品检查人员，对药物生产过程进行卫生技术监督及工作人员的健康监督。生产的每一批药物制剂，在出厂前应对药物的有效成分进行分析和微生物学检查，以确保药物的质量安全。

三、 使用合适的防腐剂与抑菌剂

非规定灭菌的药物制剂，如口服的片、丸、冲剂或液体药物往往不是无菌的。为了防止药物在制造、贮藏和使用过程中可能发生的微生物污染对药物的损害而使其变质，可在药物制剂中加入适量的防腐剂或抑菌剂。理想的防腐剂或抑菌剂应具备以下要求。

1）对进入药物制剂的各种微生物有良好的抑菌作用。

2）在一定范围内对人体无害、无刺激性。

3）药物制剂中的辅助材料配方成分相互不存在影响。

4）防腐剂在药物的生产过程和有效期内有良好的稳定性。

总之，微生物与药物质量有很大关系。我们可以针对不同药物选择其合适的防腐剂。常用的防腐剂有苯甲酸、硫柳汞、甘油、山梨醇等，目前，药物生产中还存在不少问题，需要专业人员不断进行研究，使药物生产能符合各项规定，保证药物制剂达到卫生学标准。

目标检测

一、名词解释

1. 规定灭菌药物　2. 非规定灭菌药物　3. 无菌操作区

二、填空

1. 药品生产中，导致药品的微生物污染源包括：厂房环境的_____、制药用水、_____、_____、_____。

2. 对制药用水的消毒除应用于水本身的消毒以外，还必须包括水系统中的_____、_____的消毒问题。

3. 药品生产中，由于操作人员操作不注意或个人卫生情况欠佳，微生物可通过_____、咳嗽、喷嚏及衣服、_____等各种渠道转移给药物制剂。因此，操作前清洗和_____。穿专用的工作服，在制药过程中要求戴_____和口罩，操作时减少_____和说话以减少微生物污染。

4. 微生物污染会使药品出现：变色、_____、_____、沉淀，产生有毒有害物质，致使药品_____。对人体而言可能造成_____、中毒、_____、_____甚至死亡。

三、选择题

1. 药品生产中最大的污染源是
   A. 细菌　　　　B. 微生物
   C. 设备　　　　D. 人
   E. 动物

2. 下列哪种现象不能判定合剂变质
   A. 发霉　　　　B. 产生气体
   C. 浑浊　　　　D. 变色
   E. 少量摇有易散的沉淀

3. 哪些个人的行为，是空气中微生物的来源
   A. 说话　　　　B. 唾沫

   C. 咳嗽　　　　D. 打喷嚏
   E. 以上均是

4. 常用微生物限度检查不包括哪项
   A. 酵母菌总数检查　B. 霉菌总数检查
   C. 控制菌检查　　　D. 活螨检查
   E. 细菌总数检查

5. 控制菌检查在中国药典规定不包括
   A. 金黄色葡萄球菌　B. 大肠埃希菌
   C. 沙门菌　　　　　D. 铜绿假单胞菌
   E. 幽门螺杆菌

6. 不属于规定灭菌药品的是
   A. 眼科用药　　　B. 膏剂
   C. 输液剂　　　　D. 创可贴
   E. 注射剂

7. 药品被微生物污染，可使其失去有效性。下述情况哪些是药物的有效成分遭到破坏
   A. 各种糖类经污染菌体的氧化发酵而分解
   B. 有产生性能的微生物，在药物制剂中繁殖时，可大量产气，致使药物的化学成分改变，并引起玻璃瓶爆炸伤人的严重事件。
   C. 微生物产酸可导致液体剂的 pH 降低
   D. 三七蜂王浆能被酵母菌发酵，产生大量气体使玻璃瓶破裂
   E. 固态药物含水量超过 3%

四、简答题

1. 药品在生产过程中从哪些方面控制微生物污染？
2. 空气中微生物传播的方式有哪些？
3. 哪些环节会造成药物的微生物污染，导致药物变质？
4. 怎么判药物被微生物污染？
5. 药品被微生物污染带来的危害是什么？

（刘　瑜）

第九章 人体寄生虫概述

人体寄生虫学是研究人体寄生虫的形态、生活史、致病性、实验室诊断方法、流行因素和防治措施的一门基础学科。它由医学原虫、医学蠕虫和医学节肢动物三部分组成。学习人体寄生虫学的目的是控制或消灭寄生虫病，防治和消灭传播疾病的节肢动物，以保障人民的身体健康。

一、人体寄生虫学的基本概念

1. 寄生 两种生物生活在一起，一方受益，另一方受害并为受益方提供营养和居住场所，这种关系称寄生。例如，蛔虫寄生于人体小肠获取营养并损害人体。

2. 寄生虫 营寄生生活的低等生物称为寄生虫，如蛔虫。

3. 宿主 被寄生虫寄生并受害的人或者动物称为宿主。根据寄生虫在不同发育阶段所寄生的宿主不同及宿主在寄生虫病传播流行中的作用，将宿主分为以下几类。

（1）终宿主：寄生虫成虫或有性生殖阶段寄生的宿主称为终宿主。如华支睾吸虫成虫寄生于人体，人是华支睾吸虫的终宿主。

（2）中间宿主：寄生虫幼虫或无性生殖阶段寄生的宿主称为中间宿主。有些寄生虫在其发育过程中需要两个或两个以上的中间宿主，按其寄生顺序依次称为第一、第二中间宿主。如华支睾吸虫幼虫先寄生在豆螺、沼螺体内，而后寄生在淡水鱼、虾体内，豆螺、沼螺为华支睾吸虫的第一中间宿主，淡水鱼、虾为其第二中间宿主。

（3）保虫宿主：有些寄生虫除寄生人体外，还可寄生于某些脊椎动物体内，在一定条件下可作为传染源传播给人，这些脊椎动物称为保虫宿主。如华支睾吸虫成虫除寄生人体外，还可寄生在猫、犬科等动物体内，猫、犬科等动物为华支睾吸虫的保虫宿主。该类宿主在寄生虫病流行病学上是人兽共患寄生虫病的重要传染源。

4. 寄生虫的生活史 是指寄生虫完成一代生长、发育和繁殖的全过程及其所需要的外界环境条件。

5. 感染阶段 寄生虫的生活史中具有感染人体能力的阶段称为感染阶段，又称感染期。如华支睾吸虫的生活史中，只有囊蚴才能使人感染，所以囊蚴是华支睾吸虫的感染阶段。

二、寄生虫与宿主的相互关系

寄生虫与宿主的关系，表现为寄生虫对宿主的损害作用及宿主对寄生虫的防御反应和抗损害作用。两者之间相互作用的结果表现为宿主清除或杀灭寄生虫、寄生虫感染呈带虫状态或患有寄生虫病。寄生虫感染呈带虫状态而无明显临床症状者称为带虫者，是重要的传染源。

（一）寄生虫对宿主的作用

1. 夺取营养 寄生虫从宿主体内获取营养，导致宿主营养损耗，抵抗力下降，引起相应疾病。如蛔虫、绦虫以未消化食物为食,常引起人体营养不良等。

2. 机械性损伤 寄生虫在感染、移行、定居、发育及繁殖的过程中可对宿主的组织器官造成损伤、压迫或阻塞。如钩虫咬附于小肠壁致肠黏膜损伤;猪囊尾蚴压迫脑组织引起癫痫;蛔虫大量寄生可引起肠梗阻等。

3. 毒性与免疫病理损伤 寄生虫的分泌物、排泄物及死亡虫体的分解产物均可对宿主产生毒性作用或超敏反应。如溶组织内阿米巴分泌溶组织酶引起肠黏膜溃疡;棘球蚴的囊液引发Ⅰ型超敏反应,严重者可引起过敏性休克,甚至死亡。血吸虫虫卵分泌的可溶性抗原引起虫卵肉芽肿而形成肝、肠病变。

（二）宿主对寄生虫的免疫作用

宿主对寄生虫感染可通过非特异性和特异性免疫反应抑制、杀伤或消灭所感染的寄生虫,其中特异性免疫发挥主要作用。

1. 非特异性免疫 又称固有免疫。宿主通过机体组织结构的屏障作用、免疫细胞的吞噬和杀伤作用等发挥防御功能。

2. 特异性免疫 又称适应性免疫。宿主对寄生虫抗原的识别而引发的特异性免疫应答反应,可分为消除性免疫和非消除性免疫。

（1）消除性免疫:指宿主能清除体内寄生虫,并对同种寄生虫再感染具有完全的抵抗力。如机体对黑热病原虫产生持久特异的免疫力。

（2）非消除性免疫:宿主感染寄生虫后,对同种寄生虫幼虫的再感染具有一定的免疫,对寄生在体内的成虫无作用,称为伴随免疫,如宿主感染血吸虫后产生伴随免疫。宿主感染寄生虫后,对同种寄生虫的再感染具有一定的免疫,而这种免疫随寄生虫的消失而减弱或消失,称为带虫免疫,如抗疟原虫感染免疫。

三、 寄生虫病的流行与防治

（一）寄生虫病流行的基本环节

寄生虫病的流行包括传染源、传播途径、易感人群三个基本环节。

1. 传染源 人体寄生虫病的传染源是指感染了寄生虫的人和动物,包括患者、带虫者和保虫宿主。

2. 传播途径 指寄生虫从传染源传播到易感宿主的过程。人体寄生虫常见的传播途径有以下几种。

（1）经口感染:是最常见的传播途径。寄生虫感染阶段经污染的食物、手等经口进入人体,如蛔虫、蛲虫、钩虫、肝吸虫等。

（2）经皮肤黏膜感染:寄生虫感染阶段经皮肤黏膜侵入人体,如钩虫、血吸虫等。

（3）经接触感染:寄生虫可经直接或间接接触方式侵入人体,如阴道毛滴虫、疥螨等。

（4）经媒介昆虫感染:某些寄生虫可在媒介昆虫体内发育至感染阶段,再经昆虫叮刺吸血经皮肤侵入人体,如蚊传播疟原虫、丝虫等。

（5）其他途径感染:如弓形虫、钩虫经胎盘垂直感染,蛲虫经呼吸道吸入感染,疟原虫经输血感染等。

3. 易感人群 指对寄生虫缺乏免疫力或免疫力低下的人群。一般而言,人群对寄生虫普遍易感。

除上述三个基本环节外,寄生虫病的流行还受自然因素(气候条件、地理环境)、生物因素(保虫宿主、中间宿主、媒介昆虫)、社会因素(社会制度、经济发展、文化教育、医疗水平、生产方式、生活习惯等)的影响。因此,寄生虫病的流行具有地方性、季节性、人兽共患性等特点。

(二) 寄生虫病的防治原则

根据寄生虫的生活史、寄生虫病的流行环节和影响因素等制定综合防治措施,以控制和消灭寄生虫病。

1. 控制和消灭传染源　普查普治患者、带虫者和保虫宿主,加强动物管理,做好流动人口的监测,控制流行区传染源的输入和扩散。

2. 切断传播途径　加强粪便和水源的管理。注意饮食、环境和个人卫生,控制和消灭媒介节肢动物和中间宿主。

3. 保护易感人群　积极开展卫生宣传教育,加强集体和个人防护工作,改变不良的饮食习惯和生活方式,提高防范意识,必要时采用预防性服药等措施,避免寄生虫的感染。

四、 人体寄生虫学的研究内容

人体寄生虫学的研究内容包括医学蠕虫、医学原虫和医学节肢动物。

(一) 医学蠕虫

医学蠕虫是指寄生于人体并致病的软体多细胞无脊椎动物,借身体肌肉的伸缩做蠕形运动,包括以下几类。

1. 线虫　虫体呈线形或长圆柱形,左右对称,体不分节,前端较钝圆,后端逐渐变细,雌雄异体,雄虫较雌虫小。成虫寄生于人或动物的肠道或组织。常见虫种有蛔虫、钩虫、鞭虫、蛲虫、丝虫、旋毛虫、广州管圆线虫等。

2. 吸虫　虫体多呈叶状或舌状,具有口吸盘和腹吸盘,除血吸虫外均为雌雄同体,生活史复杂,中间宿主为螺类。成虫寄生于人或动物各种腔道或组织。常见虫种有华支睾吸虫、卫氏并殖吸虫、布氏姜片吸虫、日本血吸虫等。

3. 绦虫　虫体呈长带状,背腹扁平,分节,头部具小钩、吸盘或吸槽等附着器官。均为雌雄同体,无消化道。成虫寄生于宿主小肠,幼虫阶段寄生于组织内。常见虫种有猪带绦虫、牛带绦虫、细粒棘球绦虫、微小膜壳绦虫等。

(二) 医学原虫

原虫是一类能进行完整生理功能的单细胞真核生物。寄生于人体的原虫称医学原虫。

根据运动细胞器的有无和类型及生殖方式,可将原虫分为以下 4 类。

(1) 鞭毛虫:通过虫体表面形成的鞭毛运动,如阴道毛滴虫、蓝氏贾第鞭毛虫。

(2) 根足虫:通过伸出伪足运动,如溶组织内阿米巴。

(3) 纤毛虫:通过体表形成的纤毛摆动而运动,如结肠小袋纤毛虫。

(4) 孢子虫:在生活史过程中需进行孢子生殖,如疟原虫、刚地弓形虫、隐孢子虫。

（三）医学节肢动物

是指与人类健康有关的具有分节附肢的动物。它们通过间接传播疾病或直接致病，也可作为变应原引起超敏反应。据统计，传染病中有 2/3 是由医学节肢动物作为媒介传播的，称为虫媒病。医学节肢动物对人的危害有直接方式和间接方式。

常见的医学节肢动物有蚊（传播丝虫病、疟疾、流行性乙型脑炎、登革热等）、蝇（传播伤寒、痢疾、霍乱等肠道疾病）、蚤（传播鼠疫、斑疹伤寒等）、螨（引起哮喘、过敏性鼻炎等）。

常见的人体内寄生虫

一、 似蚓蛔线虫

似蚓蛔线虫简称蛔虫，成虫寄生于人体小肠，引起蛔虫病。该病呈世界性分布，我国感染率农村高于城市，儿童高于成人。蛔虫是我国常见的寄生虫之一。

（一）形态

1. 成虫 虫体呈长圆柱状，形似蚯蚓，活时呈淡红色，死后呈灰白色。雌雄异体，雌虫长 20～35cm，尾端尖直；雄虫长 15～31cm，尾端向腹面卷曲（图 9-1）。

2. 虫卵 包括受精卵和未受精卵。受精卵呈宽椭圆形，棕黄色，大小为 (45～75) μm×(35～50) μm；卵壳厚而透明，表面有一层凹凸不平的蛋白质膜；卵内含有一个大而圆的卵细胞，卵细胞与卵壳两端有明显的半月形空隙。未受精呈长椭圆形，棕黄色，大小为 (88～94) μm×(39～44) μm；卵壳及蛋白质膜均较薄；卵内含有许多屈光颗粒（图 9-1）。

（二）生活史

成虫寄生于人体小肠，以肠内半消化的食物为营养。传染源为患者和带虫者。人因食入被感染期虫卵污染的食物、瓜果、蔬菜及水而感染。

雌、雄虫交配后雌虫产卵，虫卵随宿主粪便排出体外，在潮湿、氧气充足和温度适宜的土壤中，约经 3 周发育为感染期虫卵（感染阶段）。人误食感染期虫卵后，在小肠内幼虫自卵壳孵出，侵入肠壁小静脉或淋巴管，随血流经右心到达肺部，进入肺泡发育，再沿支气管、气管上行至咽部，随吞咽动作经食管、胃到达小肠，经数周发育为成虫。一条雌虫每天排卵约 24 万个，成虫在人体内存活时间约为 1 年（图 9-1）。

（三）致病

1. 幼虫 幼虫在体内移行，因机械性损伤、蜕皮、虫体自身及代谢产物作用等，可引起蛔蚴性肺炎及超敏反应。临床表现为发热、咳嗽、痰中带血、皮肤瘙痒、荨麻疹及血中嗜酸粒细胞增多等。

2. 成虫 蛔虫寄生于人体小肠，夺取营养，损伤肠黏膜，引起蛔虫病。临床表现为食欲不振、脐周疼痛、恶心、呕吐等，儿童重度感染可引起营养不良。蛔虫有钻孔习性，可钻入开口于肠壁上的胆道、胰管、阑尾等处，引起胆道蛔虫症、蛔虫性胰腺炎及蛔虫性阑尾炎等并发症。感染虫体数较多时扭结成团，可引起蛔虫性肠梗阻。

（四）实验室检查

取患者粪便找到成虫或采用生理盐水直接涂片法检查到虫卵即可确诊，必要时可用

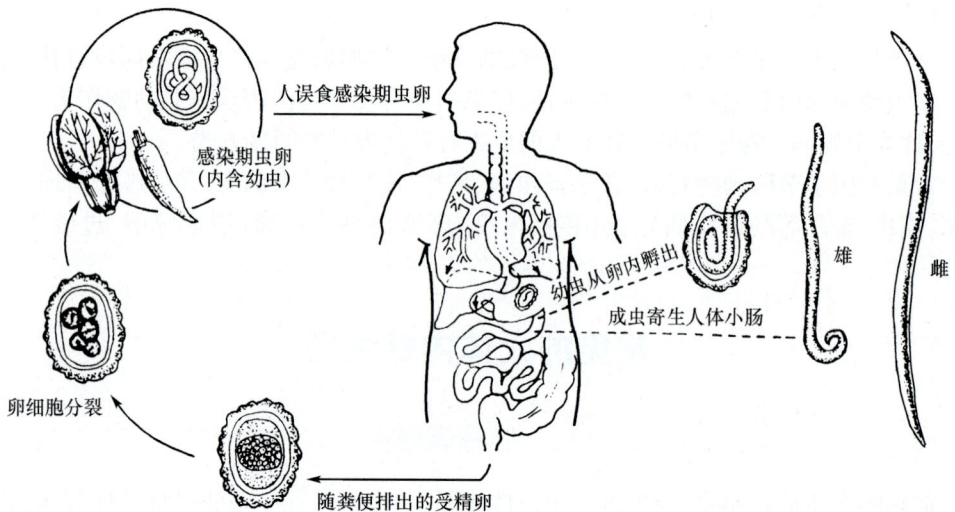

图 9-1　蛔虫生活史示意图

饱和盐水浮聚法提高检出率。对蛔虫引起的并发症可应用 X 线、超声波等影像学检查以辅助诊断。

（五）防治原则

加强卫生宣传教育，注意饮食卫生和个人卫生。加强粪便管理，改善环境卫生。消灭苍蝇、蟑螂等。常用药物有阿苯达唑、甲苯达唑、哌嗪（驱蛔灵）等。

二、蠕形住肠线虫

蠕形住肠线虫简称蛲虫，成虫主要寄生于人体肠道的回盲部，引起蛲虫病。该病呈世界性分布，感染率一般城市高于农村、儿童高于成人，尤其是集体生活的儿童感染率较高。

（一）形态

1. 成虫　虫体细小，乳白色，呈线头状，前端有头翼和咽管球。雌虫长 8～13mm，虫体中部膨大，尾端直而尖细。雄虫长 2～5mm，尾部向腹侧面卷曲（图 9-2）。

2. 虫卵　无色透明，呈不对称椭圆形，一侧较平，一侧稍凸，大小为（50～60）μm×（20～30）μm。卵壳较厚，卵内含一个胚胎期幼虫（图 9-2）。

（二）生活史

成虫主要寄生于人体回盲部，以肠内容物、组织或血液为食。传染源为患者和带虫者。人主要通过肛门-手-口方式感染。

雌、雄虫交配后，雄虫死亡，雌虫随肠内容物下移至直肠。当宿主睡眠后，肛门括约肌松弛，雌虫爬到肛周产卵。雌虫产卵后多数死亡，少数可经肛门返回肠腔或误入女性阴道、子宫、尿道等处异位寄生。黏附于肛门周围的虫卵，约经 6h 发育为感染期虫卵（感染阶段）。感染期虫卵经口或经呼吸道进入消化道，在小肠内孵出幼虫，下移至回盲部发育为成虫。雌虫寿命 2～4 周（图 9-2）。

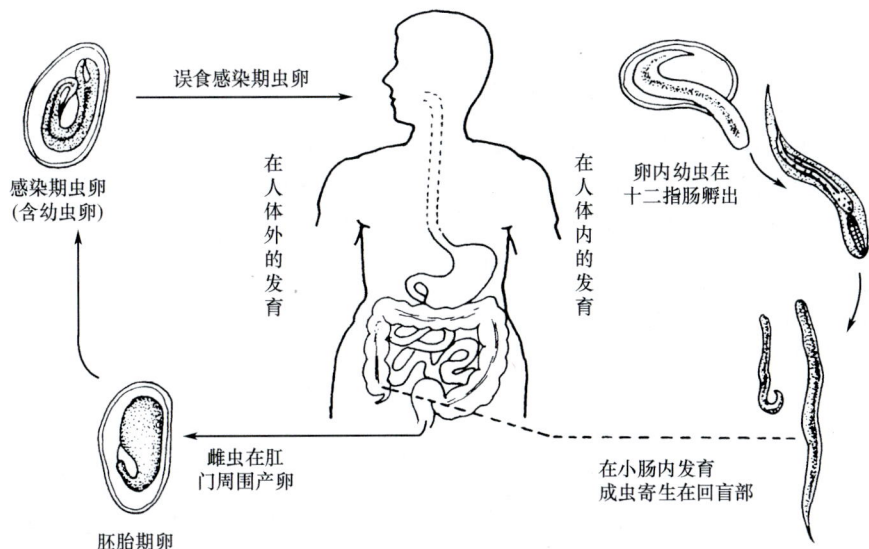

图 9-2 蛲虫生活史示意图

(三) 致病

蛲虫爬至肛周产卵时,刺激肛门及会阴部皮肤,引起皮肤瘙痒,患者常有烦躁不安、失眠、夜间啼哭、磨牙及食欲减退等症状。如蛲虫在女性泌尿、生殖系统异位寄生,可引起相应部位炎症。

(四) 实验室检查

清晨排便前,在肛门周围采用棉签拭子法或透明胶纸法检查到虫卵或成虫即可确诊。如在患者睡后查看肛门周围有无成虫也可确诊。

(五) 防治原则

加强卫生宣传教育,注意个人卫生和公共卫生,养成饭前便后洗手、不吸吮手指的良好习惯,勤剪指甲,定期烫洗被褥和消毒玩具,地面要湿拖。患儿夜间穿连裆裤,防止再感染。常用药物有阿苯达唑、甲苯达唑、恩波吡维铵(扑蛲灵)等;肛周皮肤涂抹蛲虫膏或2%氧化氨基汞软膏,可止痒杀虫。

三、钩 虫

我国寄生于人体的钩虫主要有十二指肠钩口线虫和美洲板口线虫,简称十二指肠钩虫和美洲钩虫。成虫寄生于人体小肠上段,引起钩虫病,曾是我国五大寄生虫病之一。该病呈世界性分布,多流行于热带及亚热带地区,我国主要除干寒地区外各地均有流行。

(一) 形态

1. 成虫 两种钩虫外形相似,呈圆柱状,长约 1cm。雌虫略大于雄虫,尾端呈圆锥状,雄虫尾端膨大成交合伞。十二指肠钩虫体形呈"C"形,口囊内有两对钩齿。美洲钩虫体形呈"S"形,口囊内有一对板齿。两种虫体口囊两侧有头腺一对,分泌抗凝血物质。

2. 虫卵 两种钩虫卵形态相似,呈椭圆形,无色透明,大小约 $60\mu m \times 40\mu m$。卵壳极薄,内含 4~8 个卵细胞,卵细胞与卵壳间有明显的空隙(图 9-3)。

（二）生活史

两种钩虫的生活史基本相同。成虫寄生于人体小肠上段,借口囊及钩齿或板齿咬附在肠黏膜上,以血液、组织液和肠黏膜为食。传染源为患者和带虫者。人主要因接触含有丝状蚴的土壤及水而感染,其次为食入被丝状蚴污染的蔬菜、水而感染。

雌、雄虫交配后,雌虫产卵,卵随宿主粪便排出体外,在温暖、潮湿、氧气充足的土壤中,经1~2天发育孵出杆状蚴,再经7~8天发育为丝状蚴(感染阶段)。丝状蚴具有向温、向湿、向上的特性,当接触人体皮肤时,钻入皮下小静脉或小淋巴管,随血流经右心到达肺部,进入肺泡,再沿支气管、气管上行至咽部,随吞咽进入食管、胃到达小肠发育为成虫。成虫寿命3~5年(图9-3)。

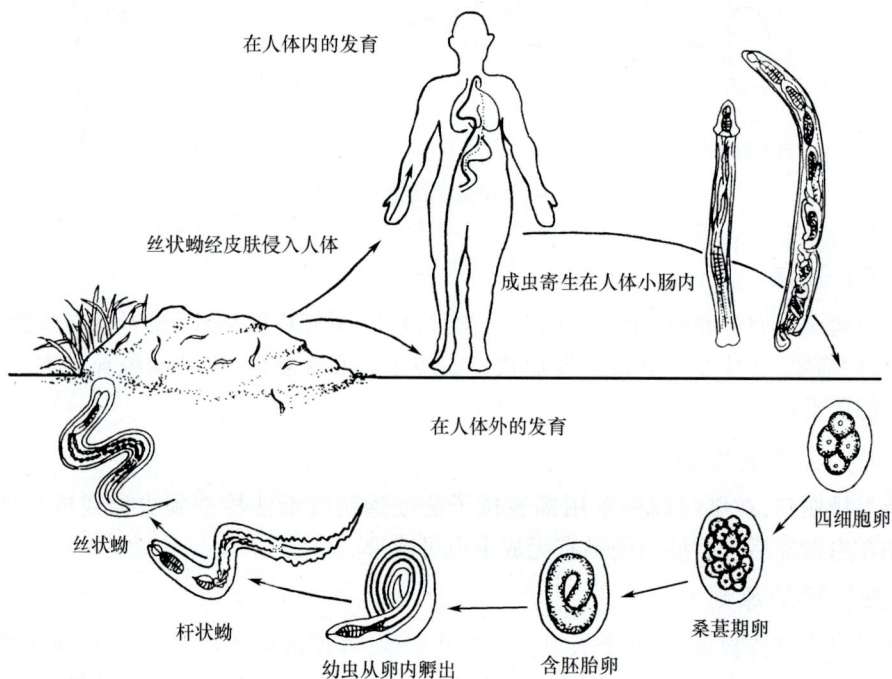

在人体内的发育

丝状蚴经皮肤侵入人体

成虫寄生在人体小肠内

在人体外的发育

四细胞卵

桑葚期卵

含胚胎卵

幼虫从卵内孵出

杆状蚴

丝状蚴

图 9-3　钩虫生活史示意图

（三）致病

1. 幼虫　丝状蚴钻入皮肤时可引起钩蚴性皮炎,俗称粪毒、着土痒。临床表现为局部皮肤针刺、奇痒、灼痛,随之出现充血斑点或丘疹、水疱,若继发细菌感染则形成脓疱。幼虫穿过肺毛细血管进入肺泡时可引起钩蚴性肺炎,表现为阵发性咳嗽、发热、痰中带血、哮喘、血中嗜酸粒细胞增多等症状。

2. 成虫　钩虫咬附于肠黏膜上,以血液为食,其头腺分泌抗凝血物质,并经常更换咬附部位,使咬附部位不断渗血而导致贫血。患者表现为皮肤蜡黄、黏膜苍白、头晕、乏力、心悸气短等症状。成虫口囊咬附肠黏膜造成的机械损伤,引起患者上腹不适、隐痛、恶心、呕吐、腹泻、体重减轻等症状。少数患者出现喜食生米、生豆,甚至煤渣、泥土、破布等异常症状,称为异嗜症。妇女严重感染可引起闭经、流产。儿童严重感染可致发育障碍。

（四）实验室检查

取患者粪便采用饱和盐水浮聚法检查到钩虫卵或钩蚴培养法孵化出丝状蚴即可确诊。

（五）防治原则

加强卫生宣传教育，注意饮食卫生。加强粪便管理和个人防护，减少皮肤接触疫土、疫水的机会。常用药物有阿苯达唑、甲苯达唑、哌嗪（驱蛔灵）等。

四、 华支睾吸虫

华支睾吸虫又称肝吸虫，成虫寄生于人或其他脊椎动物的肝胆管内，引起华支睾吸虫病，又称肝吸虫病，为重要的人兽共患寄生虫病。该病主要分布于亚洲，我国除西北少数省、自治区未见报道外，其余各地都有不同程度流行。

（一）形态

1. 成虫 虫体体形狭长，背腹扁平，形似葵花籽仁状，半透明，大小为（10～25）mm×（3～5）mm。口吸盘略大于腹吸盘，腹吸盘位于虫体前1/5处。雌雄同体，子宫管状，盘曲卵巢与腹吸盘之间；睾丸两个呈分支状，前后排列于虫体的后1/3处。

2. 虫卵 形似芝麻粒状，呈黄褐色，大小为（27～35）μm×（12～20）μm，为常见蠕虫卵中最小者。前端较窄有卵盖，卵盖与卵壳交接处增厚形成肩峰，后端有一疣状突起，内含1个毛蚴。

（二）生活史

成虫寄生于人和猫、犬科等动物的肝胆管内。传染源为患者、带虫者及保虫宿主。人因食入含活囊蚴的淡水鱼、虾而感染。

虫卵随胆汁进入消化道，随粪便排出体外入淡水。虫卵被第一中间宿主豆螺、沼螺等淡水螺吞食，在螺体内孵出毛蚴，经无性增殖后发育成大量尾蚴。成熟尾蚴逸出螺体，遇到第二中间宿主淡水鱼、虾，则侵入其肌肉等组织发育为囊蚴（感染阶段）。人或猫、犬科等动物食入含活囊蚴的淡水鱼、虾后，囊蚴在小肠消化液的作用下脱囊为童虫，经胆总管或穿过肠壁由腹腔进入肝胆管内，约1个月后发育为成虫并产卵。成虫寿命长达20～30年（图9-4）。

（三）致病

成虫寄生于人体肝胆管内，其分泌物、代谢产物和虫体活动对胆管壁的机械刺激引起肝吸虫病，患者可出现消化道症状和阻塞性黄疸，若继发感染可引起胆囊炎、胆管炎，晚期患者常出现肝硬化。极少数儿童严重感染可致侏儒症。

（四）实验室检查

取患者粪便查到虫卵即可确诊，因肝吸虫虫卵小且少，故采用集卵法检查。必要时应用十二指肠引流液检查法。免疫学诊断及影像学检查有辅助诊断意义。

（五）防治原则

加强卫生宣传教育，不生食，不食未煮熟鱼、虾，注意生熟刀具、砧板要分开，不用生鱼喂猫、犬等动物。加强人及猫、犬等动物的粪便管理，防止水源污染，鱼塘定期清淤灭螺。治疗常用药物有吡喹酮、阿苯达唑等。

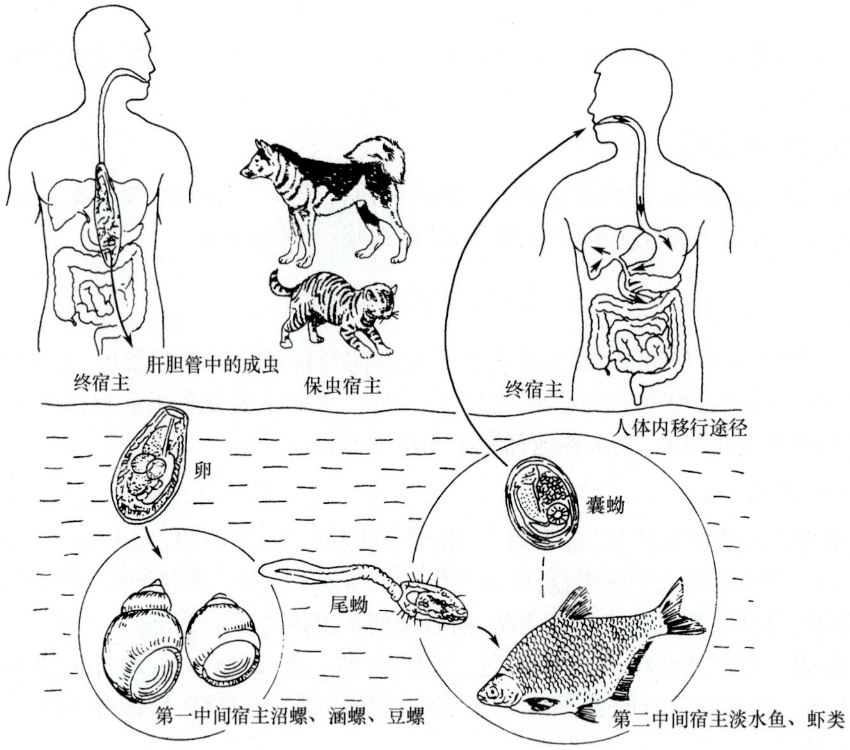
肝胆管中的成虫
终宿主
保虫宿主
终宿主
人体内移行途径
卵
囊蚴
尾蚴
第一中间宿主沼螺、涵螺、豆螺
第二中间宿主淡水鱼、虾类

图 9-4　华支睾吸虫生活史示意图

五、卫氏并殖吸虫

卫氏并殖吸虫又称肺吸虫，成虫寄生于人及猫、犬科等动物的肺部，引起卫氏并殖吸虫病，又称肺吸虫病。该病分布于亚洲、非洲、拉丁美洲及大洋洲。我国 26 个省(区、市)均有本病流行。

(一) 形态

1. 成虫　虫体肥厚，腹面扁平，背面隆起，似半粒花生，大小为(7.5～12)mm×(3.5～5.0)mm，口、腹吸盘大小略同，腹吸盘位于虫体腹面中线前缘。雌雄同体，卵巢与子宫左右并列于腹吸盘的两侧，两个分支状的睾丸左右并列于虫体的后 1/3 处。

2. 虫卵　呈不规则椭圆形，前宽后窄，金黄色，大小为(80～118)μm×(48～60)μm。卵盖大而明显，常稍倾斜，卵壳厚薄不一。卵内含一个卵细胞和多个卵黄细胞。

(二) 生活史

成虫寄生于人或猫、犬科等动物的肺部，以血液和坏死的组织为食。传染源为患者、带虫者及保虫宿主。人因食入含活囊蚴的淡水蟹或蝲蛄而感染。

虫卵随痰或粪便排出体外入淡水并孵出毛蚴，侵入第一中间宿主川卷螺体内，经无性增殖发育成大量尾蚴，成熟尾蚴逸出螺体。侵入第二中间宿主溪蟹或蝲蛄体内发育为囊蚴(感染阶段)。当人或猫、犬科等动物食入含有囊蚴的淡水蟹或蝲蛄后，囊蚴进入小肠，在消化液的作用下，幼虫逸出发育为童虫。童虫穿过肠壁进入腹腔，再穿过膈肌经胸腔进入肺部，发育为成虫。童虫在移行过程中，可在皮下、肌肉、肝、脑等处异位寄生。成虫寿命一般为5~6年,长者可达20年。

(三)致病

卫氏并殖吸虫可引起肺吸虫病,成虫在肺部形成囊肿,患者表现为胸痛、咳嗽、咳血痰等症状。童虫在体内移行引起出血、炎症、粘连;异位寄生时,若虫体寄生在皮下组织,引起皮下移行性包块及结节,若虫体寄生在脑部,可引起癫痫、偏瘫等症状。

(四)实验室检查

取患者痰或粪便查到虫卵即可确诊。对皮下结节患者可手术摘除结节,若检获虫体也可确诊。免疫学诊断及影像学检查有辅助诊断意义。

(五)防治原则

加强卫生宣传教育,注意饮食卫生,不生食或半生食溪蟹、蝲蛄。加强粪便管理,不随地吐痰,防止污染水源。及时治疗患者和带虫者,首选药物为吡喹酮,必要时可手术治疗。

六、日本裂体吸虫

日本裂体吸虫又称日本血吸虫,简称血吸虫,成虫寄生于人或牛等哺乳动物的门脉-肠系膜静脉系统,引起日本血吸虫病。该病主要流行于东南亚国家。我国主要流行于长江流域及其以南的13个省(区、市),是目前我国重点防治的寄生虫病之一。

(一)形态

1. 成虫　虫体细长,外观似线虫。雌雄异体,雌虫常寄居于雄虫抱雌沟内,与雄虫呈合抱状态。雄虫粗短,背腹扁平,乳白色或灰白色,大小为(10~20)mm×(0.5~0.55)mm;虫体前端有口、腹吸盘,自腹吸盘以下虫体两侧向腹面卷曲形成抱雌沟;睾丸5~7个为椭圆形,呈串珠样排列。雌虫细长,圆柱状,黑褐色,大小为(12~26)mm×(0.1~0.3)mm,口、腹吸盘均比雄虫小,卵巢呈长椭圆形,位于虫体中后部(图9-5)。

2. 虫卵　呈椭圆形,淡黄色,大小为(74~106)μm×(55~80)μm。卵壳薄而均匀,无卵盖,卵壳一侧有一小棘。卵内含1个成熟毛蚴,毛蚴与卵壳之间有大小不等的油滴状分泌物,此为可溶性抗原(图9-5)。

(二)生活史

成虫寄生于人和其他哺乳动物的门脉-肠系膜静脉系统,以血液为食。传染源为患者、带虫者及牛等多种哺乳动物。人因皮肤接触含尾蚴的疫水而感染。

雌雄虫合抱逆血流移行到肠系膜下静脉内交配,雌虫产卵,虫卵随静脉血回流,部分在肝集聚,引起肝脏病变。另一部分沉积肠壁静脉及其周围组织,卵内毛蚴头腺分泌可溶性抗原,引起虫卵周围组织和血管壁发生炎症、坏死,形成嗜酸性脓肿。虫卵可随坏死组织落入肠腔,随宿主粪便排出体外入水。虫卵在适宜温度下发育并孵出毛蚴,钻入中间宿主钉螺体内,经无性增殖产生大量尾蚴(感染阶段),成熟尾蚴自螺体逸出入水。当人和其他哺乳动物接触含尾蚴的疫水时,尾蚴钻入皮肤或黏膜,脱去尾部发育为童虫。童虫侵入皮下小血管或淋巴管,随血流到达门静脉发育,再移行到肠系膜下静脉。成虫寿命为3~5年,最长可达40年(图9-5)。

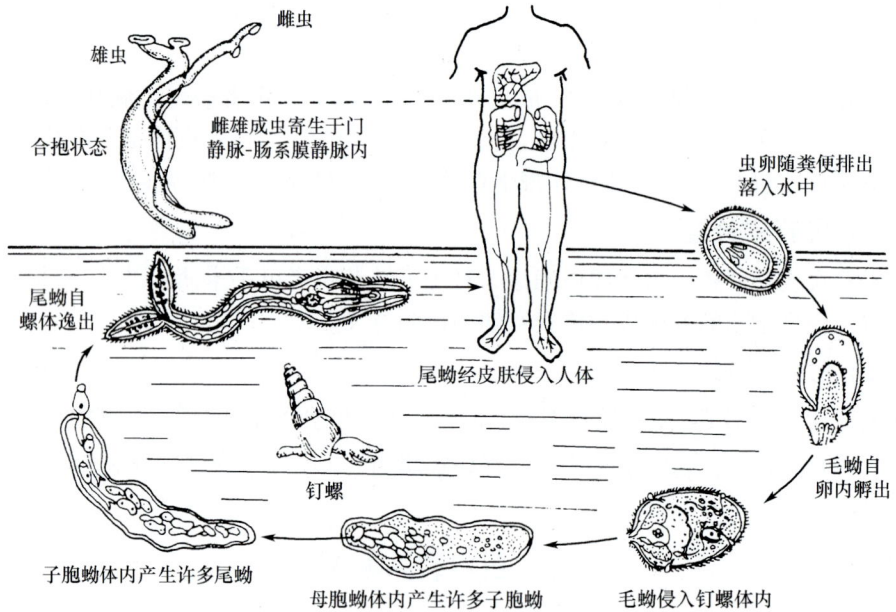

图 9-5　日本血吸虫生活史示意图

（三）致病性

日本血吸虫的尾蚴、童虫、成虫、虫卵均有致病作用，以虫卵为主要致病虫期。

1. 尾蚴和童虫　尾蚴穿过皮肤可引起尾蚴性皮炎，局部出现丘疹、红斑，伴有瘙痒等症状，是一种超敏反应。童虫在血管内移行引起血管炎，以肺部病变较明显，患者出现发热、咳嗽、痰中带血、血中嗜酸粒细胞增高等，称尾蚴性肺炎。

2. 成虫　成虫的机械性损伤及免疫复合物的形成，引起静脉内膜炎和静脉周围炎。引起虫卵周围组织和血管壁发生炎症、坏死、肉芽肿，进而导致肝硬化及肠壁纤维化等病变。

3. 虫卵　虫卵沉着在宿主的肝及肠壁血管内，卵内毛蚴分泌可溶性抗原，诱发Ⅳ型超敏反应，形成以虫卵为中心的肉芽肿（又称虫卵结节），进而导致肝硬化及肠壁纤维化等病变。急性血吸虫病患者表现为发热、腹痛、腹泻、黏液血便、肝脾大等；慢性血吸虫病患者临床症状不明显，仅表现间歇性腹泻或黏液血便、肝脾大、消瘦、乏力等；晚期血吸虫病患者出现肝硬化、腹水、门静脉高压、巨脾等。儿童重度感染可影响生长发育，导致侏儒症。

（四）实验室检查

急性期患者取黏液血便检查虫卵或水洗沉淀毛蚴孵化法孵出毛蚴即可确诊。慢性期和晚期患者取直肠病变活组织检查虫卵。免疫学诊断及影像学检查有辅助诊断意义。

（五）防治原则

查螺、灭螺是切断传播途径的关键。加强卫生宣传教育，加强人和动物粪便的管理，防止粪便污染水源，做好个人防护。常用药物有吡喹酮等。

七、链状带绦虫

链状带绦虫又称猪带绦虫或有钩绦虫。成虫寄生于人体小肠,引起猪带绦虫病。幼虫寄生于人或猪的组织内,引起猪囊尾蚴病。该病呈世界性分布,我国以东北、西北、华北及广西、云南等地区为主要流行区,农村多于城市。

(一) 形态

1. 成虫 虫体乳白色,扁平呈带状,前端较细,向后渐扁阔,雌雄同体,分节,长 2 ~ 4m,由 700 ~ 1000 个节片组成。虫体分头节、颈节和链体三部分。头节近球形,上有 4 个吸盘,顶端有顶突,其上有内外两圈小钩。颈节纤细,位于头节之后,具有再生能力。链体依次分为幼节、成节、孕节;幼节生殖器官发育不成熟;成节具有成熟的雌、雄性生殖器官各一套;孕节仅有充满虫卵的子宫,子宫由主干向两侧分支,每侧 7 ~ 13 支。

2. 虫卵 呈圆球形,棕黄色,直径约 35μm。卵壳薄而透明,极易脱落,卵壳内有较厚的胚膜,上有放射状条纹,卵内含 1 个六钩蚴。

3. 囊尾蚴 又称囊虫。为白色半透明的囊状物,约黄豆大小,囊内充满透明液体,囊壁上有一个向内翻卷收缩的头节,其结构与成虫头节相同。

(二) 生活史

成虫寄生于人体小肠,人是链状带绦虫的唯一终宿主,传染源是人和猪,人因误食含囊尾蚴的猪肉或经口食入虫卵、孕节而感染。

成虫孕节常数节相连脱落,与散落的虫卵随宿主粪便排出体外,污染环境和食物。当孕片或虫卵被猪吞食后,虫卵在小肠内经消化液作用,六钩蚴孵出,钻入肠壁,经血液循环到达全身各部,经 60 ~ 70 天发育为囊尾蚴(感染阶段)。含囊尾蚴的猪肉俗称"米猪肉"或"豆猪肉"。当人误食未煮熟或生的"米猪肉"后,囊尾蚴在小肠内受胆汁及消化液的作用,头节自囊中翻出,以吸盘和小钩附着于肠壁上,经 2 ~ 3 个月发育为成虫(图 9-6)。

人也可以作为本虫的中间宿主。当人误食虫卵或孕节(感染阶段)后,其可在人体内发育为囊尾蚴。囊尾蚴多寄生于人体的皮下、肌肉、脑、眼等部位,但不能继续发育为成虫。人体感染囊尾蚴病的方式有:自身体内感染、自身体外感染、异体感染。

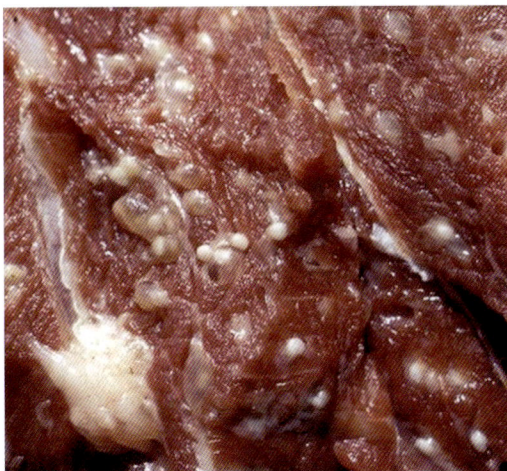

图 9-6 米猪肉

(三) 致病

1. 幼虫 囊尾蚴寄生于人体组织,引起囊尾蚴病,俗称囊虫病,是严重危害人体的寄生虫病之一,其危害远大于猪带绦虫病,危害程度因囊尾蚴寄生的部位和数量而不同。皮下囊尾蚴病主要表现为皮下结节,多出现于躯干和头部,与皮下组织无粘连无压痛,常分批出现,并可自行消失;肌肉囊尾蚴病可表现为肌肉酸痛、发胀、无力及麻木等;脑囊尾蚴病可出现癫痫发作、颅内压增高及精神症状三大主要症状,以癫痫发作最为常见,患者还有头痛、头晕、呕吐、神志不清、视力模糊等症状;眼囊尾蚴病可寄生于眼的任何部位,轻者表现为视力障碍,常可见虫体蠕动,重者可致失明。

2. 成虫 成虫寄生于人体小肠引起猪带绦虫病。患者多无明显症状,粪便中发现绦虫节片是患者求医最常见的原因。成虫头节的吸盘和小钩固定于肠壁而导致局部损伤,可出现腹部不适、消化不良、恶心、腹泻等胃肠道症状。

(四) 实验室检查

询问病史,了解患者有无吃未煮熟或生猪肉的饮食习惯及排出孕节片史,对诊断有重要价值。粪便中检查到虫卵或孕节即可确诊绦虫病。囊尾蚴病可手术摘取皮下结节、浅部肌肉包块活组织检查囊尾蚴;免疫学诊断及影像学检查有辅助诊断意义。

(五) 防治原则

加强卫生宣传教育,注意个人卫生和饮食卫生,不食生或未煮熟的猪肉,切生、熟肉的砧板和刀具要分开使用。加强粪便管理,猪要圈养。严格肉类检疫,严禁出售"米猪肉"。猪带绦虫患者应及早驱虫,常用中药南瓜子-槟榔合剂,驱虫后仔细检查虫体有无头节,检出头节是驱虫有效的标志;常用药物有吡喹酮、阿苯达唑等。治疗猪囊尾蚴病以手术摘除为主,不易施行手术的部位可用药物驱虫,同时对症处理。

八、 溶组织内阿米巴

溶组织内阿米巴又称痢疾阿米巴,主要寄生于人体结肠腔内,引起阿米巴痢疾,即肠阿米巴病;也可侵入其他组织器官,引起肠外阿米巴病,即肠阿米巴脓肿。该病呈世界性分布,常见于热带和亚热带地区,我国各地均有分布,农村感染率高于城市。

(一) 形态

1. 滋养体 在黏液血便或脓肿液中的滋养体,大小为 $10\sim60\mu m$,借伪足运动,形态多变不规则。染色后可见内、外质分界清楚,外质透明,内质呈颗粒状,内含吞噬的红细胞、白细胞和细菌。在成形便中的滋养体,大小为 $10\sim30\mu m$,内、外质分界不清晰,不含红细胞。滋养体有一个泡状核,核仁居中(图9-7)。

2. 包囊 呈圆球形,直径为 $5\sim20\mu m$。未成熟包囊含有 1 或 2 个胞核,可见拟染色体和糖原团,而成熟包囊仅含有 4 个胞核,核的结构与滋养体的相同。经铁苏木素染色后,拟染色体呈棒状,糖原团被溶解,呈空泡状;碘液染色后拟染色体不着色,而糖原团为棕黄色(图9-7)。

(二) 生活史

成熟包囊(感染阶段)随被其污染的食物或水经口进入人体,在小肠消化液的作用下,虫体逸出并经一次核分裂成8个滋养体,下移至结肠上段

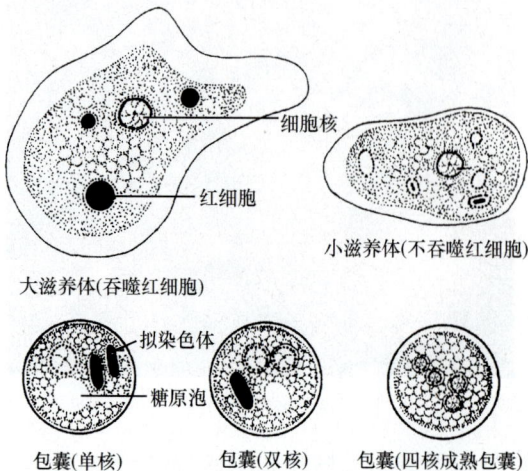

图9-7 溶组织内阿米巴滋养体和包囊

定居,并进行二分裂繁殖。当部分滋养体随肠蠕动至结肠下端时,由于营养和水分减少,滋养体分泌囊壁形成包囊,并逐渐发育为成熟包囊随宿主粪便排出体外。当机体免疫力下降、肠功能紊乱或肠黏膜受损时,肠腔内的滋养体可借助伪足运动,同时分泌组织酶和毒素,侵入肠壁黏膜组织内,吞噬组织细胞、红细胞和细菌等,致使肠黏膜局部坏死,再随坏死组织落入肠腔,经脓血黏液便排出体外死亡,或在肠腔内形成包囊;有些滋养体可侵入肠壁血液随血流播散到全身各处,如肝、肺、脑等部位,引起脓肿。

(三)致病

人被感染后,多数人无症状,呈带虫状态,带虫者为重要传染源。只有当宿主抵抗力低下时,滋养体侵入黏膜及黏膜下层,使肠壁组织坏死,形成口小底大的溃疡。典型急性期患者表现为厌食、恶心、呕吐、腹痛、腹泻、粪便呈果酱样脓血黏液样,具有特殊腥臭味等,即阿米巴痢疾。反复发作者可转为慢性。阿米巴痢疾的临床症状与细菌性痢疾相似,应注意鉴别。大滋养体随血流到达肝、肺、脑等组织则可引起阿米巴脓肿,以阿米巴肝脓肿最常见,好发于肝右叶。

(四)实验室检查

取脓血黏液便、稀便、穿刺液或痰等标本,用生理盐水直接涂片法检查,找到滋养体即可确诊。成形粪便用碘液染色法镜下查找包囊。免疫学诊断及影像学检查有辅助诊断意义。

(五)防治原则

加强卫生宣传教育,注意饮食和个人卫生。加强粪便和水源管理,消灭苍蝇、蟑螂等传播媒介。治疗药物首选甲硝唑,替硝唑、氯喹、中药大蒜素、白头翁等有一定疗效。

九、 阴道毛滴虫

阴道毛滴虫简称阴道滴虫,寄生于女性阴道、尿道及男性尿道、前列腺内,引起滴虫性阴道炎、尿道炎和前列腺炎,统称为滴虫病。该病是一种以性传播为主的传染病,呈世界性分布,人群普遍易感,以20~40岁女性感染率最高。

(一)形态

阴道毛滴虫仅有滋养体期,呈梨形或椭圆形,大小为$(7 \sim 32) \mu m \times (5 \sim 15) \mu m$。新鲜标本中,虫体无色透明,似水滴样,有折光性,体态多变。经固定染色后,可见一个椭圆形泡状细胞核,位于虫体前1/3处,核的上缘有基体,由此发出4根前鞭毛和1根后鞭毛,后鞭毛向后伸展,与波动膜相连,波动膜短,位于虫体前1/2处。一根轴柱由前向后纵贯虫体中央并伸出虫体外(图9-8)。

(二)生活史

阴道毛滴虫生活史简单,滋养体期既是繁殖阶段又是感染阶段,以纵二分裂法繁殖。滴虫性阴道炎患者和无症状带虫者为本病的传染源,主要通过直接和间接接触传播。前者以性生活传播,后者主要是通过使用公共浴池、浴巾、坐式便器等方式传播。

(三)致病

阴道毛滴虫寄生于阴道时,可使阴道内环境由原来的酸性转为中性或碱性,有利于细菌的繁殖,引起滴虫性阴道炎,典型临床表现为外阴瘙痒或烧灼感,白带增多呈泡沫

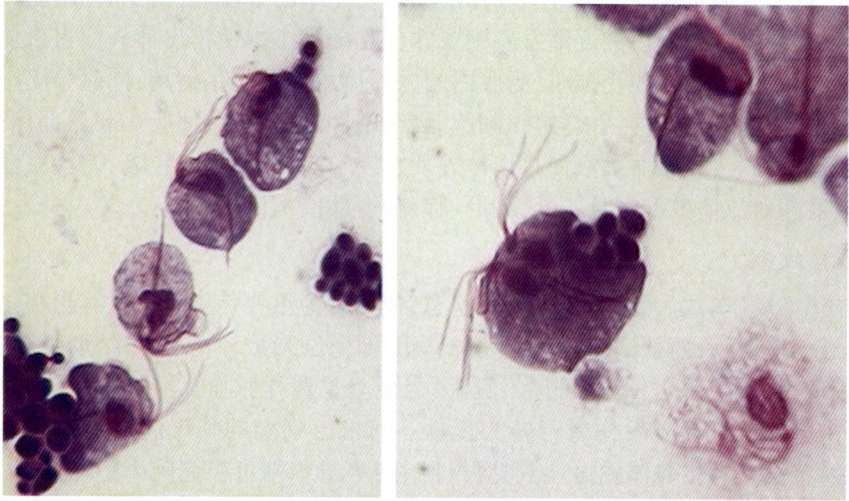

图 9-8　阴道毛滴虫形态

状、伴有特殊气味。男性感染者多呈带虫状态,严重者表现为尿痛、前列腺肿大及触痛等。另外,该虫体的感染与不孕症发生有关。

（四）实验室检查

取阴道后穹隆分泌物、尿液及前列腺液做生理盐水直接涂片镜检到滋养体即可确诊,可见虫体做旋转式运动,必要时做涂片固定染色检查。免疫学诊断有辅助诊断意义。

（五）防治原则

加强卫生宣传教育,改善公共卫生设施,注意个人卫生和经期卫生,提倡淋浴,慎用坐式便器,杜绝不洁性行为。常用口服药物为甲硝唑,局部用药可用乙酰胂胺（滴维净）、甲硝唑栓剂等药物,还可用 1：5000 高锰酸钾、1% 乳酸、0.5% 乙酸等溶液冲洗阴道。性伴侣双方应同时治疗方可根治。

十、疟原虫

寄生于人体的疟原虫有间日疟原虫、恶性疟原虫、三日疟原虫及卵形疟原虫,在我国流行的主要为间日疟原虫和恶性疟原虫。疟原虫寄生于人体红细胞、肝细胞中,引起疟疾。该病呈世界性分布,是我国重点防治的寄生虫病,主要流行于长江流域以南及黄淮下游一带。

（一）形态

4 种疟原虫在红细胞内的各期形态不尽相同,具有鉴别诊断意义。经瑞氏或吉氏染色后,在光学显微镜下可见胞核呈红色,胞质呈蓝色,疟色素呈棕黄色或棕褐色。现以薄血膜染色后的间日疟原虫为例描述其形态特征(图 9-9)。

1. 小滋养体　又称为环状体。胞质较少,中间有空泡,呈环状;胞核小,一个,呈点状,位于胞质的一侧。红细胞大小无明显变化。

2. 大滋养体　虫体胞质增多,形态不规则,可伸出伪足,常含空泡。胞核一个,较大。胞质中出现少量疟色素。

3. 裂殖体 虫体增大变圆,胞核开始分裂有 2~10 个,但胞质未分裂,疟色素开始增多,此为未成熟裂殖体。当胞核分裂到 12~24h,胞质随之分裂,包绕每一个胞核,形成裂殖子,疟色素集中成团,此为成熟裂殖体。

4. 配子体 分为雌、雄配子体。雌配子体较大,圆形或卵圆形,占满胀大的红细胞,胞质致密,呈深蓝色;胞核较小,致密,呈深红色,多位于虫体一侧;疟色素多而粗大。雄配子体较小,圆形,胞质疏松,呈浅蓝色;胞核较大,疏松,呈淡红色,多位于虫体中央;疟色素少而细小。

被寄生的红细胞自大滋养体之后即开始胀大,颜色变淡,出现淡红色的薛氏小点。

(二) 生活史

4 种疟原虫生活史基本相同,需要人和雌性按蚊两种宿主。终宿主是按蚊,中间宿主是人。现以间日疟原虫生活史为例叙述如下。

1. 在人体内的发育 在肝细胞内的发育时期称为红细胞外期;红细胞内的发育时期称红细胞内期。

(1) 红细胞外期:简称红外期。当体内含有子孢子的雌性按蚊叮吸人血时,子孢子随蚊的唾液进入人体,随血流侵入肝细胞,进行裂体增殖,形成大量裂殖子。裂殖子胀破肝细胞并释出,部分被吞噬细胞吞噬,部分则侵入红细胞,开始红细胞内期的发育。间日疟原虫和卵形疟原虫的子孢子分为速发型和迟发型两种类型。速发型子孢子很快发育并完成红外期裂体增殖;而迟发型子孢子要经过一段时间休眠后才被激活,完成红外期裂体增殖,是引起疟疾复发的主要原因。

(2) 红细胞内期:简称红内期。红外期裂殖子侵入红细胞后,以血红蛋白为营养,经小滋养体、大滋养体、未成熟裂殖体发育为成熟裂殖体。成熟裂殖体胀破红细胞,释出裂殖子,部分被吞噬,其余侵入其他正常红细胞,重复其裂体增殖过程。疟原虫完成一代红内期裂体增殖的时间,间日疟原虫和卵形疟原虫需要 48h,三日疟原虫需 72h,恶性疟原虫需 36~48h。疟原虫在红细胞内经几代裂体增殖后,部分裂殖子侵入红细胞后直接发育为雌、雄配子体。

2. 在按蚊体内的发育 当雌性按蚊叮吸疟原虫感染者血液时,疟原虫红内期各阶段可随宿主血液进入蚊胃,只有雌、雄配子体能继续存活。雌、雄配子体分别发育为雌、雄配子,两者进行配子生殖,形成圆球形的合子。合子继续发育为动合子,动合子穿过蚊胃壁并在弹性纤维膜下形成圆形的囊合子,囊合子不断分裂,形成大量的子孢子(感染阶段),最后到达蚊的唾液腺(图 9-9)。

(三) 致病

红内期是疟原虫的致病阶段。其致病力强弱与侵入虫株、数量和宿主的免疫状态有关。

1. 疟疾发作 红内期疟原虫裂体增殖,引起机体寒战、高热和出汗退热的典型症状,称疟疾发作。疟疾发作周期与疟原虫在红内期裂体增殖的周期一致。典型的间日疟和卵形疟隔日发作一次;三日疟隔两天发作一次;恶性疟呈不规则发作。

2. 疟疾再燃与复发 再燃与复发均是在未经蚊媒传播再感染情况下发生的。

(1) 再燃:急性疟疾发作停止后,在无重复感染的情况下,又出现疟疾发作,称为再燃。再燃主要是由于宿主体内残存的少量红内期疟原虫在一定条件下重新大量繁殖所致。

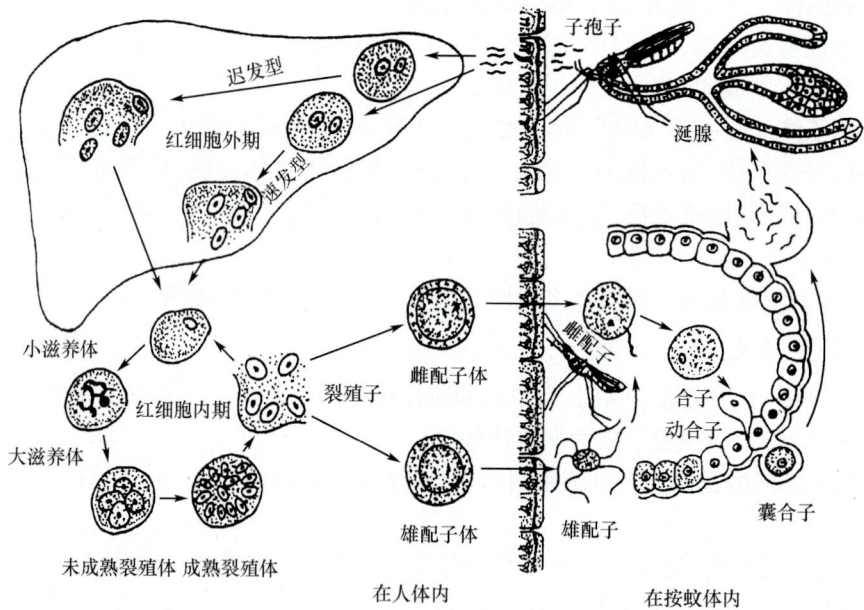

图 9-9　间日疟原虫生活史示意图

（2）复发：疟疾初发停止后，若血液中红内期疟原虫已被彻底清除，而肝细胞内迟发型子孢子开始其红外期发育，继之侵入红细胞进行裂体增殖，引起临床症状，称为复发。复发可能是由迟发型子孢子所致。

3. 贫血　疟疾发作数次后可出现贫血，其原因主要有：①疟原虫直接破坏红细胞；②脾功能亢进，巨噬细胞不仅吞噬疟原虫寄生的红细胞，还吞噬大量正常红细胞；③疟原虫寄生的红细胞成为自身抗原，与相应抗体结合形成免疫复合物，导致红细胞的溶解；④骨髓造血功能受到抑制，使红细胞的生成发生障碍。

4. 脾肿大　疟疾急性期，脾因充血和单核吞噬细胞增生明显肿大；随着发作的次数增多，疟原虫及其代谢产物的刺激，巨噬细胞和结缔组织增生，脾可继续肿大变硬。

5. 凶险型疟疾　恶性疟患者可能出现一些凶险型症状，以脑型疟疾最常见，临床表现为持续高热、抽搐、昏迷、剧烈头痛、呕吐、谵妄、肾衰竭等。其特点是来势凶猛，若不及时治疗，死亡率很高。

此外，疟原虫还可引起黑尿热、先天性疟疾、婴幼儿疟疾、输血疟疾及妊娠期疟疾等。

（四）实验诊断

取末梢血做厚、薄血膜涂片染色后，镜检查出疟原虫即可确诊。免疫学诊断及分子生物学诊断已用于疟疾的辅助诊断。

（五）防治原则

采取普查普治、防蚊灭蚊与预防服药三结合的综合性防治措施。发现和彻底治疗患者及带虫者；改善环境卫生，防蚊、灭蚊，消灭蚊幼虫孳生地；对易感人群进行服药或接种疫苗；治疗药物有氯喹、乙胺嘧啶、伯氨喹、青蒿素等。

十一、刚地弓形虫

刚地弓形虫简称弓形虫，是一种重要的机会致病性原虫，广泛寄生于人和多种动物的各种有核细胞内,引起人兽共患的弓形虫病。该病呈世界性分布,人和动物普遍感染。

(一) 形态

弓形虫的发育全过程中有滋养体、包囊、裂殖体、配子体和卵囊等5种形态。对人体致病及与传播有关的发育期是滋养体、包囊和卵囊。

1. 滋养体　又称速殖子。游离的滋养体呈新月形或香蕉形,一端尖细,一端钝圆,大小为$(4\sim7)\mu m\times(2\sim4)\mu m$;经瑞氏或吉氏染色后,胞质呈蓝色,胞核位于中央,呈紫红色。寄生细胞内呈纺锤形或椭圆形。速殖子在感染的细胞内增殖到数个或数十个后,形成假包囊。

2. 包囊　呈圆形或椭圆形,有囊壁,直径$5\sim100\mu m$。囊内含大量缓殖子。缓殖子形态与速殖子相似。

3. 卵囊　呈圆形或椭圆形,大小为$10\sim12\mu m$,囊壁光滑,成熟卵囊内含两个孢子囊,每个孢子囊内含4个新月形子孢子。

(二) 生活史

弓形虫生活史复杂,在终宿主猫科动物体内进行无性生殖和有性生殖,在人、哺乳动物、鸟类等中间宿主体内进行无性生殖。

成熟卵囊、包囊、假包囊被猫科动物吞食后,子孢子、缓殖子、速殖子在小肠内逸出,侵入小肠上皮细胞内发育为裂殖体,并不断进行裂体增殖。部分裂殖子发育为雌、雄配子体,再分别发育为雌、雄配子,两者受精结合为合子,再无性繁殖为大量卵囊。卵囊落入宿主肠腔随粪便排出体外,在适宜环境发育为成熟卵囊。当成熟卵囊或动物肉类中的包囊或假包囊被中间宿主吞食后,子孢子、缓殖子、速殖子在肠腔内逸出,侵入肠壁,经血液或淋巴液扩散到脑、心、肝、肺、肌肉及淋巴结等组织器官的有核细胞内寄生,进行无性繁殖,形成假包囊。当机体免疫功能正常时,速殖子增殖缓慢转为缓殖子,分泌囊壁,形成包囊。包囊和假包囊是弓形虫在中间宿主之间及中间宿主与终宿主之间相互传播的主要形式。此外,弓形虫也可经胎盘、皮肤黏膜、输血、器官移植等方式感染(图9-10)。

(三) 致病

弓形虫可寄生于所有的有核细胞内,是否致病与宿主的免疫状况密切相关。速殖子是主要致病阶段。弓形虫可致先天性弓形虫病和获得性弓形虫病两种。

1. 先天性弓形虫病　是孕妇感染弓形虫后经胎盘传给胎儿,多表现为影响胎儿发育,主要表现为中枢神经系统和眼弓形虫病;重者可造成胎儿流产、早产、畸胎及死胎等。

2. 获得性弓形虫病　多为隐性感染,食入受卵囊污染的水、食物及未熟的含包囊、假包囊的肉类均可能感染。最常引起淋巴结肿大,也可引起脑炎等中枢神经系统异常表现。患有肿瘤、AIDS或长期接受免疫抑制剂、放射治疗者可因并发弓形虫脑膜脑炎而死亡。

(四) 实验室检查

取可疑患者的血液、脑脊液、羊水等,离心后取沉淀物做涂片染色,显微镜下检查到滋养体即可确诊,但检出率低。目前多用ELISA检测患者血清中的特异性抗体及PCR技术检测用于该病的辅助诊断。

Ⓐ 鸟和啮齿类从土壤感染弓形虫

Ⓑ 猫捕获受感染的鸟类或啮齿类

Ⓒ 儿童接触受感染的猫

Ⓕ 消费者食用受污染的牛肉

Ⓓ 妇女接触受污染的猫砂而感染

Ⓔ 胎儿通过胎盘感染

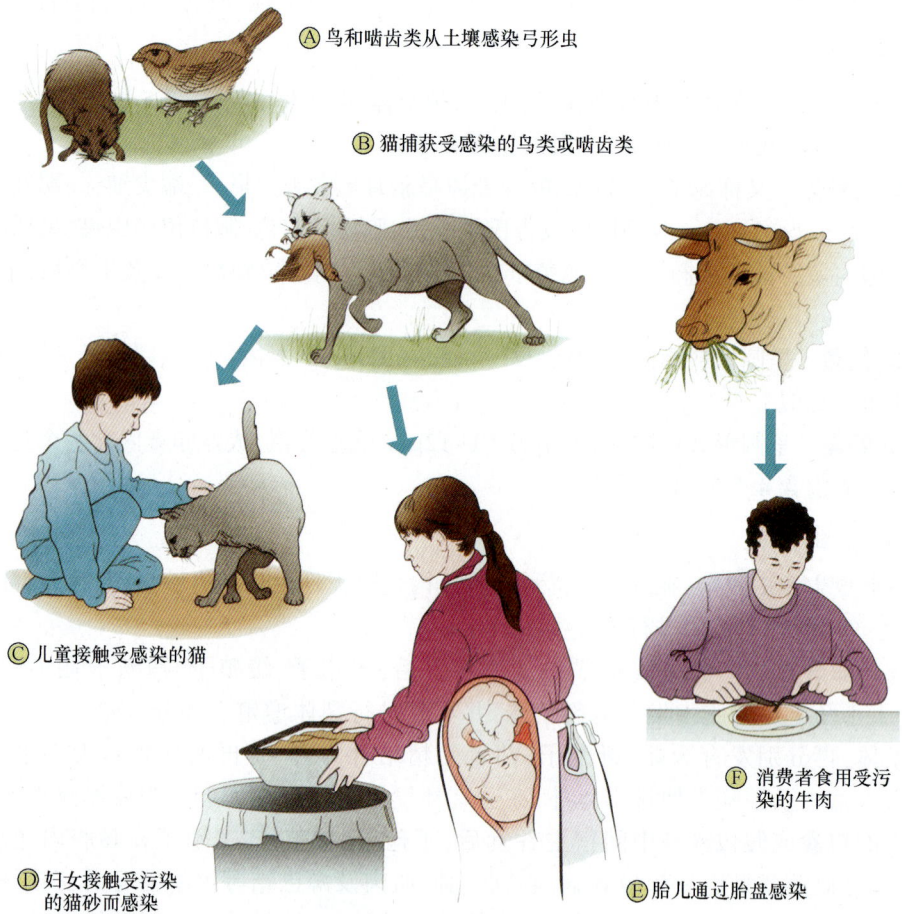

图 9-10　弓形虫生活史

（五）防治原则

加强卫生宣传教育,注意个人卫生和饮食卫生,防止猫粪污染手指、食物及水源。加强肉类检疫制度,加强对家畜、家禽和可疑动物的监测和隔离。孕妇应避免与猫、狗等宠物或生肉接触,并定期进行体检。及时治疗急性期患者,常用的药物为乙胺嘧啶、磺胺嘧啶、螺旋霉素等,联合用药可提高疗效。

（梁惠冰　潘运珍）

微生物基础实验

实验室规则

医学微生物实验操作对象大多为致病性微生物,必须严格遵照实验室操作规则,按无菌操作的要求进行实验,防止自身感染和环境污染,杜绝将病原微生物散布实验室外的一切可能。此外,应十分注意防止发生火灾、烧伤、触电等意外事故。

1）非必要物品不准带入实验室,必要的文具、实验指导、笔记等带入后要和操作区远离。

2）进实验室应穿工作服,必要时还要戴帽子、口罩,离室时要将其反折并放在指定处。工作服应经常消毒洗涤。

3）实验室内应保持肃静,有秩序,不得高声谈笑或随便走动,以免影响他人工作。

4）实验室内不准饮食、吸烟或用手抚摸头面及其他部位。

5）若发生意外吸入菌液、割破手指或其他意外事故应立即报告老师及时进行预防处理。

6）接种环(针)用后应立即于酒精灯火焰烧灼灭菌。沾菌的吸管、毛细管等具有传染性器具,要放入含有消毒液的筒内,按要求消毒处理后,再行洗涤,不得随便乱放或用水冲洗。

7）爱护实验仪器设备,按使用规则操作,节约使用材料,实验仪器物品在使用前要详细检查,使用后要整理归位,发现短缺或损坏要立即报告老师,未经允许不得动用与本实验无关的仪器设备和其他物品,不允许将任何实验仪器和物品带出室外。

8）实验完毕,整理好仪器设备,清理实验台面,清洗实验用具,所有仪器物品按要求进行放置和处理,值日生搞好清洁卫生,工作台用浸有消毒液的抹布拭擦干净,双手用消毒液消毒清洗,关好门窗水电,经老师检查允许后方可离开。

实验一　细菌的形态与结构观察

一、显微镜的使用和保护

（一）普通光学显微镜的基本构造

普通光学显微镜的基本结构包括三部分:机械部件、光学系统和附加装置。

1. 机械部件　主要包括调焦系统、载物台和物镜转换器等运动部件及底座、镜臂、镜筒等支持部件。

2. 光学系统　包括物镜、目镜及由聚光镜和反光镜(或电光源)组成的照明装置。

3. 对光检查　不染色标本宜用弱光,即将聚光器降低或缩小光圈;检查染色标本时光线宜强,应将光圈开大并升高聚光器。显微镜光圈外环上标有 4、10、40、100 等数字,当使用一定倍数的物镜时将光圈调节柄移至相应数字位置。

4. 油镜的原理　滴加镜油的目的是减少在光线通过玻片与物镜间的空气时所引起的散光现象。如射入镜筒的光线过少,物像即不清晰。在玻片与物镜间滴加和玻片折光率相似的香柏油,就可避免上述缺点,使物像清晰(实验图-1)。

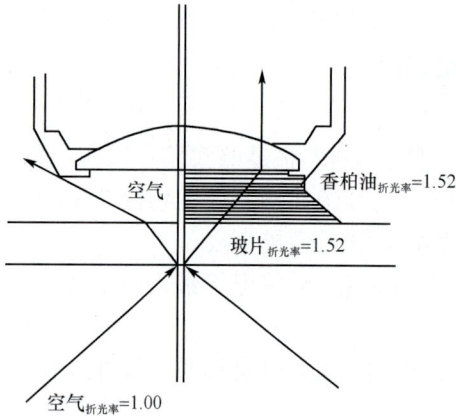

实验图-1　油镜原理示意图

(二) 显微镜油镜的使用

将载玻片放在载物台上,用固定夹固定,先用低倍镜对好光线,然后使用油镜,放大光圈和升高聚光器。用低倍镜找到标本所在处,再换油镜观察。使用油镜时,需在载玻片的标本部位滴香柏油一滴,眼睛从镜筒侧面看着,将粗调节器缓缓转动,使镜筒与载物台逐渐靠近,直到油浸头浸入油内(下降的程度是使油镜头几乎和标本片接触,但两者切勿相碰,以免损坏镜头或压碎标本片)。然后移目至目镜,一面观察,一面再将粗调节器缓慢地转动,当看到模糊物像时,再换用细调节器转动至物像完全清晰为止。物像清晰后,如需观察其他视野时,可调节移动器,使标本向前后左右移动。观察标本时,宜两眼同时睁开,以减少疲劳。最好用左眼看目镜,右眼配合绘图或记录。

(三) 显微镜油镜保护方法

1) 油镜用毕,将镜筒上升(或下降载物台);取下标本片,用擦镜纸(切勿用布类或其他纸类)拭去香柏油。如油已干或透镜模糊不清时,可用擦镜纸蘸少许乙醚擦净,并用擦镜纸擦去乙醚。然后将低倍镜物镜转成“八”字形排列,使之不正对光路;聚光器稍下降,以防止因物镜头直接接触载物台或聚光器而损坏光学镜片。

2) 调节螺旋是显微镜机械装置中较精细又容易损坏的元件,拧到了限位以后决不能强拧。

3) 新型一体光源的显微镜有调节光强度的旋钮,每次使用显微镜结束时将此旋钮旋至低光强,以防止下次通电时损坏电路保险。

4) 显微镜应放置在干燥避光的地方,防发霉,防暴晒。

二、 细菌基本形态和特殊结构的观察 (示教)

(一) 实验准备

1. 细菌的基本形态示教标本片

球菌标本片:金黄色葡萄球菌、化脓性链球菌、淋球菌。

杆菌标本片:大肠杆菌、枯草芽胞杆菌、结核杆菌。

弧菌标本片:霍乱弧菌。

2. 细菌的特殊结构示教标本片

荚膜标本片:肺炎链球菌。

芽胞标本片:破伤风芽胞梭菌。

鞭毛标本片:伤寒沙门氏菌或普通变形杆菌。

3. 其他 显微镜、香柏油、乙醚、擦镜纸等。

(二) 实验方法

1) 用油镜观察细菌形态。

2) 观察细菌的三种基本形态,注意细菌的形态、大小、排列及颜色等特征。

3) 观察细菌特殊结构。

荚膜:注意观察菌体与荚膜的形态及颜色。

芽胞:注意观察菌体与芽胞的形状、颜色与芽胞在菌体上的位置。

鞭毛:注意观察菌体与鞭毛的颜色、数量与鞭毛在菌体上的位置。

三、 革兰染色法

(一) 实验准备

金黄色葡萄球菌、大肠埃希菌普通平板 18~24h 培养物,载玻片、蜡笔、生理盐水、接种环、酒精灯、打火机、显微镜、香柏油、擦镜纸、废物容器、革兰染液(结晶紫染液、卢戈碘液、95%乙醇、稀释苯酚复红)等。

(二) 操作步骤

1. 涂片 用接种环取生理盐水 1~2 环置载玻片上,再用烧灼且已冷却的无菌接种环挑取菌液,均匀涂布成1cm²或蚕豆大小的半透明菌膜(透过菌膜隐约看到纸上的字为宜),烧灼接种环灭菌。

2. 干燥 涂片制成后,在空气中使其迅速干燥,以免细菌皱缩变形(若需加快干燥速度,将涂布面朝上,置于火焰上方慢慢烘干,切勿紧贴火焰)。

3. 固定 玻片干燥后火焰加热法固定,即中速通过火焰 3 或 4 次进行固定,以玻片反面接触皮肤热而不烫手为宜。

4. 初染 将结晶紫染液滴加于制好的菌膜上,染液以覆盖菌膜为宜,染色 1min,用细流水冲洗,并倒去玻片上积水。

5. 媒染 加卢戈碘液染色 1min,用细流水冲洗,倒去积水。

6. 脱色 滴加 95%乙醇数滴,不时摇动 30~60s,至无紫色脱落为止,细流水冲洗。

7. 复染 加稀释苯酚复红染 1min,用细流水冲洗,倒去积水。

8. 镜检 将标本片用吸水纸吸干,在涂片上滴加镜油,置油镜下检查。

9. 实验结果 葡萄球菌染成紫色,为革兰阳性菌,呈葡萄串状排列;大肠埃希菌染成红色,为革兰阴性菌,呈散在的杆状。

实验二 细菌的人工培养

一、 培养基的制备（示教）

(一) 实验准备

蛋白胨、氯化钠、牛肉膏、琼脂、天平、蒸馏水、试管、无菌平皿、三角烧瓶、比色管、精密 pH 试纸、玻璃吸管、氢氧化钠溶液、盐酸溶液、酚红指示剂、电炉、高压蒸汽灭菌器、恒温培养箱、酸度计等。

（二）操作步骤

1. 调配　确定需要制备的某种培养基的容积后，先在三角烧瓶中加入少量蒸馏水，按计算好的质量准确称取各种成分加入烧瓶，然后以剩余的水冲洗瓶壁、振摇混合。

2. 溶化　将盛有混匀的培养基的三角烧瓶置电炉上，加热溶解并随时搅拌，溶解完毕，补足蒸发失去的水分。

3. 矫正 pH　可用 pH 比色计、标准管比色法或精密 pH 试纸矫正培养基的 pH，一般培养基调至 pH7.4~7.6。培养基经高压灭菌后，其 pH 降低 0.1~0.2，故在矫正 pH 时应比实际需要的 pH 高 0.1~0.2。

4. 过滤澄清　培养基配成后可能有沉渣或浑浊，需用滤纸过滤。

5. 分装　根据需要将培养基分装于不同容量的三角烧瓶、试管等容器中，用清洁的塞子塞好，用厚纸包扎瓶口，并用绳捆好后灭菌。

6. 灭菌　常用高压蒸汽灭菌法，压力 103.4kPa（1.05kg/cm²），温度 121.3℃，持续 15~30min。

7. 检定　即培养基的质量检查。①无菌试验：将制备好的培养基置 37℃ 孵箱中孵育 24h，无任何细菌生长为合格，证明无菌。②效果检查：证明相应的已知细菌可在此培养基上生长，且形态、菌落等特征典型。

8. 保存　制成的培养基每批应注明名称、日期等，装入保鲜袋内置冰箱 4℃ 保存，一般不超过 2 周。

二、细菌的接种与培养

（一）实验准备

葡萄球菌、大肠埃希菌 18~24h 斜面培养物，普通琼脂培养基、液体培养基（普通肉汤）、半固体培养基、接种环、接种针、酒精灯、试管架、记号笔、恒温培养箱等。

（二）实验方法

1. 普通琼脂培养基（平皿）**分区划线分离培养法**（示教）

1）右手拿接种环，烧灼灭菌，待冷后取菌液一环。

2）将平板培养基表面以目测分为 4 个区域，用接种环挑取菌落，按 1、2、3、4 区依次划线，左手斜持琼脂培养基，略开盖，置酒精灯火焰前上方 5~6cm 距离，以免杂菌污染。

3）右手持已取菌的接种环先涂布于培养基表面一角，并以此为起点进行不重叠连续划线作为第一区，其范围不得超过平皿的 1/4，然后将接种环置火焰上灭菌，待冷，转动平皿至适合操作的位置，于第二区处再作划线，将接种环通过第一区 3 或 4 次，连续不重叠划线，以后划线不必接触第一区，划完后如上法灭菌，同样方法直至最后一区。每区划线呈相对独立的一片，如此操作利于后面生成单个菌落（实验图-2）。

4）在培养基上做好标记，置 35℃ 培养箱孵育 18~24h。

2. 液体培养基接种法（示教）

1）左手持菌种管，右手持灭菌的接种环（针），以右手无名指与小指拔取并夹持试管塞，管口通过火焰灭菌。将接种环（针）伸入菌种管，取大肠埃希菌或葡萄球菌少许后退

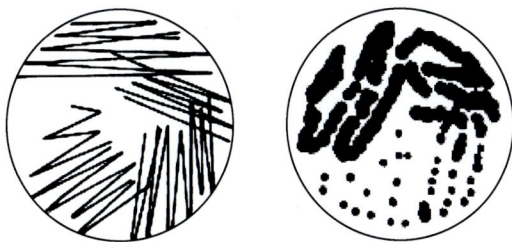

实验图-2 分区划线分离法(左)及孵育后菌落分布(右)示意图

出,管口再次通过火焰灭菌。塞好管塞,放下菌种管。

2)左手持液体培养基,以右手无名指与小指拔取并夹持试管塞,倾斜肉汤管,将菌种接种到肉汤管内,在接近液面的试管壁上研磨并蘸取少许液体溶散,使细菌混合于肉汤中,再直立培养基(实验图-3)。

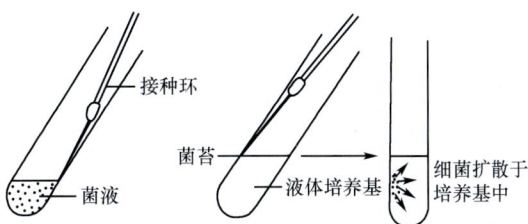

实验图-3 液体培养基接种法

3)接种后,管口通过火焰灭菌,塞好管塞,接种针灭菌后返回原处。在培养基上做好标记,置35℃培养箱孵育18~24h。

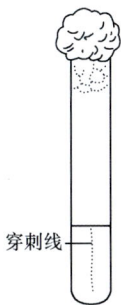

实验图-4 半固体培养基穿刺接种法

3. 半固体培养基-穿刺接种法(示教)

1)左手持菌种管,右手持灭菌的接种针,以右手无名指与小指拔取并夹持试管塞,管口通过火焰灭菌。将接种针伸入菌种管,取大肠埃希菌或葡萄球菌少许后退出,管口再次通过火焰灭菌,塞好管塞,放下菌种管。

2)左手以同样方式持待接种的半固体培养基,以右手无名指与小指拔取并夹持试管管塞,管口通过火焰灭菌,将取过菌的接种针自半固体培养基正中垂直刺入近管底部5mm左右(不能穿至试管底),将接种针沿原穿刺线抽出(实验图-4)。

3)接种后,管口通过火焰灭菌,塞好管塞,接种针灭菌后返回原处。在试管上做好标记,置35℃孵育18~24h。

三、 细菌在培养基上生长现象的观察

将细菌接种到适宜的培养基中,经35℃孵育18~24h后,可观察到细菌的生长现象。不同的细菌在不同的培养基中的生长现象不一样,可鉴别细菌。

(一) 细菌在固体培养基(平皿)上的生长现象

可形成菌苔及菌落。观察菌落特征:如形态、大小、颜色、气味、透明度、表面光滑或粗糙、湿润或干燥、边缘是否整齐等;观察血液琼脂培养基上的菌落特征时,要注意菌落周围有无溶血环。

（二）细菌在液体（肉汤）培养基中的生长现象

细菌在液体培养基中的生长可出现混浊、沉淀、菌膜三种现象。

1. 混浊生长　培养基由原来的澄清透明变为均匀的混浊。混浊生长为大多数细菌在液体培养基的生长现象。

2. 沉淀生长　培养基表面基本清亮，管底可看到有如絮状或颗粒状的沉积培养物。多见于呈链状排列的细菌如链球菌等。

3. 菌膜生长　培养基液体表面形成肉眼可见的膜状物，称为菌膜。多见于专性需氧菌如铜绿假单胞菌等。

（三）细菌在半固体培养基中的生长现象

1. 无动力的细菌　只沿穿刺线生长，穿刺线四周的培养基透明澄清，证明此菌没有鞭毛，如痢疾杆菌。

2. 有动力的细菌　沿穿刺线向四周扩散生长，培养基变浑浊，穿刺线模糊或消失，证明此菌有鞭毛，如伤寒杆菌。

实验三　细菌的分布检查与消毒灭菌

一、细菌分布检查

实验准备

普通琼脂培养基、血液琼脂培养基、无菌棉拭子、无菌生理盐水（注射用水）、75%乙醇棉球、接种环、酒精灯、打火机、标签纸、记号笔、35℃培养箱。

1. 空气中微生物的检查

（1）沉降方法：取普通琼脂培养基（平皿）一只，在室内或室外选择一处，将平皿盖打开，让培养基在空气中暴露10min后，盖上平皿盖，并在平皿底部标记检查地点，然后置35℃孵育18～24h。

（2）结果：培养基表面有菌落。注意观察各小组不同取材地点培养基上细菌生长情况，计数菌落数，观察与描述菌落特征，做细菌形态检查。

2. 咽喉部、口腔中微生物的检查

（1）咽喉拭子法：每人取无菌棉拭子一支，同学互相于咽喉部、口腔中涂抹采集标本，之后将棉拭子涂于血液琼脂培养基一边缘，涂抹面积约为培养基面积的1/5，再用无菌接种环分离划线，盖好平皿盖，在培养基底盘侧面标记菌名、实验者、日期等，置35℃孵育18～24h。

（2）结果：培养基上有菌落、菌苔。观察培养基上生长的菌苔、菌落，注意菌落形态、数量、颜色和有无溶血环产生等特征，做细菌形态检查。

3. 手指皮肤消毒前后的微生物检查

（1）方法：将普通琼脂平板底面用记号笔画为4个等分，并分别以1、2、3、4号标记，一人使用1、2号，另一人使用3、4号部分，注明"消毒前"和"消毒后"。将一手指在注明"消毒前"的培养基表面轻轻涂抹后，将此手指用75%乙醇作皮肤消毒，待干后，在注明"消毒后"的培养基表面轻轻涂抹。将平板置35℃培养18～24h。

（2）结果:消毒前、后细菌的生长菌落数有较明显的差异。分析实验现象。

4. 物品表面上微生物分布检查

（1）方法:将普通琼脂平板底面用记号笔划为4个等分,并分别以1、2、3、4号标记,一人使用1个号,注明检测物品名称。分别用无菌生理盐水(注射用水)浸湿的灭菌棉拭子,在眼镜、手机、手表等物品处擦拭取标本。涂抹接种于普通琼脂平板相应部位,在培养基底盘侧面标记菌名、实验者、日期等,置35℃孵育18~24h。

（2）结果:培养基上有菌苔、菌落。观察不同物体取材的培养基上细菌生长情况及菌落特征,区别菌落种类,统计数量,做细菌形态检查。

5. 灭菌注射剂的微生物检查

（1）方法:取待测样品(非抗生素注射剂),用消毒剂(75%乙醇或碘伏)消毒表面,以无菌方法打开瓶口,用无菌吸管或无菌注射器吸取样品,分别接种于5支硫乙醇酸钠培养基(培养厌氧菌2支,培养需氧菌2支,1支作阳性对照),2支真菌培养基,每支培养基接种0.5ml待测样品。

（2）阳性对照:取上面加了待测样品的硫乙醇酸钠培养基1支,用无菌吸管吸取金黄色葡萄球菌或藤黄八叠球菌(含菌量500~1000个/ml)0.1ml加入培养基中,作阳性对照。

（3）阴性对照:取不加样品的硫乙醇酸钠培养基管和真菌培养基管各1支,作阴性对照。

（4）培养:将接种了检样的和作阴性对照的硫乙醇酸钠培养基置35℃孵育5天。真菌培养基管(含阴性对照管)置20~28℃孵育7天。

（5）结果:培养基上有菌生长为待测注射液不合格。

【附】 培养基的制备

1. 硫乙醇酸钠培养

胰酶酪胨	15g	L-胱氨酸	0.5g	葡萄糖	5g
氯化钠	2.5g	酵母浸出粉	5g	琼脂	0.5~0.7g
硫乙醇酸钠	0.5g	蒸馏水	1000ml		

混合上述各成分加热溶解,冷却后调至pH7.2~7.4,分装试管每管10ml,包装好,121℃高压灭菌15min后备用。

2. 真菌培养基

蛋白胨	5g	葡萄糖	20g	硫酸镁	0.5g
酵母浸出粉	2g	磷酸二氢钾	1g	蒸馏水	1000ml

将上述成分除葡萄糖外,混合加热溶解,调至pH6.4~6.8,加葡萄糖溶解后,摇匀,过滤后分装于试管、包装,121℃高压灭菌15min后备用。

3. 溴化十六烷基三甲胺琼脂 (用于铜绿假单胞菌检测)

明胶胰酶水解物	20g	氯化镁	1.4g	硫酸钾	10g
溴化十六烷基三甲胺	0.3 g	琼脂	13.6g		
蒸馏水	1000ml	甘油	10ml		

将上述成分除甘油外,混合加热溶解,调至pH7.4~7.6,加入甘油,煮沸使混合均匀后分装,121℃高压灭菌15min,冷却至50℃倾入无菌平皿备用。

二、 紫外线杀菌实验

（一） 实验准备

普通琼脂培养基、无菌方形的黑纸条、紫外线灯、接种环、酒精灯、打火机、标签纸、记号笔、35℃培养箱等。

（二） 实验方法

1）在普通琼脂培养基上密集划线接种金黄色葡萄球菌。然后将无菌方形的黑纸条附于平皿表面，在超净工作台紫外线灯下（距离 1m 内）照射 30min，取下黑纸条。盖上平皿，在培养基底盘侧面标记菌名、实验者、日期等，置 35℃孵育 18～24h。

2）结果：暴露在紫外线灯下的培养基表面无细菌生长，黑纸条遮挡的区域有细菌生长，分析实验现象。

三、 药物敏感实验

（一） 实验准备

菌种（金黄色葡萄球菌、铜绿假单胞菌、大肠埃希菌）、MH 培养基（水解酪蛋白琼脂）、无菌生理盐水、药敏纸片（庆大霉素、环丙沙星、青霉素、头孢唑林、克林霉素、万古霉素）、无菌棉拭、镊子、毫米尺、接种环、酒精灯、打火机、标签纸、记号笔、35℃培养箱等。

（二） 实验方法

1. 以无菌方法刮取孵育 16～24h 的菌种配制成 $1.5×10^8/ml$ 浓度的菌悬液备用。

2. 用无菌棉拭子蘸取菌悬液，在试管内壁旋转挤去多余菌液后在 MH 培养基表面均匀涂布接种三次，每次旋转平板 60℃，最后沿平皿内缘涂抹一周（也可用接种环直接从固体培养基上的菌落上或液体培养基的菌液中分别三次取菌，密集划线接种并保证培养基内缘不留空白）。

3. 接种后的平皿在室温下平放 3～5min，用无菌镊子将含药纸片紧贴于琼脂表面，100mm 直径的平皿药敏纸片不能超过 5 张。各纸片中心相距不小于 24mm，纸片外缘距平皿内缘不小于 15mm。在培养基底盘侧面标记菌名、实验者、日期等，置 35℃孵育 18～24h，量取抑菌环直径。

（三） 实验结果

用毫米尺量取抑菌圈直径判读结果。按敏感（S）、中介（I）、耐药（R）报告。

四、 热力灭菌实验

（一） 实验准备

枯草芽胞杆菌 5 天、大肠埃希菌 24h 肉汤培养物，普通肉汤培养基、消毒锅、无菌吸管等。

（二） 实验方法

1. 取 2ml 量的普通肉汤培养基 6 支，各标记 3 支大肠埃希菌和枯草芽胞杆菌。以无菌吸管分别往培养基中加入大肠埃希菌、枯草芽胞杆菌肉汤培养物 0.1ml。

2. 将接种细菌后的培养基放入已煮沸的消毒锅内(锅内水面应超过培养基液面),开始计时,分别在 1min、5min、10min 取出接种不同菌的肉汤管各 1 支,马上用自来水冲凉。将全部 6 支肉汤管置培养箱中,35℃孵育 18~24h,观察各管中细菌的生长情况。

(三)实验结果

大肠埃希菌煮沸 1min 取出的培养物有菌生长,煮沸 5min、10min 取出培养物无菌生长;枯草芽胞杆菌煮沸 1min、5min、10min 时取出的培养物均有生长。

实验图-5　手提高压蒸汽灭菌器示意图

五、 常用消毒灭菌器(高压蒸汽灭菌器)介绍(示教)(实验图-5)

实验四　免疫学基础实验

一、凝集反应

(一)直接凝集反应玻片法(血型鉴定/细菌鉴定)

将细菌或红细胞等颗粒性抗原与相应抗体结合后,在一定条件下(电解质、温度、pH等),出现肉眼可见的凝集块。本实验为定性实验,可应用于已知抗体(免疫血清)检测未知抗原。如细菌鉴定和人类 ABO 血型鉴定。现以 ABO 血型鉴定为例。

1. 实验准备　红细胞抗 A、抗 B 标准血清、载玻片、一次性采血针、消毒棉球、干棉球、记号笔等。

2. 实验方法

1)取洁净载玻片一张,用记号笔分别在玻片两端标记抗 A、抗 B。

2)将标记抗 A 端加入抗 A 标准血清、抗 B 端加入抗 B 标准血清。

实验表-1　血型鉴定结果

标准血清 血型	抗 A 标准血清	抗 B 标准血清
A 型	+	−
B 型	−	+
AB 型	+	+
O 型	−	−

3)无名指消毒后采血,将血液分别滴加入抗 A、抗 B 标准血清中,充分混匀(注:两端在加血液时切不可互相混合),用干棉球压迫止血,5min 内看结果。可目测也可用显微镜低倍镜下观察。

3. 实验结果　出现肉眼可见的凝集块者为阳性;均匀浑浊,无凝集块出现者为阴性。根据玻片两侧凝集情况来判断血型,见实验表-1。

(二)间接凝集试验——类风湿因子测定(RF)

可溶性抗原与相应抗体直接反应不出现可见现象,将可溶性抗原或抗体先吸附在某些颗粒载体上,形成免疫微球,然后再与相应的抗体或抗原反应,在一定条件下出现可见凝集现象。

1. 实验准备　待测血清、类风湿因子胶乳试剂盒、阴、阳性对照血清、微量加样器。

2. 实验方法　在试剂盒取反应板分别加入待测血清,阴、阳性对照血清各 50µl,再在每一孔加入类风湿因子胶乳试剂一滴(50µl)混匀,3~8min 内观察结果。

3. 实验结果　先观察对照:阳性血清出现凝集现象,阴性血清不出现凝集现象。然后观察待测血清,若待测血清出现与阳性血清同样的凝集现象为阳性,不出现凝集现象为阴性。

二、 免疫标记技术

(一) 酶联免疫吸附试验——HBsAg 检测

乙肝肝炎病毒表面抗原诊断试剂盒采用双抗体夹心法检测 HBsAg,采用抗-HBs 包被板条,用 HRP 标记的抗-HBs 为酶标记物,以四甲基联苯胺(TMB)和过氧化物为底物。当标本中存在 HBsAg 时,该 HBsAg 与包被抗-HBs-HRP 结合形成抗-HBs-HBsAg-抗-HBs-HRP 复合物,加入 TMB 底物产生显色反应,反之则无显色反应。

1. 实验准备　待测血清、HBsAg 诊断试剂[包被反应条酶标记物、洗涤液、显色剂(底物)A、显色剂(底物)B、终止液、阳性对照血清、阴性对照血清]。其他材料:微量加样器、毛巾等。

2. 实验方法

(1)准备:将 HBsAg 试剂从冰箱中取出,平衡至室温,并将浓缩洗涤液用蒸馏水作1：20稀释,备用。

(2)加样:用微量加样器在包被反应条内分别加入待检血清、阳性对照血清、阴性对照血清各 50µl。

(3)加酶标记物:每孔内分别加酶标记物 50µl。

(4)温育:置于 37℃恒温培养箱中孵育 60min。

(5)洗涤:采用手工洗板。弃去反应板孔内液体,在吸水纸上拍干;用洗涤液注满每孔,静置 5~10s,弃去孔内洗涤液拍干,如此反复 5 次,拍干。先甩去反应板孔内液体,在毛巾上拍干,用洗涤液注满各孔,静置 5~10s,甩去孔内洗涤液,再在毛巾上拍干,如此反复 5~7 次。

(6)加显色剂:在每孔内加入显色剂 A 和显色剂 B 各一滴(50µl),混匀,置 37℃恒温培养箱中温育 15min。

3. 实验结果　有颜色变化的(呈蓝色),提示有 HBsAg 存在,无颜色或颜色变化微弱的,则提示不存在 HBsAg。如加入终止液后阳性对照孔呈黄色、阴性对照孔无色。待测血清孔与阳性对照孔颜色相同即黄色为阳性;与阴性对照孔颜色相同即无色时为阴性。

(二) 免疫胶体金技术——HCG 测定

以胶体金作为标记物,用于抗原抗体检测的一种免疫标记技术。金标记抗体(或抗原)与相应的抗原(或抗体)反应后,通过观察胶体金的颜色等特性可对被检对象做出定性、定位分析。

1. 实验准备　待检尿液、HCG 早早孕试纸条。

2. 实验方法　将 HCG 早早孕试纸条箭头指示端浸入待检尿液数十秒后取出,平放10min 内观察结果。

3. 实验结果　试纸条出现一条红杠为阴性,出现两条红杠为阳性。

实验五　常见病原菌实验

一、常见病原微生物形态和培养物的观察

（一）实验准备

1. 革兰染色标本片　葡萄球菌、链球菌、淋球菌、大肠杆菌、伤寒沙门菌、痢疾志贺菌、产气荚膜梭菌、霍乱弧菌、白喉棒状杆菌、布鲁菌、铜绿假单胞菌等。

2. 其他染色标本片　破伤风梭菌芽胞染色标本片等。

3. 培养物　金黄色葡萄球菌、链球菌、大肠杆菌、伤寒沙门菌、产气荚膜梭菌、结核杆菌、铜绿假单胞菌等 18~24h 培养物。

（二）实验方法

1. 标本片　油镜观察细菌的形态、大小、颜色、排列、结构等。

2. 培养物　肉眼观察不同细菌在各种培养基上的菌落大小、颜色、透明度、光滑与粗糙、湿润与干燥、凸或凹、边缘形状等。观察在普通琼脂平板上是否有水溶性色素浸润、在血琼脂平板上是否产生特殊的溶血现象。

二、血浆凝固酶实验

（一）实验准备

新鲜血浆、0.9% 生理盐水、载玻片、金黄色葡萄球菌和表皮葡萄球菌普通琼脂 18~24h 培养物、酒精灯、接种环、打火机、记号笔、毛细滴管等。

（二）实验方法

1）取一张载玻片,在玻片上分别用记号笔画两圆圈标记菌名。

2）在载玻片的两端各滴加生理盐水 1 滴,分别自培养基上取菌加入生理盐水滴中,呈均匀浑浊的浓菌液。

3）在载玻片两端的菌液中加各血浆 1~2 滴,立即混匀观察结果。

（三）实验结果

有明显的小凝块出现为阳性;无凝块则为阴性。金黄色葡萄球菌应出阳性结果,表皮葡萄球菌则应出阴性结果。

三、触酶实验

（一）实验准备

葡萄球菌、链球菌血液琼脂 18~24h 培养物,3% 过氧化氢溶液,载玻片等。

（二）实验方法

1. 在载玻片两端分别标记菌名。

2. 以无菌方法用接种环刮取培养基上的菌落,涂于载玻片相应的标记端,制成厚菌膜片。

3. 分别滴加 3% 过氧化氢溶液 2~3 滴于每一菌膜片上,30s 内观察结果。

（三）实验结果

产生明显气泡为阳性,不产生气泡为阴性。葡萄球菌阳性,链球菌阴性。

四、 抗"O"试验（ASO）

抗"O"（抗链球菌溶血素O）试验是测定患者血清中抗链球菌溶血素O抗体的含量，用于辅助诊断风湿热的一种血清学反应。当机体被链球菌感染时，抗"O"抗体含量明显增高，除能与一定量的溶血素O抗原结合外，剩余的抗"O"抗体与吸附于胶乳颗粒上的溶血素O抗原结合，使胶乳出现凝集现象。

（一）实验准备

待测血清、ASO试剂盒、阴阳性对照血清、微量加样器等。

（二）实验方法（定性实验）

在试剂盒取反应板分别加入待测血清，阴、阳性对照血清各50μl，再在每一孔加入ASO胶乳试剂一滴（50μl）混匀，3~8min内观察结果。

（三）实验结果

先观察对照：阳性血清出现凝集现象，阴性血清不出现凝集现象。然后观察待测血清，若待测血清出现与阳性血清同样的凝集现象为阳性，不出现凝集现象为阴性。

实验六　病毒与其他微生物实验

一、 常见病原微生物形态和培养物的观察

（一）实验准备

1. 革兰染色标本片　白色假丝酵母菌。

2. 其他染色标本片　钩端螺旋体、梅毒螺旋体镀银染色标本片，新生隐球菌墨汁染色标本，狂犬病毒包涵体HE染色标本片观察等。

3. 培养物　沙保弱培养基上白假丝酵母菌、新生隐球菌、丝状菌培养物。

（二）实验方法

1. 标本片　油镜观察微生物的形态、大小、颜色、排列、结构等。

2. 培养物　肉眼观察不同真菌在沙保弱培养基上的菌落大小、颜色、形状等特点。

二、 梅毒甲苯胺红不加热血清试验（TRUST）

1. 实验准备　待测血清、TRUST试剂盒、微量移液器等。

（1）分别吸取50μl梅毒阳性和阴性对照均匀铺加在纸卡的两个圆圈中。

（2）取待检血清或血浆50μl（不需灭活）置于纸卡的另一圆圈中。

（3）用专用滴管及针头垂直分别滴加TRUST试剂1滴于上述血清中。按199r/min摇动8min，肉眼观察结果。

2. 实验结果

阳性反应（+++~++++）：可见中等或较大的红色凝集物。

弱阳性反应（+~++）：可见较小的红色凝集物。

本实验系非特异性反应，需结合临床进行综合分析，必要时需作梅毒螺旋体抗体特异性实验。

（梁惠冰　潘运珍）

主要参考文献

曹雪涛 . 2013. 医学免疫学 . 第 6 版 . 北京:人民卫生出版社

郭晓奎 . 2007. 病原生物学 . 北京:科学出版社

路转娥,刘建红 . 2010. 病原生物与免疫学基础 . 北京:科学出版社

吕瑞芳 . 2010. 病原生物与免疫学基础 . 北京:高等教育出版社

杨岸,潘运珍 . 2011. 病原生物与免疫学基础 . 北京:科学出版社

尹燕双 . 2008. 寄生虫检验技术 . 北京:人民卫生出版社

张宝恩,皮至明 . 2012. 病原生物与免疫学基础 . 第 3 版 . 北京:科学出版社

自测题参考答案

第一章
1. C 2. A

第二章
A 型题
1. B 2. A 3. D 4. D 5. C 6. B 7. C 8. A
9. D 10. B 11. D 12. C 13. A 14. B 15. B
16. B 17. D 18. A 19. B 20. C 21. A 22. D
23. D 24. D 25. C
B 型题
1. D 2. A

第三章
A 型题
1. E 2. E 3. B 4. B 5. D 6. D 7. D 8. B
9. A 10. D 11. B 12. A 13. B 14. E 15. C
16. D 17. A 18. E 19. D 20. C 21. B 22. E
23. C 24. E 25. D 26. B 27. B 28. C 29. B
30. A 31. E 32. E 33. D 34. D 35. B 36. A
37. A 38. E 39. C 40. E 41. A
B 型题
1. B 2. C 3. A 4. E 5. A 6. D 7. C 8. A
9. C 10. E 11. D 12. C 13. B 14. A 15. E
16. C 17. B 18. D 19. E 20. D 21. B 22. A
23. E 24. C

第四章
1. B 2. D 3. C 4. E 5. C 6. E 7. B 8. D
9. E 10. C 11. D 12. B 13. C 14. A 15. D
16. C 17. D 18. C 19. D 20. B 21. C 22. B
23. E 24. B 25. A 26. E 27. D 28. E

第五章
1. D 2. B 3. C 4. E 5. C

第六章
A 型题
1. B 2. D 3. D 4. C 5. B 6. B 7. D 8. B
9. E 10. C 11. B 12. D 13. D 14. B 15. B
16. D 17. B 18. C 19. D 20. D
B 型题
1. D 2. B 3. C 4. A 5. E 6. B 7. E 8. A
9. D 10. C 11. B 12. A 13. C 14. D 15. E

第七章
A 型题
1. A 2. B 3. C 4. C 5. C 6. D 7. B 8. C
9. A 10. D 11. B 12. B 13. E 14. D 15. B
16. B 17. A 18. A 19. D 20. E
B 型题
1. B 2. C 3. E 4. D 5. B 6. C 7. C 8. E

第八章
1. A 2. E 3. E 4. D 5. E 6. D 7. C